Photoshop中的AI革新

合成技术+Firefly+文生图+生成式AI

马震春 / 著

清华大学出版社

北京

内 容 简 介

本书是一本全面介绍Firefly与Photoshop最新AI功能的实用指南。从深入阐述Firefly的使用方法，到详细解析Photoshop的生成式工作区、创成式填充、AI移除修复以及AI生成式扩展与拼接等先进技术。本书旨在帮助读者充分利用这些工具，提升图像处理与设计的能力。

本书第1章深入介绍了Firefly的使用方法。从详尽地展示Firefly界面开始，逐步讲解了如何运用模板、创建高效的提示词、借助参考图，以及运用多种效果来精准控制和细化生成的效果。此外，本章还探讨了其在建筑行业中的实际应用，例如渲染建筑效果图等；第2章全面阐述了Photoshop的最新功能——生成式工作区的操作方法及全新的AI工作流程，并深入讲解了如何进行后期修复工作，帮助读者充分利用这些高级功能；第3章重点探讨了创成式填充（Generative Fill）技术。读者可以通过调整选区形状和浓度，并结合提示词，学会如何精细控制图片的局部生成内容，以达到理想的编辑效果；第4章聚焦于AI移除修复功能，深入分析了离线移除工具与生成式AI移除技术的差异及其协同应用，为读者提供全面的解决方案；第5章介绍了AI生成式扩展与拼接技术，通过具体案例，详细解读了如何借助AI和Photoshop实现图像的扩展以及多张图片的拼接，为读者提供了实用的操作指南。

本书既适合AI技术的新手，也适合Photoshop的资深用户，特别是图像处理和创意设计领域的专业人员以及市场公关等行业的从业者，本书还可以作为相关院校的教材和辅导用书。

图书在版编目（CIP）数据

Photoshop中的AI革新：合成技术+Firefly+文生图+生成式AI / 马震春著.
北京：清华大学出版社, 2025. 6. -- ISBN 978-7-302-69623-0
Ⅰ．TP391.413
中国国家版本馆CIP数据核字第2025677MW2号

责任编辑：陈绿春
封面设计：潘国文
责任校对：胡伟民
责任印制：宋　林

出版发行：清华大学出版社
　　　　网　　　　址：https://www.tup.com.cn，https://www.wqxuetang.com
　　　　地　　　　址：北京清华大学学研大厦A座　　邮　编：100084
　　　　社　总　机：010-83470000　　　　　　　邮　购：010-62786544
　　　　投稿与读者服务：010-62776969，c-service@tup.tsinghua.edu.cn
　　　　质　量　反　馈：010-62772015，zhiliang@tup.tsinghua.edu.cn
印　装　者：小森印刷（天津）有限公司
经　　销：全国新华书店
开　　本：188mm×260mm　　印　张：14.25　　字　数：442千字
版　　次：2025年8月第1版　　　　　　　印　次：2025年8月第1次印刷
定　　价：99.00元

产品编号：109962-01

前言

大家好，我是本书作者马震春，很高兴能与大家分享本书的诞生过程。

两年前，当我首次体验 Firefly 和 Photoshop 中的 AI（人工智能）功能时，那种如同魔法般的感受令我激动万分——我不仅能通过文本生成出令人难以置信的画面，还能借助 Photoshop 强大的在线和离线 AI 功能，进一步雕琢画面的每一个细节。那一刻，我深切地体会到，AI 正在重塑我们与创意工具之间的互动方式，一场技术革命已然拉开帷幕。

然而，我也注意到，许多朋友在面对这些崭新功能时，既满怀好奇，又感到些许迷茫。有些人担忧 AI 会取代设计师的地位，进而放弃使用 Photoshop；有些人认为生成的结果难以满足工作需求；还有些人只是不知道如何将这些 AI 功能融入自己的工作流程。正是这些困惑与期待，激发了我撰写本书的灵感。

本书并非一本冷冰冰的工具指南，也非深奥的技术论著。它更像是一本引人入胜的"使用指南启示录"，旨在助你轻松驾驭 Photoshop 中的 AI 功能，同时激发你去探索、去掌握这些功能，并在日新月异的 AI 技术发展中找到适合自己的应用方式。在选题与写作过程中，我特别关注如何应对技术快速更新换代所带来的挑战，进而探讨如何根据 AI 引擎的特点寻找有效的提示词，以及如何与 Photoshop 协同使用。我衷心希望你能学会运用 AI 的技巧，驾驭这项技术，让你的创意得以更自由挥洒。

当然，AI 并非万能。它无法取代你独特的视角与艺术直觉，但它能助你节省时间、打破限制，甚至为你开启一扇通往全新创意世界的大门。在本书中，我将分享一些实用的技巧与关注细节的案例，期望能让你在探索 AI 的道路上，感受到其带来的乐趣与无限创意的可能。

在此，我要特别感谢清华大学出版社的陈绿春老师。在本书的构思与写作过程中，她给予了我宝贵的指导和建议，使本书的内容更加贴近读者与 AI 技术的发展趋势。

本书的配套资源请扫描下面的配套资源二维码进行下载，如果有技术性问题，请扫描下面的技术支持二维码，联系相关人员进行解决。如果在配套资源下载过程中碰到问题，请联系陈老师，联系邮箱：chenlch@tup.tsinghua.edu.cn。

配套资源

技术支持

最后，感谢你翻开这本书。无论你是 AI 和 Photoshop 的新手还是资深用户，我都希望它能给你带来一些启发与帮助。让我们一起拥抱这场技术革命，用 AI 为创意插上翅膀，去实现那些曾经遥不可及的梦想。

祝你阅读愉快，创作无界！

马震春

2025 年 6 月

目录

2

Photoshop 的 AI 功能

3

创成式填充

4

169

AI 移除修复

5

198

生成式扩展与拼接

1

Firefly 全新的 AI 平台

Adobe Firefly 是 Adobe 公司于 2023 年推出的全新在线 AI 平台。用户可以通过访问相关网址或从 Creative Cloud 登录 Firefly 平台。目前，Firefly 平台涵盖了六大功能板块，包括文字生成图像、生成式填充、生成模板、生成矢量（如图 1-1 所示）、生成式重新着色以及文字效果（如图 1-2 所示），而且未来还将推出生成视频的功能。在本章中，将着重介绍"文字生成图像"这一板块。

图1-1

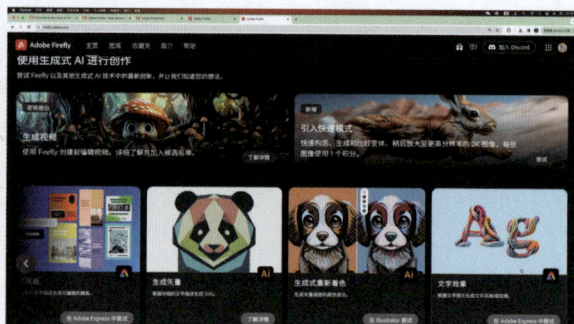

图1-2

1.1　使用须知

1.1.1　使用 Firefly 前要注意的事项

使用简体中文版的 Firefly，国内用户可以更加便捷地创建和编辑提示词。为了登录简体中文版的 Firefly，建议通过 Creative Cloud 进行。直接输入网址通常会进入英文界面。具体登录方法为：首先打开 Creative Cloud，在界面左侧单击"应用程序"按钮，接着单击"Firefly 与生成式 AI"按钮，然后在右侧 Adobe Firefly 下方单击"立即试用"按钮，系统将自动通过默认浏览器打开 Firefly 简体中文网站，如图 1-3 所示。虽然英文界面下的 Firefly 也支持使用简体中文提示词，但直接使用简体中文版无疑更加便利。

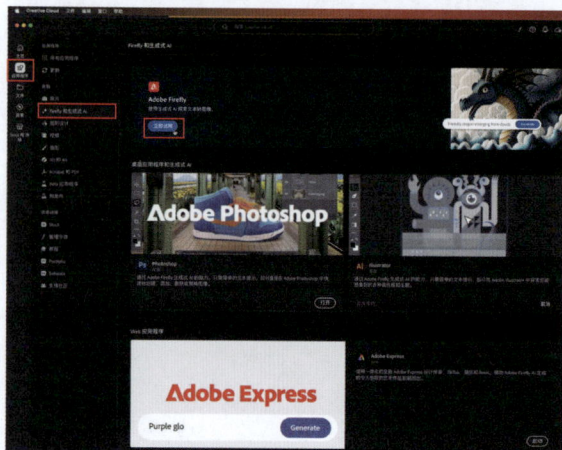

图1-3

1.1.2　使用 Firefly 前要了解的三点

在使用 Firefly 之前，需要了解以下三点。

※　Firefly 是一项在线服务，因此，确保你的网络能够稳定连接 Adobe 服务器是至关重要的。在使用时，务必关注网络连接状态，以确保服务的顺畅进行。

※　由于后台会进行实时更新，所以在不同时间使用 Firefly 时，你可能会发现界面和生成的结果有所差异。

※　每次 AI 的生成都是独一无二的"偶遇"，因此，当你获得满意的生成图片时，一定要及时保存。只需在满意的生成图片上单击"保存到收藏夹"按钮即可，如图 1-4 所示。这样，就可以随时回顾和分享你的创意成果了。

图1-4

1.1.3　Firefly Image 3 引擎

当前，Firefly 采用的是 Firefly Image 3 引擎。请注意，不同的引擎在使用方法和生成结果上会有所差异。举例来说，即便我们使用与微软 AI 平台 Bing 相同的提示词，由于两者底层所采用的引擎和算法不同，生成的结果也会截然不同。

Firefly 是基于 Adobe Stock 进行深度学习，并通过 AI 算法构建出 Firefly Image 引擎，最终搭建并发布的网站。而在 Photoshop 中的生成式填充（Generative Fill）功能，则是将 Firefly Image 引擎集成到了 Photoshop 中，如图 1-5 所示。

图1-5

顺便一提，Photoshop 中还集成了许多离线或在线的 AI 工具，这些工具都非常实用。例如，移除工具、"对象选择"工具、Camera RAW 滤镜以及天空置换命令等，我们将在后文中逐一探讨。

在 Firefly 中生成的是一张独立的图片，而在 Photoshop 中使用生成式填充功能时，AI 生成的结果会被放置在生成式图层中，这样用户可以进一步编辑和使用了。

下面总结一下使用 Firefly 的要点：首先，确保网络连接畅通；其次，登录 Firefly 网站；然后，利用不同的功能板块借助 AI 生成所需内容；最后，别忘了将生成的结果保存到收藏夹中，以便随时进行修改和调用。

1.2　快速入门

通过一个案例来快速了解并能使用 Firefly，具体的操作步骤如下。

01 输入相应网址或从 Creative Cloud 登录 Firefly 网站首页，在"文字生成图像"板块下单击"生成"按钮，即可进入文字生成图像页面，如图 1-6 所示。

图1-6

02 进入"文字生成图像"页面后，可以直接在下方的文本框内输入提示词来生成图像，也可以在展示图库内挑选符合个人构思的效果样本。将鼠标指针停留在画面上片刻，会显示"查看"按钮，单击该按钮，即可以此画面效果为模板进行图像生成。这里，选择一个小老虎的效果样本，并单击"查看"按钮，如图 1-7 所示。

图1-7

03 进入文字生成图像页面后，会展示我们选择的小老虎样本。如图 1-8 所示，界面分为 3 部分：左侧为参数设置区，右侧为画面预览区域，下方是提示词文本框。

图1-8

04 对下方的提示词进行编辑，将"小虎崽"修改为"小熊崽"，然后单击右侧的"尝试使用提示文字"按钮来生成新的小熊崽图像，如图 1-9 所示。

图 1-9

05 等待片刻，Firefly 便生成了新的图像。图像中出现了两只可爱的小熊崽，如图 1-10 所示。

图 1-10

06 在下方提示词文本框中继续编辑提示词为"一只微型小熊崽"，然后单击右侧的"生成"按钮。再次生成后，图像中就只有一只小熊崽，如图 1-11 所示。

图 1-11

07 在自己满意的画面上单击，即可全屏预览该图像

内容。将鼠标指针停留在画面上片刻，会显示相关的功能按钮，如图 1-12 所示。

图 1-12

08 单击左上方的"修改"按钮，在弹出的菜单中选择"生成类似内容"选项，如图 1-13 所示。此时软件将根据当前图像继续生成类似的图像供用户挑选。这样可以帮助我们逐步缩小范围，使最终生成的图像更加符合个人的创意构思。

图 1-13

09 图像生成完成后，我们就得到 4 张小熊正面、形态相似的图像，如图 1-14 所示。此处挑选右上方的图像并继续完善生成。

图 1-14

10 将鼠标指针停留在右上方图像片刻，出现功能按钮后，单击左上方的"修改"按钮，在弹出的菜单中选择"用作构图参考"选项，以这幅图像内的身体结构轮廓为参考继续生成，如图 1-15 所示。再次生成图像后，其中的小熊都会采用当前

的身体结构和姿态。

图1-15

11　选择"用作构图参考"选项后，左侧的"合成"
标签下会显示已将该图上传至参考构图中，此时
需要将下方的"强度"值设置到最大。同时，在
提示词下方也会显示"参考构图"选项，如图
1-16 所示。在使用 Firefly 的过程中，应留意提示
词下方的显示内容。

图1-16

12　再次单击提示词文本框右侧的"生成"按钮，即
可再次生成图像。借助参考构图，可以生成与原
图身体形态一致的新图像，如图 1-17 所示。

图1-17

13　如果不满意当前生成的所有图像，可以继续单击
右侧的"生成"按钮，生成一组新的图像。此处

挑选左上角的图像。将鼠标指针移至左上角图像
上停留片刻，单击图像右下角的"保存到收藏
夹"按钮，如图 1-18 所示。保存完成后，会提
示"已保存到收藏夹"，如图 1-19 所示。保存
后，便于以后随时打开进行编辑修改。

图1-18

图1-19

14　保存完成后，单击图像右上角的"放大"按钮，
如图 1-20 所示，对当前图像进行放大，以提升
画质的精度。放大完成后，可以看到画面质量
得到了很大的提升，如图 1-21 所示。画质提升
后，单击图像右上角的"下载"按钮，即可将图
片下载到本地。下载完成后，浏览器会有相关提
示，如图 1-22 所示。

图1-20

图 1-21

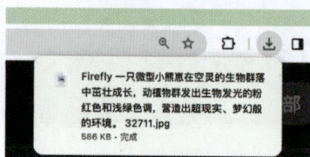

图 1-22

15 在提示词文本框右侧出现了"历史记录"按钮。单击该按钮，可以在提示词上方显示当前所有的历史生成记录，便于翻阅并编辑，如图 1-23 所示。如果关闭当前页面，通过收藏夹再次返回，则只会显示最后生成的一组图像。

图 1-23

16 如果关闭当前页面后再次进入 Firefly，可以在主页上找到"收藏夹"选项卡，单击进入收藏夹页面后，可以重新找到保存过的图像，如图 1-24 所示。

图 1-24

这样，我们通过一个简单的案例，就能迅速掌握 Firefly 的基本使用方法，包括如何编辑提示词、利用类似内容和参考构图设置，如何将内容保存到收藏夹，如何放大画面以及下载图片。

1.3　使用界面

接下来，将从整体角度介绍"文字生成图像"的界面，并进行归纳总结，以帮助大家迅速熟悉并掌握其使用技巧，从而能够得心应手地操作。"文字生成图像"界面大致可以分为三大区域：左侧的参数设置区、右侧的预览画面区，以及右下方的提示词区，如图 1-25 所示。

图 1-25

　　输入提示词后，通过调整左侧的各项参数，可以引导 Firefly 进行图像生成。使用 Firefly 的过程，实际上是一个不断细化和精准化生成图像的过程，它能让 AI 生成更加准确地实现个人对于图像内容的构思。从控制 AI 生成的角度来看，Firefly 提供了 3 种主要方法来引导和控制 AI 生成，分别是：提示词、参考构图和样式参考设置，以及效果和一般设置。提示词可以输入中文或英文，建议尽量使用简洁的名词和形容词。参考构图用于控制生成图像的主体形状和轮廓；样式参考则用于匹配特定的样式和材质等，如图 1-26 所示。效果设置类似 Photoshop 中的滤镜菜单，可用于生成油画等特殊效果；而一般设置则包括一些通用的参数，如引擎模型、长宽比、艺术或照片风格、颜色色调、光照以及相机角度等，如图 1-27 所示。

图1-26

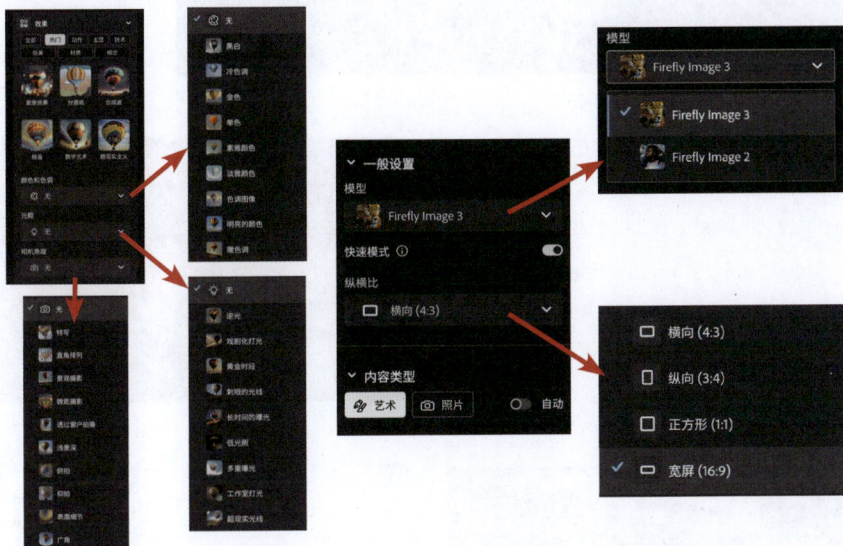

图1-27

1.4　效果和一般设置

　　当前，在 Firefly 中提供了两种模型来进行 AI 生成。下面通过一个案例来对比这两种模型生成图像的差异，具体的操作步骤如下。

01 在"图库"中挑选提示词为"天堂般的岛屿照片，有小屋和令人叹为观止的日落"的风景照，单击"查看"按钮，如图 1-28 所示。

图1-28

02 进入"文字生成图像"页面后，可以看到左侧参数栏内"模型"下拉列表中选择的是 Firefly Image 3 选项。使用此模型，生成的画面非常细腻，效果也十分逼真，如图 1-29 所示。在选择 Firefly Image 3 模型时，页面下方会提供"快速模式"复选框，该模式即 Firefly 先迅速生成一组低分辨率的图像，供用户挑选。当用户选定满意的图像后，可以在图像右上角单击"放大"按钮以提升画质。需要注意的是，放大操作将会消耗 1 个生成式积分。如果订阅了 Creative Cloud 套装产品，每月将会获得 1000 个生成式积分，如图 1-30 所示。

图1-29

图1-30

03 在"模型"下拉列表中选择 Firefly Image 2 选项，随后在右下角单击"生成"按钮，采用 Firefly Image 2 模型重新生成新的图像。生成后的图像，个人感觉相较于 Firefly Image 3 模型略显粗糙，逼真度和层次感有所欠缺，如图 1-31 所示。这一现象再次提醒我们，不同模型所生成的图像会存在显著差异，尤其是当使用不同公司开发的模型时，这种差异将更为明显。

图1-32

05 在左侧参数栏内，找到"效果"一栏，单击"技术"按钮，再选中"油画"选项，以此将油画效果添加至提示词下方。随后，单击页面右侧的"生成"按钮。生成的图像如图 1-33 所示，这组新生成的图像呈现出了油画风格。我们可以记下"艺术 + 油画"这个组合，以便未来创建出非常出色的油画艺术效果图像。

图1-31

04 切换回 Firefly Image 3 模型，然后在"内容类型"栏中，单击"艺术"按钮，接着在右下角再次单击"生成"按钮。此时生成的一组图像将都具有艺术风格，与之前写实的图像风格截然不同，如图 1-32 所示。需要注意的是，在提示词下方会显示"艺术"标签，这样我们就可以一目了然地知道使用了哪些效果。

图1-33

"艺术＋水彩"组合效果，如图 1-34 所示。

图1-34

"艺术＋调色板刀"组合效果，如图 1-35 所示。

图1-35

06 在"艺术＋调色板刀"的组合基础上，继续进行更多设置。将"颜色和色调"设置为"暖色调"，"光照"模式设置为"逆光"，"相机角度"设置为"俯拍"，然后再单击"生成"按钮，生成后的效果如图 1-36 所示。

图1-36

07 继续尝试添加更多的效果。例如，使用"艺术＋调色板刀＋逆光＋暖色调＋仰拍＋油画＋绘画飞溅"的组合，所生成的图像效果如图 1-37 所示。

图1-37

08 生成满意的图像后，别忘了保存到收藏夹中，这样便于以后随时在"收藏夹"中找到该图像，如图 1-38 所示。

图1-38

到此我们学会了如何使用"效果"来生成不同风格的图像。相对而言，"效果"栏中有较多的选项设置，这就需要我们平时多多尝试使用，根据个人实际需要，找到实用的组合方案。

09 在收藏夹中找到生成图像，将鼠标指针停在该图像上，然后在左上角单击"修改"按钮并在弹出的菜单中选择"用作构图参考"选项，如图 1-39 所示。

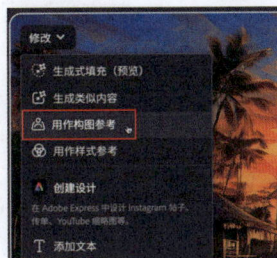

图1-39

10 将当前画面设置为参考构图后，在左侧参数栏中找到参考构图的"强度"选项，并将"强度"滑块拖至最右端，确保强度值达到最大。这样的操作可以使接下来 AI 的生成图像完全按照当前的构图来绘制，即保留左侧的两间木屋、右侧大面

积的海面和开阔的天空，以及正中央的落日。整
个构图都将被完全保留下来，如图 1-40 所示。

图1-40

11 在原有提示词的后面添加："印象派，抽象画
法，较大笔触，奔放的风格"，单击"生成"按
钮，如图 1-41 所示。

图1-41

12 新的一组图像在保留原有构图的基础上，根据新
的提示词对画面进行了重新创作。这样，我们就
通过运用参考构图功能和编辑提示词，成功生成
了具有更大笔触、融入抽象画法的印象派风格画
作，如图 1-42 所示。

图1-42

13 挑选出最满意的一幅作品，然后单击右上角的
"放大"按钮，以放大画面并提升画质，如图
1-43 所示。

图1-43

14 分别单击右上角的"下载"按钮进行下载，再单击右下角的"保存到收藏夹"按钮进行收藏，如图 1-44
所示。

图1-44

1.5　参考构图 + 样式参考

本节将深入探讨"参考构图 + 样式参考"的使用方法。通过前面的案例，我们已经能够感受到参考构图功能的实用性。该功能允许将一张图片中的构图或形状姿态应用到 AI 生成图像中，有效地弥补了提示词的局限性，从而提升了 AI 生成图像的精确性。而样式参考功能，则为 AI 生成图像提供了更为准确的图像风格指导，涵盖色彩、色调、明暗关系以及材质等多个方面，极大丰富了创作者对 AI 生成图像的画风和材质的控制手段。接下来，将通过一个具体案例，详细讲解如何更加精准地掌控 AI 生成的图像。

01 从图库中挑选一张与舞蹈相关的图像，其提示词为"表现主义画作中运动的舞者，充满活力，色彩夸张，笔触宽广且动态"。单击右下方的"查看"按钮，如图 1-45 所示，可以观察到，图库内的提示词通常与我们日常使用的中文表达方式有所差异，它们主要由简短的名词和形容词构成。当输入中文时，Firefly 会先将其翻译成英文，然后再进行 AI 图像生成。

图 1-45

02 进入"文字生成图像"页面后，呈现的是一幅描绘舞蹈者的画作，其内容类型被设定为"艺术"风格，如图 1-46 所示。

图 1-46

03 找到一张芭蕾舞表演的照片，如图 1-47 所示。在 Mac 系统中，从"访达"中找到该照片文件，或者在 Windows 系统中，从资源管理器中找到该照片文件。

图 1-47

04 将照片文件拖至"参考"栏的"上传"图标上，如图 1-48 所示，随后释放鼠标按键。此时，Firefly 会弹出一个对话框，提醒你需要确保拥有使用该照片的权限，如图 1-49 所示。单击"确定"按钮后，照片便会被加载到构成参考中。

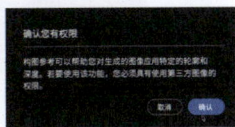

图 1-48　　　　　　　图 1-49

05 照片加载到构成参考后，将下方的"强度"滑块向右拖至最大值。接着单击右侧的"尝试使用提示文字"按钮，如图 1-50 所示，以再次生成新的图像。在此处，将"强度"值调至最大可以让加载的照片中的形体结构对 AI 再次生成的图像构图产生最大的影响。

图 1-50

在再次生成的一组图像中，舞者的身体姿态明显借鉴了参考构图中的姿态，而画面风格则严格遵循了提示词的要求，如图 1-51 所示。

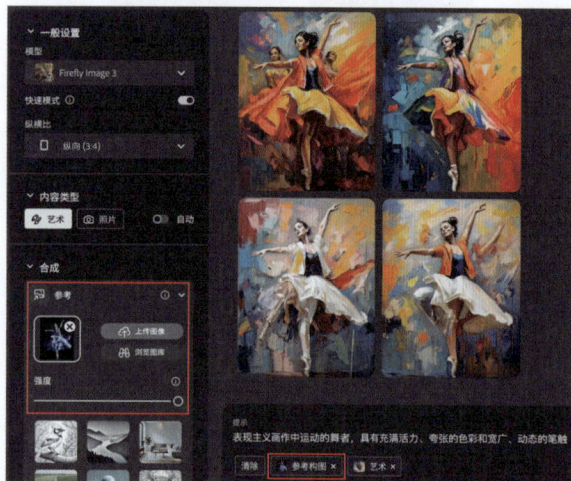

图 1-51

06 下面创建一组连环画式的动作图像。选择一张满意的图像，此处挑选右上方色彩丰富且是单人的图像，如图 1-52 所示。

图 1-52

07 将鼠标指针停留在图像上片刻，显示出功能按钮后，单击左上方的"修改"按钮，在弹出的菜单中选择"生成类似内容"选项，如图 1-53 所示，等待 Firefly 生成新的图像。

图 1-53

08 再次生成一组新的图像后，可以观察到形体姿态以选定的图像为基础，生成了不同角度的图像，同时保持了相近的形态，从而形成一组同一主题下的跳舞场景图像，如图 1-54 所示。这一功能非常适合根据单张图片来创作连环画风格的一系列图像。

图 1-54

09 使用样式参考来引导和控制图像的样式与材质。首先，需要将一张图片设定为样式参考，随后依据此样式来重新生成图像。在图像左上角单击"修改"按钮，并在弹出的菜单中选择"用作构图参考"选项，如图 1-55 所示。接着，将"强度"滑块拖至最大值，如图 1-56 所示。

图 1-55　　　　　　图 1-56

10 在左侧参数栏中，找到"参考"栏，并单击"浏览图库"按钮，如图 1-57 所示。在随后弹出的"参考图像库"对话框中，选择位于"丙烯酸和油"分类下的具有红绿色笔触的图像，如图 1-58 所示。

图1-57　　　　　图1-58

11 加载参考图像后，将上方的"视觉强度"和"强度"两个滑块都拖至最右侧，使数值达到最大，随后单击右侧的"生成"按钮，如图 1-59 所示。

图1-59

稍等片刻，图像生成完毕，可以观察到新的一组图像都借鉴并采用了参考图像中的色调和画面风格，如图 1-60 所示。

图1-60

除此之外，使用水彩样式参考的图像效果如图 1-61 所示；使用素描样式参考的图像效果如图 1-62 所示；使用影楼样式参考的图像效果如图 1-63 所示；使用照片处理样式参考的图像效果如图 1-64 所示；使用纹理样式参考的图像效果如图 1-65 所示。

图1-61

图1-62

图1-63

图1-64

图1-65

通过对比这几组样式参考的图像效果，可以更加直观地感受到样式参考对图像风格所产生的深远影响及其精准的控制力。举例来说，样式参考能够将图像中的光影效果"迁移"到所生成的图像中，从而显著改变其视觉效果。如图 1-66 所示，为未使用样式参考时生成的图像；而图 1-67 则展示了应用样式参考后，光影效果被成功迁移到图像中的效果。

图1-66

图1-67

接下来，再次梳理一下 Firefly 的三大核心板块："文生图"功能，通过输入提示词来生成图像；"图生图"功能，该功能允许用户参考构图并使用样式参考来生成新的图像；"效果和设置"功能，用于调整和优化生成图像的效果。在使用 Firefly 时，并不需要过多的技巧，而是需要通过大量的实践来熟悉和掌握其操作方法，这样才能做到精准生成所需的图像。

1.6　参考构图的"强度"值

在前面的案例中，我们将参考构图的"强度"值均调整至最大。在本节的案例中将深入探讨"强度"值的 3 种不同设置所产生的不同影响，旨在帮助大家更加灵活地运用和调整"强度"值，以达到更理想的图像生成效果。具体的操作步骤如下。

01 在"文字生成图像"页面中输入提示词为"在尘埃云中跳舞的蟒蛇"，单击"生成"按钮，生成一组"跳舞"的蟒蛇图像，如图 1-68 所示。

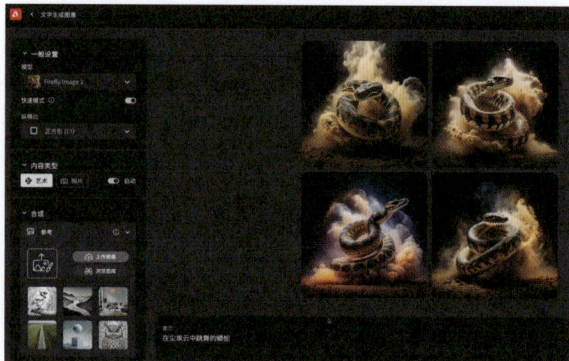

图1-68

02 在左侧参数栏中，将图像纵横比改为 16:9，将内容类型设置为"照片"，在"效果"栏中添加

"电影效果"，以使生成的图像更加逼真，达到电影级别的画质，接着，将"相机角度"调整为"俯拍"。完成这些参数调整后，再次单击"生成"按钮。稍等片刻，生成一组俯拍视角、电影级画质的图像，如图 1-69 所示。

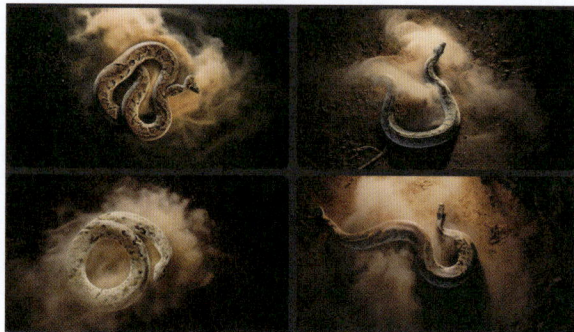

图1-69

03 找到一张花样滑冰的照片，并将该照片文件拖至"参考构图"框中，如图 1-70 所示。

图1-70

04 将参考构图的"强度"滑块拖至最右侧，使"强度"值达到最大，然后单击右下方的"生成"按钮。稍等片刻，生成的图像将完全参考图像中花样滑冰运动员的身体姿态。然而，生成的图像结果可能看起来有些奇怪，如图 1-71 所示，就像两条蟒蛇缠绕在一起模仿花样滑冰运动员的动作一样。由此可见，当参考构图的"强度"值设为最大时，新生成的图像内容会严格依照参考构图内的图像轮廓来生成。

图1-71

05 将"强度"滑块拖至最左侧，使"强度"值达到

最小，然后再次单击"生成"按钮。此时生成的图像内容会更多地参考提示词，而较少地借鉴参考构图内的图像轮廓，如图 1-72 所示。

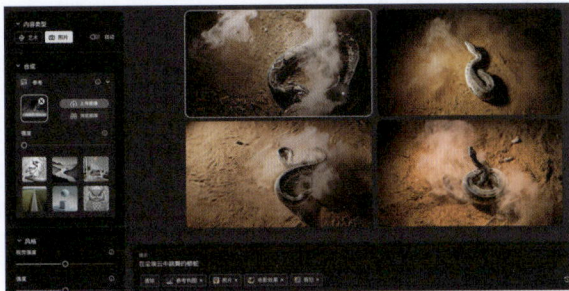

图1-72

06 将强度滑块拖至中间位置，接着单击"生成"按钮。此时生成的图像内容在提示词和参考构图之间达到了平衡，部分动作偏向参考构图，而另外一部分效果则更侧重于提示词，如图 1-73 所示。至于哪种效果更好，则取决于具体的构思和个人审美判断。此处选择了如图 1-74 所示的图像内容。请注意，在进行下载之前，不要忘记进行"放大"操作。通过灵活调整"强度"值并配合提示词的使用，可以有效地调整生成的图像内容。

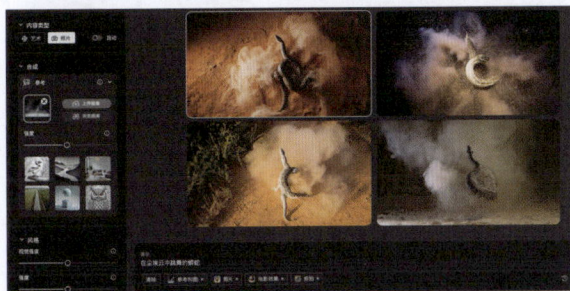

图1-73

图1-74

1.7   线框图渲染建筑效果图

借助参考构图的功能，我们甚至可以将手绘或线框图渲染成逼真的建筑效果图。下面，将通过一个户外建筑效果图的案例，详细讲解如何运用 Firefly 迅速生成高质量的建筑效果图。具体的操作步骤如下。

01 在 Firefly 中输入提示词："科技感、现代感十足的独栋建筑；马克笔，水彩风格效果图"，单击"生成"按钮，如图 1-75 所示。

图1-75

02 生成图像后，得到了一组美观的水彩风格独栋建筑效果图，然而它们并不符合我们设计的建筑结构。因此，需要对参数进行一些调整。首先，将纵横比更改为"宽屏（16:9）"，如图 1-76 所示。

图1-76

03 找到一张已经设计好的建筑线框图，如图 1-77 所示，将其拖至参考构图框上，并将下方的"强度"值调整至最大，如图 1-78 所示。这样，即可利用参考构图来精准控制建筑的外形。

图1-77   图1-78

04 在"风格"栏中，单击"浏览图库"按钮，如图 1-79 所示。在参考图像库中选择"水彩"效果，如图 1-80 所示。返回"风格"栏，将"视觉强度"和"强度"的滑块都调整至最右侧，如图 1-81 所示，以便完全应用水彩画样式。

图1-79   图1-80

图1-81

05 继续添加"效果"/"热门"/"数字艺术"效果和"效果"/"概念"/"未来派"效果，利用这两种效果来塑造具备现代感的建筑形象；再添加"效果"/"技术"/"几何笔"效果以展现笔触效果；同时添加"效果"/"技术"/"水彩，飞溅"效果，以进一步调控水彩的呈现效果。在"颜色和色调"栏中，选择"明亮的颜色"选项，并将"光照"设置为"黄金时段"。完成这些调整后，单击"生成"按钮，如图 1-82 所示。

图1-82

生成完成后，得到了一组与参考构图形状一致、具有手绘水彩风格的建筑效果图，如图 1-83 所示。

图1-83

06 为丰富图像效果，在原有提示词的基础上添加以下内容："背景是连绵的山脉和落日余晖；建筑前有行人走动和小汽车"。添加完毕后，单击"生成"按钮。稍等片刻，即可得到生成全新的图像，如图 1-84 所示。

图1-84

07 将鼠标指针悬停在"参考构图"标签上，以显示图片预览。通过观察，可以发现建筑在预览中是完整的，然而在 AI 生成的建筑图像右侧却出现了一处缺失，如图 1-85 所示。这一现象是由两者的纵横比不匹配造成的。

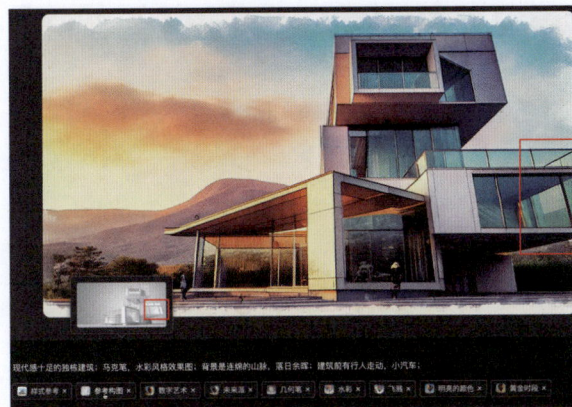

图1-85

08 在 Photoshop 中打开用作参考构图的图片 House.jpg，随后按 C 键切换至"裁切"工具，并将裁切比例设置为 16:9，如图 1-86 所示。可以明显看出，原图的比例并非 16:9。

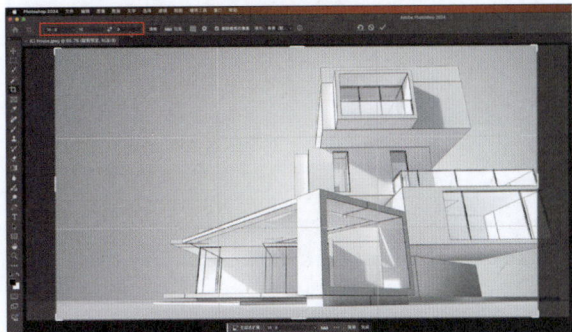

图1-86

09 利用"裁切"工具，横向调整裁切框的位置，以确保整栋建筑完全位于裁切框内，如图 1-87 所示。之后，将图片另存为 House16_9.jpg。

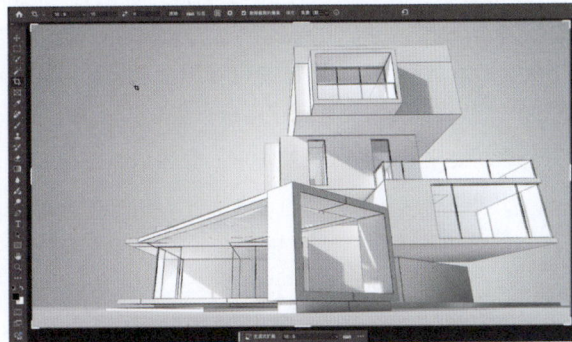

图1-87

10 返回 Firefly，将 House16_9.jpg 文件拖至"参考构图"框上，并将"强度"值调整至最大，如图 1-88 所示。完成这些设置后，再次单击"生成"按钮。再次生成图像后，整栋建筑就完整地展现在画面内了，如图 1-89 所示。

图1-88

图1-89

11 执行"放大"操作，并单击"下载"按钮，以将高质量的画面保存至本地，最终的画面效果如图1-90所示。

图1-90

1.8　生成式填充修补细节

　　AI 生成的图片往往存在一些瑕疵，需要借助 Photoshop 等软件进行修复，这也是本书将要深入探讨的重点内容。此外，Firefly 提供了"生成式填充"功能，用于图片的修补工作。尽管其功能和灵活性相较于 Photoshop 有所不及，但它在 Firefly 上就能直接完成修补操作，为用户提供了另一种便捷的选择。接下来，将通过一个案例简要介绍如何使用这一生成式填充功能。

01 在"文字生成图像"界面中，当将鼠标指针悬停于对生成效果满意的图像之上时，相关功能按钮会随之显示。此时，单击左上角的"修改"按钮，并在弹出的菜单中选择"生成式填充"选项，如图 1-91 所示。也可以在 Firefly 主界面单击"生成式填充"板块右下方的"生成"按钮，如图 1-92 所示。进入"生成式填充"界面后，单击"上传图像"按钮，将需要修补的图片上传，如图 1-93 所示。

图1-92

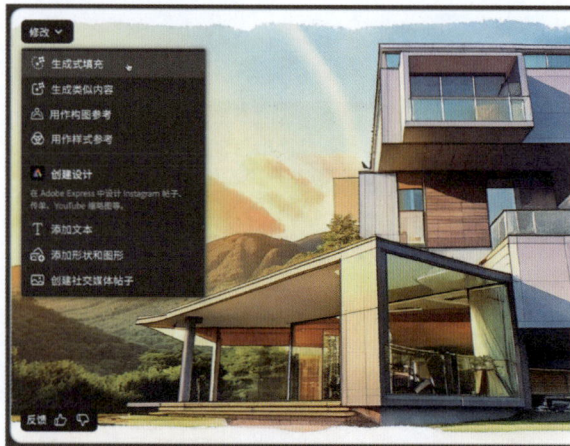

图1-91

图1-93

02 加载图像后,将看到"生成式填充"的界面布局。左侧是工具栏,可以用画笔工具勾勒出需要处理的图像区域;下方是属性栏,供调整画笔参数和输入提示词。仔细观察图像会发现,画面中下方生成了类似护栏的模糊图像。为了改善这一问题,打算在该区域前方生成一辆汽车以进行遮挡。先在左侧工具栏中单击"插入"按钮,然后在下方属性栏中单击"添加"按钮。接下来,可以按 [或] 键来调整画笔的大小。最后,在类似护栏的区域进行绘制,如图 1-94 所示。

图 1-94

03 使用画笔工具勾勒出一个类似汽车的形状,并在下方文本框中输入提示词:New electric Vehicle,然后单击"生成"按钮,如图 1-95 所示。系统将在选定区域内生成一辆新能源汽车的图像。

图 1-95

04 稍等片刻,系统便会生成一组新能源电动车的图像。在界面下方,可以通过单击不同的缩略图或按左、右箭头键切换查看不同的图像。如果对当前显示的所有图像效果都不满意,可以单击"更多"按钮继续生成新的图像,如图 1-96 所示。

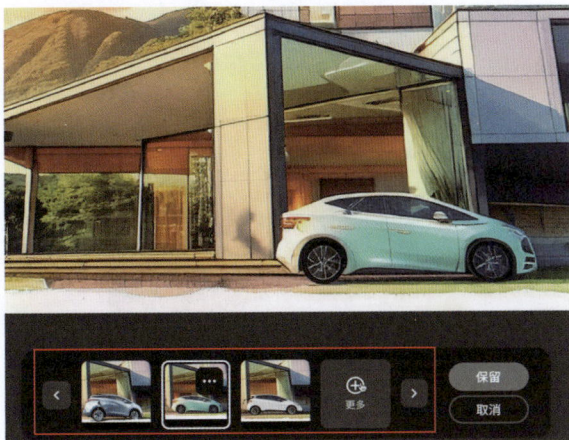

图 1-96

05 在生成的多组图像中,挑选出一个满意的汽车图像。此处选择了一个流线型的深色汽车图像,然后单击"保留"按钮,完成生成图像操作,如图 1-97 所示。

图 1-97

06 在建筑物图像的左上方,还存在两处明显的瑕疵,需要进一步修补。在左侧的工具栏中,单击"插入"按钮,并在下方属性栏中单击"添加"按钮,如图 1-98 所示。

图 1-98

07 使用画笔工具将出现瑕疵的区域涂抹掉，不输入任何提示词，直接单击右侧的"生成"按钮，如图 1-99 所示，让 Firefly 直接进行移除操作。

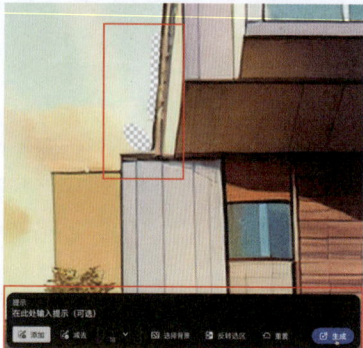

图1-99

08 稍等片刻，系统便会生成一组新的图像。从中可以看到，瑕疵已经被非常出色地移除了，如图 1-100 所示。挑选出满意的图像后，单击"保留"按钮。

图1-100

09 若对当前的修补效果比较满意，可以在界面右上角单击"下载"按钮，将图片下载并保存，以便随时进行修改，如图 1-101 所示。

图1-101

10 还可以继续对细节进行调整。例如，可以将一层原本开放式的空间调整为装有落地玻璃门的设计。使用画笔工具在一层屋顶下方进行绘制，旨在将该区域改造为一个玻璃房。绘制完毕后，无须输入任何提示词，直接单击"生成"按钮即可，如图 1-102 所示。

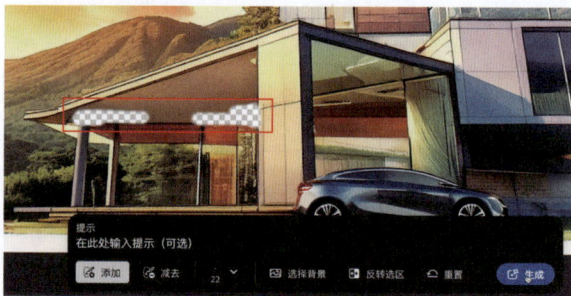

图1-102

11 移除后，可以看到房间的结构进行了相应调整。单击"保留"按钮，以确认移除操作，如图 1-103 所示。

图1-103

12 重新使用画笔工具绘制整个房间区域，并输入提示词："宽大的现代化的落地玻璃门"，之后单击"生成"按钮，如图 1-104 所示。

图1-104

13 生成图像后，从中挑选一个满意的图像，然后单击"保留"按钮，如图 1-105 所示。

图1-105

根据创意构思，可以生成不同的内容，如图
1-106~ 图 1-108 所示。在 Firefly 中使用"生成式填
充"，可以快速修改一些明显的瑕疵。但如果要进行
细致、准确的微调，还是建议在 Photoshop 中完成，
后面的章节也会对此进行详细介绍。

图1-107

图1-108

图1-106

1.9 渲染 3D 材质

从前面的案例我们可以直观感受到，Firefly 的渲染效果非常出色。因此，可以借助 Firefly 来创建材质，并
将这些材质渲染到指定的构图轮廓上，从而完成具有 3D 效果的图像渲染。当然，我们需要明确一点，Firefly 最
终生成的是带有 3D 效果的图片，而非真正的三维模型。以下为 3D 材质的渲染流程。

1. 使用 Firefly，通过输入提示词等方式创建材质图像。

2. 将生成的材质图像作为样式参考。

3. 在 Photoshop 或其他图形设计软件中创建形状或构图，并将其导入 Firefly 作为参考构图。

4. 调整提示词、效果以及参考设置，利用 AI 技术将材质赋予指定的形状或构图。

5. 单击"放大"按钮以查看细节，并通过单击"下载"按钮保存图像文件，或者复制链接、添加到收藏夹
   以便日后使用。

1.9.1 工作流程——渲染手绘稿

接下来，将通过一个案例来讲述 3D 材质的渲染方法，具体的操作步骤如下。

01 首先，在"文字生成图像"界面中，输入提示词："捆扎在一起的五彩缤纷的电脑数据线，放置在白色背景上"。然后，在左侧参数栏中设置模型为 Firefly Image 3，并选中"快速模式"复选框。这样可以先快速生成低质量图像并进行预览，不用每次生成都消耗 4 个积分。接着，设置纵横比为"宽屏（16:9）"。设置完成后，单击"生成"按钮，即可生成一组捆扎在一起的电脑数据线的图像，如图 1-109 所示。

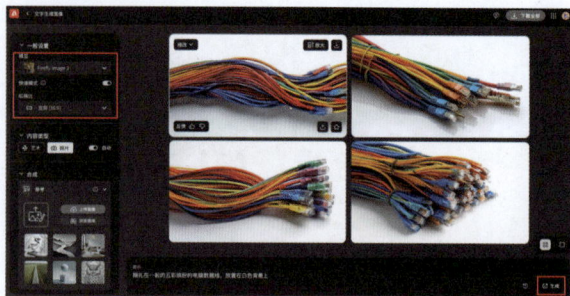

图1-109

02 在生成的一组图像中，挑选一张满意的图像，将鼠标指针停留在图像上片刻，然后单击左上角的"修改"按钮，并在弹出的菜单中选择"用作样式参考"选项，以便将该图像中的材质用于后续样式修改，如图 1-110 所示。接着，在"风格"栏中，将"视觉强度"和"强度"值都调至最大，如图 1-111 所示。

图1-110　　　　　图1-111

03 在"效果"栏中单击"热门"按钮，并选择"超现实主义"选项，添加"超现实主义"效果到提示词下方，如图 1-112 所示。

04 使用 Photoshop 或 Illustrator 绘制一张线条图，其构思是通过绘制线条的方式来展示 idea 字样，如图 1-113 所示。接着，从"访达"（Mac 系统）或资源浏览器（Windows 系统）中，将图片拖到

"参考构图"图标上，如图 1-114 所示，从而加载图片到参考构图中。

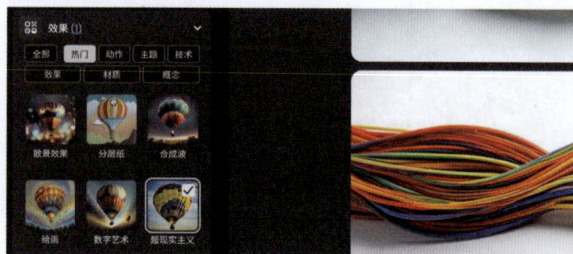

图1-112

图1-113　　　　　图1-114

05 将参考构图的"强度"值向右拖至最大，如图 1-115 所示。

图1-115

06 单击"生成"按钮，稍等片刻，系统便生成了使用电脑数据线为材质的手绘文字效果图，如图 1-116 所示。从中挑选满意的图像，或者再次单击"生成"按钮，重新生成新图像。

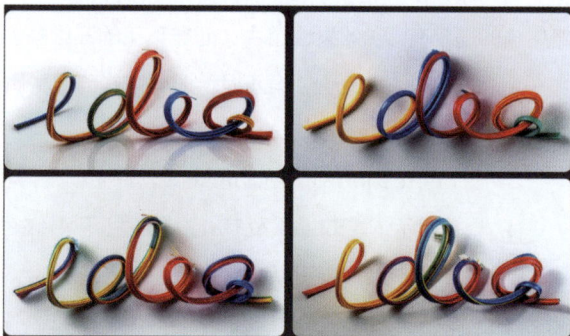

图1-116

07 挑选如图 1-117 所示的图像，然后进行"放大"和"下载"操作，将生成的图片保存。

图1-117

下面，展示通过使用不同的提示词和样式参考生成的各种渲染效果，如图 1-118~ 图 1-125 所示。

提示词：漂浮的闪亮、透明的玻璃线材，近似金属材质，被放置在白色背景前。
图 1-118

提示词：漂浮的麻绳，柔和、微弱的灯光，浅褐色背景。
图 1-119

提示词：一段由布条制成的线，上面有绣花补丁，柔和的颜色，粉色、黄色、紫色和蓝色，3D 效果，放置在白色背景前。
图 1-120

提示词：由皱纹纸制成，放置在黑色背景前，工作室舞台灯光。
图 1-121

提示词：蓬松的钢丝，色彩缤纷，放置在白色背景前，柔和的光线和投影。
图 1-122

提示词：一段手绘线条，五彩斑斓，放置在纯白色背景前。
图 1-123

提示词：一根类似液体、反光、闪亮的铬线材，表面抛光，3D 效果。
图 1-124

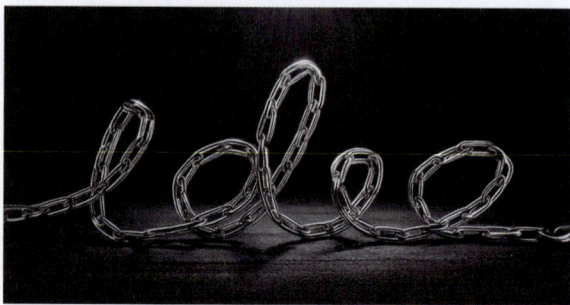

提示词：一条由铁制成的锁链。

图1-125

1.9.2　微调提示词——烧红的木炭仿古汉字特效

在本节案例中，将沿用相同的流程来渲染并生成 3D 木炭材质的汉字特效。通过细致地调整提示词，进一步丰富画面的细节表现，从而创造出更加逼真的木炭材质效果，具体的操作步骤如下。

01 首先，找到"牛"的古代象形文字图片，然后在 Photoshop 中将其制作成白底黑字的比例为 16:9 的图片，如图 1-126 所示。最后，将图片保存为 JPG 或 PNG 格式文件。

图1-126

02 进入 Firefly 的"文字生成图像"界面，输入提示词："深黑色，由木炭拼成的标识，背后散落着无规律的碎木炭，整体放置在白色背景上"。接着，在"效果"栏中单击"热门"按钮，选择"超现实主义"选项，单击"材质"按钮，选择"炭笔"选项，添加"炭笔"材质可以让生成的图像更为逼真。最后，单击"生成"按钮，生成一组木炭的图片，如图 1-127 所示。

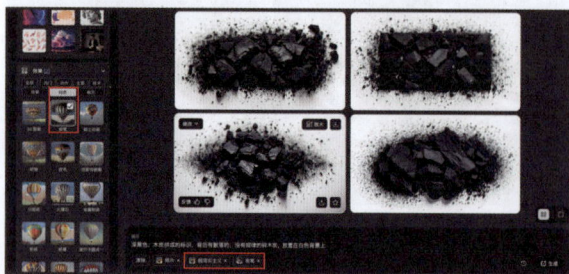

图1-127

03 挑选一张木炭效果最佳的图片，将鼠标指针停留在该图片上片刻，然后单击"修改"按钮，在弹出的菜单中选择"用作样式参考"选项，如图 1-128 所示，将生成的图片用作材质纹理，调整"视觉强度"和"强度"值为最大。

图1-128

04 找到之前保存的"Logo- 牛 .jpg"文件，然后将其拖至参考构图图标上。接着，单击"生成"按钮，如图 1-129 所示，以便将"牛"字作为结构轮廓生成图像。

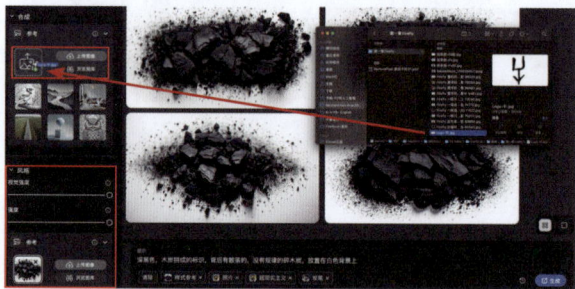

图1-129

生成后的图像如图 1-130 所示。从中可以看到，木炭被巧妙地拼成了"牛"字的形状，其下方还垫有一些碎木炭，整体材质和样式均参考了前面生成并使用的图片。

图1-130

05 在提示词"没有规律的"后面添加"细小颗粒的"，然后单击"生成"按钮。稍等片刻，再次生成的图像如图 1-131 所示。可以看到，背景上的碎木炭呈现出一些细微的变化。

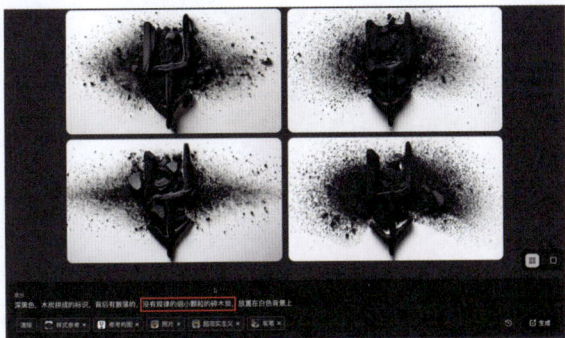

图1-131

06 将提示词更改为："烧得通红的木炭拼成的标识，背后散落着没有规律的细小颗粒状碎木炭，整体放置在土地上。"这样的提示词对细节进行了调整，如使用"烧得通红的木炭"来描述材质，以及更改场景为"放置在土地上"。随后单击"生成"按钮，稍等片刻，再次生成的图像便是放置在地面上、烧得通红的木炭标识，如图1-132所示。

图1-132

07 将提示词更改为"放置在白色背景上"，单击"生成"按钮，便得到了以白色为背景的图像，如图1-133所示。这样的处理更便于我们在Photoshop中进行后续处理。

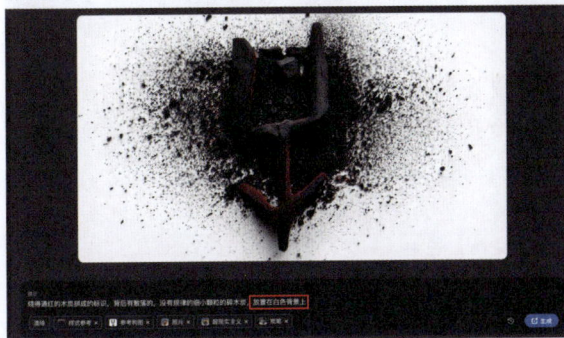

图1-133

08 输入新的提示词："粗体、干燥、有光泽的红色油漆涂抹，带有动态条纹，仿佛用托盘刀在白色背景上涂抹而成，超现实主义风格。"重新生成一幅红色油漆画，图像效果如图1-134所示。

图1-134

09 将样式参考更改为"影楼"分类下的"油漆画风格"，生成一幅新的图像，如图1-135所示。在此过程中需要注意，不仅要善于利用图库内的各种样式，更要熟练掌握这些样式所带来的独特视觉效果。

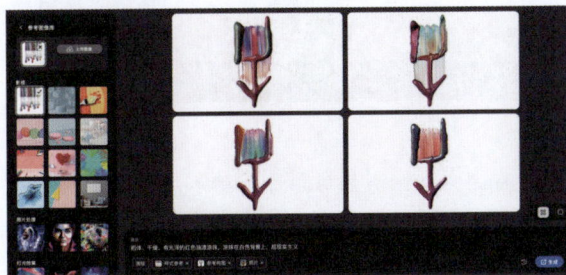

图1-135

10 使用"分层纸"样式参考，修改提示词为："五颜六色的折纸"，重新生成的图像效果如图1-136所示。

图1-136

1.9.3　巧用参考——壁画

　　样式参考和参考构图均支持使用个人原创图像。例如，可以通过拍摄照片、利用现有图片，或者在 Photoshop、Illustrator 等软件中进行创作，来获取所需的样式参考和参考构图。采用这些自定义方式，能够极大地拓展 Firefly 的创作空间。再结合提示词与效果等参数的调整，便能迅速生成令人惊叹的图像效果。接下来，将通过自定义样式参考和参考构图的方式，来讲述如何创作一组具有壁画效果的图像。具体的操作步骤如下。

01　首先，找到一张壁画的图片。在 Photoshop 中，将图片的比例裁切并调整至 16:9，然后保存并重命名为"壁画.png"，如图 1-137 所示。接下来，将这张图片用作样式参考，以便借鉴其色彩、色调以及光影效果。

图 1-137

02　在"文字生成图像"界面输入提示词："刻在石头上的壁画，写有甲骨文"。随后，将"壁画.png"文件拖至样式参考图标上，并将"视觉强度"和"强度"值均调整到最大。接下来，将"内容类型"设置为"艺术"。在"效果"栏中单击"技术"按钮，分别选择"壁画""点刻"和"调色板刀"效果选项。最后，单击"生成"按钮，Firefly 便会根据提示词、样式参考及效果设置，生成一组图像，如图 1-138 所示。生成的图像在风格样式上达到了我们的要求，但在构图方面仍有待调整。

图 1-138

03　在 Photoshop 中打开"壁画.png"文件，将"牛"和"羊"两个古文字添加到图像中，并调整至合适位置，如图 1-139 所示。之后，将文件另存为"壁画 - 甲骨文.jpg"文件。这张图片将作为参考构图，用于指导 Firefly 生成图像。

图 1-139

04　将"壁画 - 甲骨文.jpg"文件拖至参考构图图标上，并将"强度"值设置为最大，然后单击"生成"按钮生成图像，如图 1-140 所示。

图 1-140

05　查看生成的图像，感觉文字和壁画的融合略显生硬，下面尝试将"风格"下的"强度"值调至中间位置，以提升提示词和效果的影响力。调整后再次单击"生成"按钮，生成的图像效果如图 1-141 所示。

06　多次单击"生成"按钮，可以生成更多图像，如图 1-142 和图 1-143 所示。从中挑选出满意的图像后，单击"放大"和"下载"按钮，将图片保存在本地。同时，别忘了单击"保存到收藏夹"按钮或复制链接，以便日后调用和修改。

图1-141

图1-142

图1-143

1.9.4　使用照片——石头刻字

我们还可以通过手机或相机拍摄照片作为样式参考，将照片中的材质应用到 AI 生成的图像上。接下来，将使用一张照片来示范如何生成刻在石头上的文字效果，具体的操作步骤如下。

01 首先，在 Firefly 的"文字生成图像"界面中，输入提示词："刻在石头上的甲骨文"。以甲骨文"羊"字作为参考构图，如图 1-144 所示，并将"羊"字图片文件拖至参考构图图标上，如图 1-145 所示。接着，将"内容类型"设置为"照

片"，在"效果"栏中单击"技术"按钮，分别选中"壁画""点刻""调色板刀"效果，然后单击"生成"按钮。稍等片刻，Firefly 便会根据提示词、参考构图和效果设置，生成一组图像，如图 1-146 所示。

图1-144

图1-145

图1-146

02 用手机拍摄一张石头的照片，并在 Photoshop 中去除背景，然后将其保存为 stone.png 文件，如图 1-147 所示。接着，将这张照片拖至"风格"栏中的样式参考图标上，并将"视觉强度"和"强度"值调至最大，如图 1-148 所示。

图1-147

图1-148

03 保持其他参数设置不变，单击"生成"按钮。稍等片刻，即可得到一组以石头材质为参考的新图像，如图 1-149 所示。

图1-149

04 将提示词修改为："刻在斑驳带有条纹的石头上的甲骨文"，以此引导 Firefly 生成与照片中石头更为匹配的图像。再次单击"生成"按钮后，所生成的图像便带有了石头的条纹纹理，如图1-150 所示。

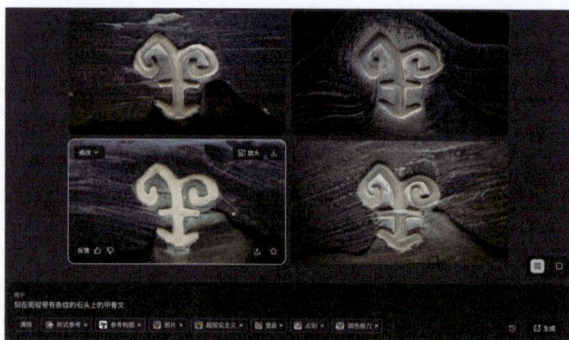

图1-150

05 若要让生成的石头效果与照片中的石头完全一致，就需要重新调整参考构图。首先，在 Photoshop 中将 stone.png 文件的图像转为黑白效果，接着将"羊"字放置在处理过的石头图像上，然后另存为"stone- 构图 .png"文件，如图1-151 所示。接下来，将这个新的构图文件拖至参考构图图标上，并单击"生成"按钮。这样，就可以生成新的图像，其形状会参考照片中的石头形状，并且"羊"字会被刻在石头上，效果如图1-152 所示。最后，别忘了放大查看图像并下载到本地。

图1-151

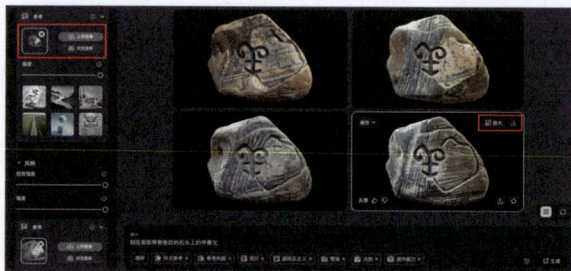

图1-152

06 参考构图所使用的图片也可以是手绘的色块，只需将其拖至参考构图图标上即可，如图1-153 所示。

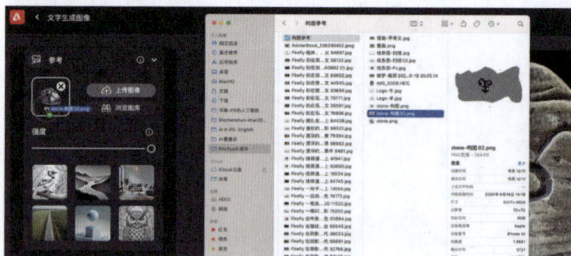

图1-153

07 单击"生成"按钮后，再次生成的图像也会参照色块的形状，但是相较于第 05 步生成的图像，缺乏立体感，如图1-154 所示。通过对比可以发现，将图片转为黑白效果后作为参考构图，所生成的图像不仅外形得到了保证，内部结构的层次感也更加丰富了。

图1-154

08 在第 05 步生成的一组图像中挑选出满意的一幅，放大并下载到本地。接着，在 Photoshop 中打开该文件，按快捷键 Ctrl+A 全选，再按快捷键 Ctrl+C 或执行"编辑"→"拷贝"命令，以复制当前图像，如图1-155 所示。后续操作均在 Photoshop 中完成。

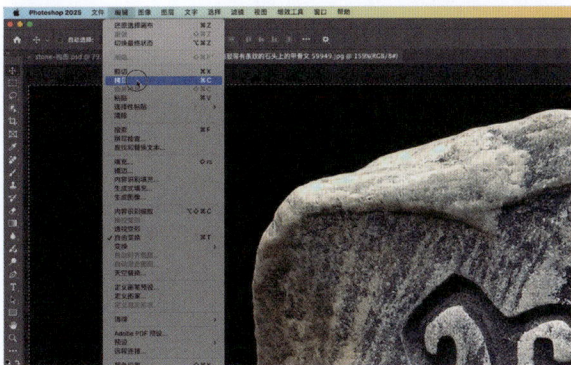

图1-155

09 切换到 stone.png 文件，按快捷键 Ctrl+V 粘贴前面复制的图像。接着，在"图层"面板中，右击新创建的"图层 2"，并在弹出的快捷菜单中选择"转换为智能对象"选项，如图 1-156 所示。

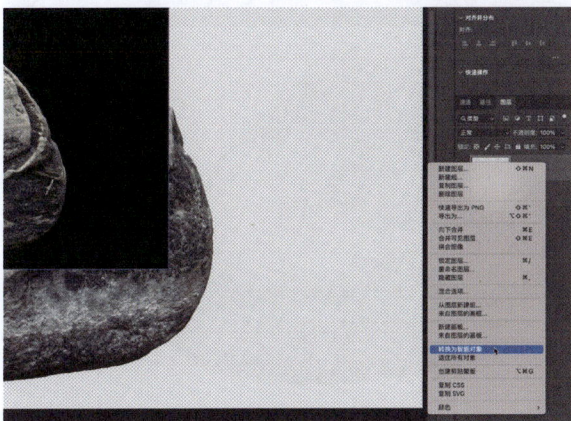

图1-156

10 按快捷键 Ctrl+T 等比例放大图像，并在垂直方向上对齐下方的图层，如图 1-157 所示。

图1-157

11 按 W 键切换到"对象选择"工具，然后在石头图像上单击以自动选中石头，如图 1-158 所示。"对象选择"工具配备了 AI 功能，能够快速且准确地选中复杂的主体对象。

图1-158

12 保持选区的激活状态，在"图层"面板下方单击"新建蒙版"按钮，以屏蔽黑色区域。接着，继续使用"对象选择"工具，框选石头上的"羊"字区域，如图 1-159 所示。

图1-159

13 自动选中"羊"字区域后，在相关任务栏中，单击"修改选区"按钮，并在弹出的菜单中选择"扩展选区"选项，如图 1-160 所示。

图1-160

14 在弹出的"扩展选区"对话框中，输入"扩展量"值为 20，然后单击"确定"按钮，如图 1-161 所示。扩展选区可以使"羊"字与背景的

融合更加自然。此外，也可以考虑添加"羽化
选区"。

图1-161

15 按快捷键 Ctrl+J 将选区内的内容复制到新图层
中，即将"羊"字单独复制到一个新图层，如图
1-162 所示。至此，准备工作已完成，接下来将
进行合成处理。

图1-162

16 在"图层"面板中，先隐藏"图层 3"（即
"羊"字所在图层）。接着选中"图层 2"，将
混合模式更改为"正片叠底"，然后按数字键
6，将图层不透明度降低到 60%，如图 1-163 所
示（注：按数字键 0 ～ 9 可以快速调整图层的不
透明度）。

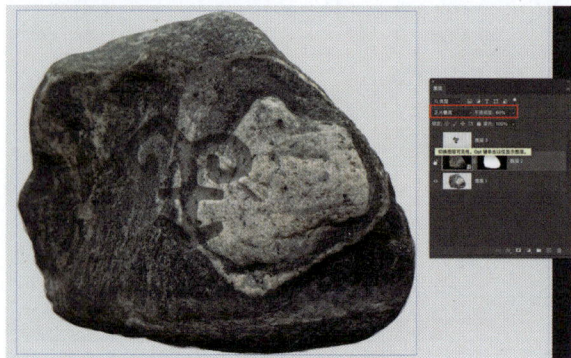

图1-163

17 选中"图层 3"并将其显示出来，然后将其混合
模式改为"变暗"，如图 1-164 所示。通过设置
图层的混合模式，将两张图片合成在一起。

图1-164

18 调出"调整"面板，添加"风景 - 凸显色彩"和
"人像 - 明亮"滤镜，以提升整个画面的色调明
亮度，如图 1-165 所示。

图1-165

最后，我们来对比一下：图 1-166 为原始照
片，图 1-167 为 Firefly 生成的 AI 图片，而图 1-168
则是合成后保留了石头原貌的图片。这为我们提供
了一种新的制作思路：先利用 AI 生成图像，再借助
Photoshop 进行后续的合成处理。

图1-166

图1-167

图1-168

1.9.5 巧用图库——抽象画

在 Firefly 中，"图库"堪称一座巨大的宝藏，这里几乎涵盖了各式各样的效果、材质和样式，为我们的创作提供了丰富的素材。我们可以从图库中的某个图像着手，开启 Firefly 的探索之旅，这种方式既直观又高效。接下来，就让我们一起深入了解如何巧妙利用图库吧。

01 首先，在"图库"中找到与自己创意相匹配的图像，将鼠标指针停留在图像上片刻，随后单击右下角出现的"查看"按钮，如图 1-169 所示。

图1-169

02 进入"文字生成图像"界面后，若将鼠标指针放置在图像上，并不会出现"修改"等按钮，因此无法直接使用当前图像作为样式参考来进一步生成新图像。此时，可以直接单击右下方的"尝试使用提示文字"按钮来生成新的图像，如图 1-170 所示。

03 等待片刻，Firefly 生成了一组新的图像。当前图像与原图像大相径庭：原图像呈现抽象的简笔画风格，而新生成的图像则显得更为具象和奇特，如图 1-171 所示。多次单击"生成"按钮后，所生成的图像依旧保持着这种具象且奇异的风格。

图1-170

图1-171

尝试分析原因，有可能是"样式参考"和提示词"+- 和天才"导致了生成图像中出现了较为具象的人像，如图 1-172 所示。或许重新调整样式参考和提示词，生成的图像就会更加符合我们的预期。

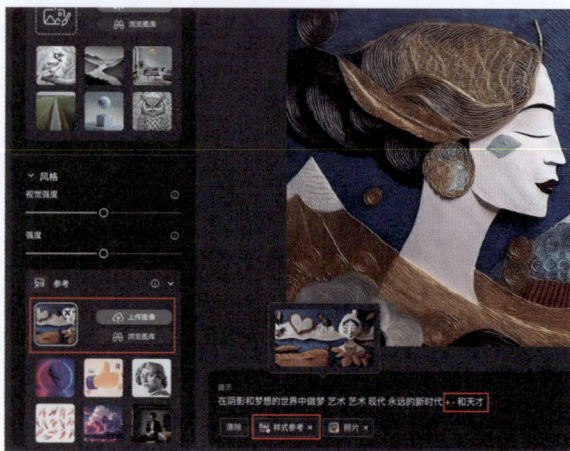

图1-172

04 由于 Firefly 未提供直接下载图库中样本图像的操作，因此，我们采用截图方式将样本内容截取下来，如图 1-173 所示。

图1-173

05 将截图拖至样本参考图标上，以替换原来的参考图，如图 1-174 所示。注：我们也尝试过直接添加新的参考构图，并删除提示词"+- 和天才"，这样再次生成的图像也能大致保持原有风格，如图 1-175 所示。

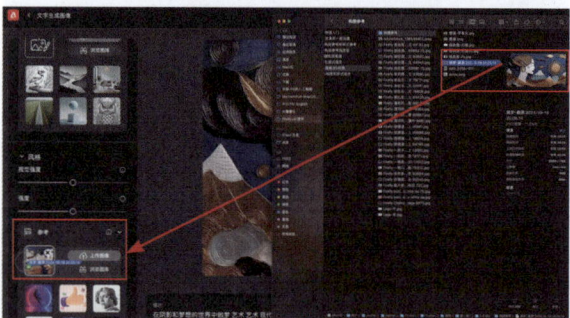

图1-174

图1-175

06 将"风格"栏中的"视觉强度"和"强度"值均设置为最大。接着，将"牛"字图片"logo-牛 .jpg"文件拖至参考构图图标上，并将其"强度"值也设为最大。然后，删除提示词"+- 和天才"，最后单击"生成"按钮。生成后的图像如图 1-176 所示，可以看出调整后生成的图像与样本风格保持了一致。

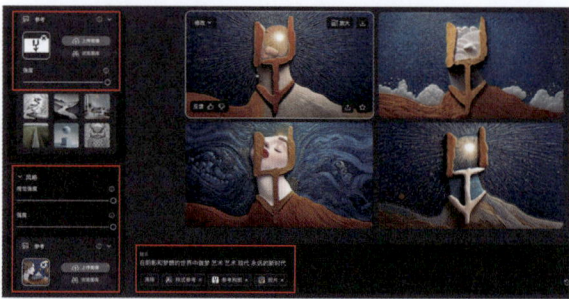

图1-176

07 挑选一幅图像，单击"修改"按钮，在弹出的菜单中选择"用作样式参考"选项，如图 1-177 所示。

图1-177

08 在"效果"栏中单击"材质"按钮，选择"扭索饰图案"选项，添加材质到背景。再次单击"生成"按钮，生成一组带有抽象背景的图像，如图 1-178 所示。

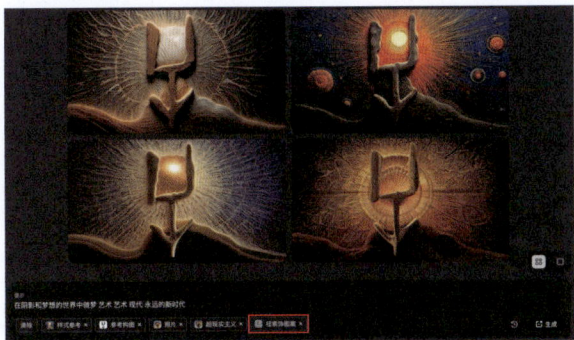

图1-178

09 在"效果"栏中单击"材质"按钮，选中"波尔卡圆点图案"选项，然后再单击"生成"按钮。生成一组新的图像，图像背景以圆点组成，如图1-179所示。

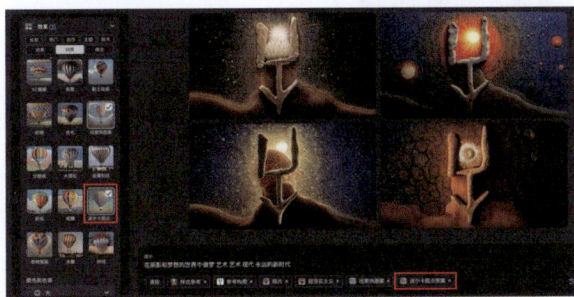

图1-179

10 删除"波尔卡圆点图案"效果，然后在"效果"栏中单击"材质"按钮，选中"奇特图案"选项，再次单击"生成"按钮，生成新的图像，图像背景图案更加抽象且具有张力，如图1-180所示。

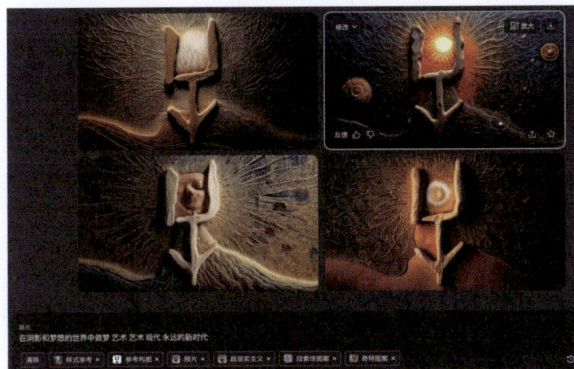

图1-180

11 单击"历史面板"按钮◎，在生成的多组图像中挑选多幅满意的图像，单击"放大"按钮，然后再单击"下载"按钮，将生成的图像保存到本地。生成图像的效果如图1-181~图1-184所示。

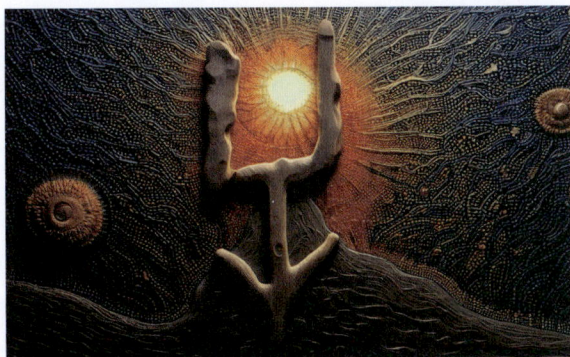

图1-181

图1-182

图1-183

图1-184

1.9.6　修改提示词——磨砂科幻艺术字

撰写提示词是文字生成图像过程中至关重要的环节。在之前的案例中，我们探讨了如何创建和修改提示词。在 Firefly 中，构建提示词时需注意两个基本原则。

1. 应尽量使用简洁、明确的名词和形容词。

2. 中文提示词会先通过微软的翻译系统转成英文，再进行图像生成。

下面，将通过撰写一段具体的提示词来回顾相关技巧。

01 在 Firefly 中找到"两个无限符号交织在一起……"样本图像，并单击"查看"按钮，如图 1-185 所示。

图1-185

02 进入"文字生成图像"界面后，可以看到下方的提示词相当长。该样本的提示词描述得十分详细，其写法与 Midjourney 相似，如图 1-186 所示。使用这段提示词生成一组图像。

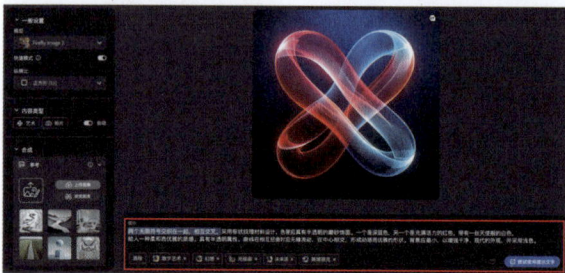

图1-186

03 选择一幅比较满意的图像，将鼠标指针停留在该图像上片刻，随后单击出现的"修改"按钮，并在弹出的菜单中选择"用作样式参考"选项，如图 1-187 所示。

图1-187

04 找到"logo- 羊 .jpg"文件，并将其拖至参考构图图标上，如图 1-188 所示。

图1-188

05 将"参考构图"下的"强度"值设置为最大，单击"生成"按钮，等待片刻，生成一组新的以"羊"字为主体的磨砂半透明彩带图像，如图 1-189 所示。

图1-189

06 若想要展现半透明材质兼具动感与现代感的外观，并凸显更多的材质与光影细节，可以在"光照"栏中选择"长时间的曝光"选项。这一选项能够模拟放慢快门速度拍摄照片的效果，如同拍摄夜景照片一样，展现更为丰富的细节。最终生成的图像效果如图 1-190 所示。

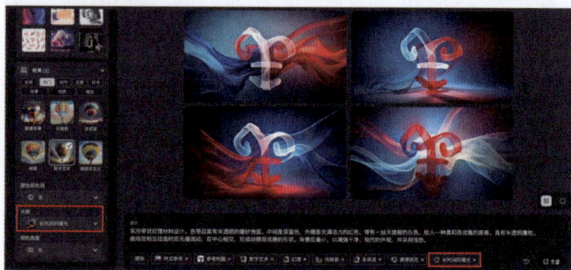

图1-190

07 挑选一幅自己满意的图像，将鼠标指针停留在图像上片刻，等待功能按钮显现。然后，单击右上角的"放大"按钮以提升画质。放大后的画面将明显展现出更多的材质细节，特别是在半透明材质上，如图 1-191 所示。接下来，单击"下载"按钮，将图片下载至本地。同时，别忘了复制图像链接，或者将其保存到收藏夹，以便后期继续编辑和修改。

图1-191

08 如果使用的是英文版的 Firefly，操作方法同样适用，如图 1-192 所示。若英文水平有限，建议借助翻译软件来辅助操作。从生成的图像效果来看，英文提示词可能会表述得更准确。

图1-192

09 采用同样的方法，修改提示词，然后生成新的图像，如图 1-193 所示。

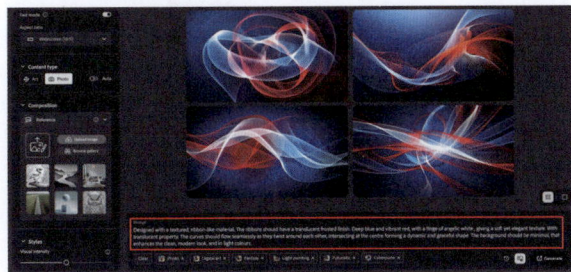

图1-193

10 在英文版的 Firefly 中，仍然可以正常使用简体中文作为提示词，如图 1-194 所示。

图1-194

如果没有 AI 技术，没有 Firefly 这样的工具，我们以往在 Photoshop 中制作类似的特效会相当费时费力。然而，使用 Firefly 则能显著提升工作效率。只要我们能够掌控好效果，制作出符合预期构思的图像，这种新的工作流程就可以被应用到实际工作中。为了进一步感受画面的细腻质感，可以将生成的几幅图像放大并提升画质，如图 1-195~ 图 1-197 所示。

图1-195

图1-196

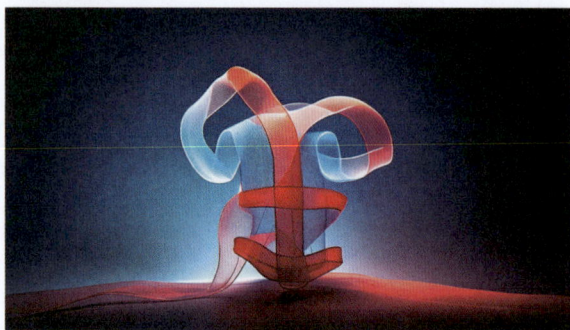

图1-197

11 还可以更改提示词、变换样式参考、调整效果设置等，以快速渲染生成完全不同的图像效果。图 1-198 是根据提示词"毛茸茸的布艺玩具，甲骨文标志"再次生成的图像。

图1-198

12 修改提示词为："具有鲜明线条和颜色的甲骨文标志"，样式参考选用 Firefly 自带的"影楼"样式，再次生成的图像如图 1-199 所示。

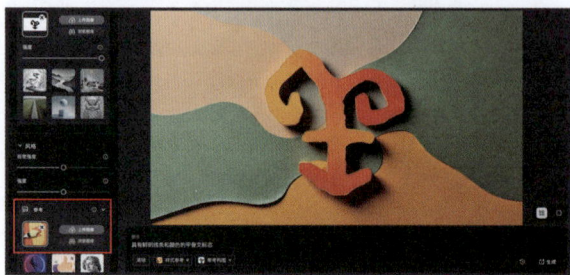

图1-199

无论哪种生成效果，在过去都难以迅速实现，甚至可能需要借助三维软件。然而，通过运用 Firefly，我们仅需通过更改提示词、参考图和调整"效果"设置，即可在几分钟内迅速生成一组 3D 渲染效果。但请注意，Firefly 生成的是渲染后的图像，而非三维模型。

1.9.7　使用 Photoshop 材质面板

在前面的几个案例中，关于材质即样式参考的获取，我们采用了拍摄照片或使用 Firefly 生成这两种方式。然而，除了这两种方法，还有一种更为强大、便捷且精确的方式来获取材质，那就是利用 Photoshop 中的"材质"面板。接下来，将通过一个具体案例来探讨如何结合 Photoshop 的"材质"面板与 Firefly 来生成具备不同材质感的图像。具体的操作步骤如下。

01 首先，在 Firefly 中进行一些准备工作，同时借此机会回顾一下如何通过 Firefly 生成材质。在 Firefly 的"文字生成图像"界面内输入提示词："一面大块的黑白砖墙"，接着单击"生成"按钮。从生成的砖墙内容中挑选一个"作为样式参考"，如图 1-200 所示。

图1-200

02 使用一张大卫雕像的图片作为"参考构图"，如图 1-201 所示。

图1-201

03 使用提示词："破旧的斑驳的，局部裂开的，由砖块做成的大卫头像雕像"，并选择"线条画"效果，同时，将"光照"设置为"工作室灯光"。生成的效果如图 1-202 所示。请注意，每次生成的图像可能不尽相同，挑选出满意的结果即可。

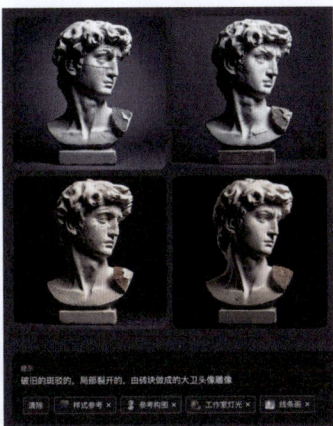

图1-202

04 设置参数时，需要注意调整"风格"下的"强度"值。若出现如图1-203所示的效果，即背景生成了大面积的砖墙，则需要减小"风格"的"强度"值，以调整效果。

图1-203

05 将"强度"值调至最小，并调整纵横比后，再次生成的图像便有效去除了背景中的砖墙，效果如图1-204所示。

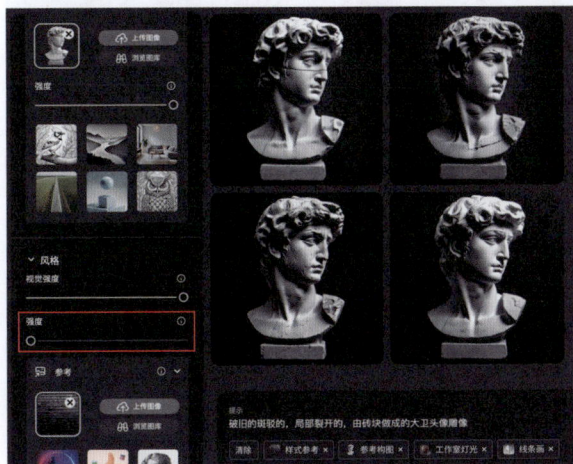

图1-204

06 启动 Photoshop，按快捷键 Ctrl+N 创建新文件，然后执行"窗口"→"材质"命令，如图1-205所示，调出"材质"面板，如图1-206所示。接下来，将利用"材质"面板创建所需材质。

图1-205　　　　　图1-206

07 在"材质"面板中找到"波尔塔桑塔大理石"材质球并单击。"波尔塔桑塔大理石"材质会被加载到新的智能图层中，与此同时，"参数属性"面板也会自动调出，如图1-207所示。通过这种方式可以轻松获取一个大理石材质。

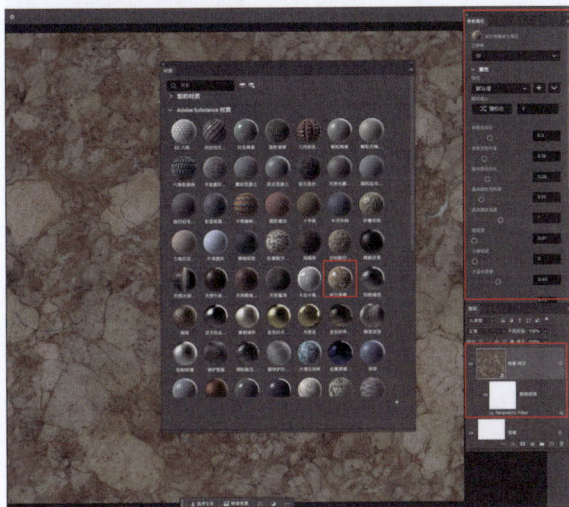

图1-207

08 在"图层"面板中，可以随时双击 Parametric Filter（参数滤镜）选项，如图1-208所示，以调出"参数属性"面板，并对当前材质进行个性化调整。此处暂时不进行过多调整，仅在"分辨率"下拉列表中选中"超高"选项，如图1-209所示。设置分辨率后，画质得到了显著提升，展现出了更多细节，如图 1-210 所示。

图1-208　　　　图1-209

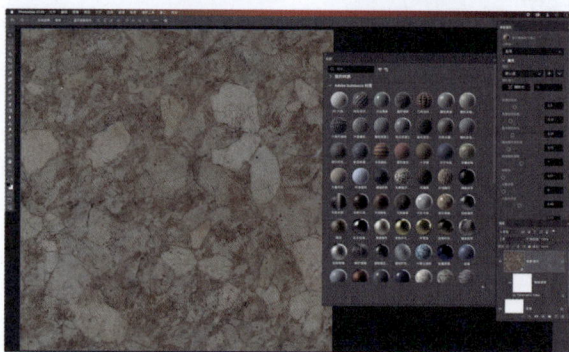

图1-210

09 采用相同的方法，可以快速生成不同的材质。在生成新材质之前，务必选中"背景"图层，否则直接单击材质球将会在"图层"面板中替换掉当前的材质。此处，添加了"彗星坑面"材质，将"分辨率"设置为"超高"，并在"图层"面板中将该图层重命名为"彗星坑面"，以便日后查找，如图 1-211 所示。

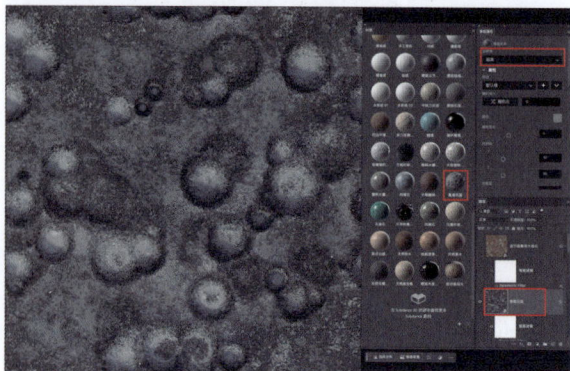

图1-211

10 根据材质球的预览效果，多生成了几种材质。接下来，分别显示某一种材质，并按快捷键 Ctrl+Alt+S 将该材质单独另存为 JPG 文件，以备在 Firefly 中使用。

11 将"波尔塔桑塔大理石 .jpg"文件拖至"参考"区域，如图 1-212 所示。注意，后续所有材质名称均与 Photoshop 的"材质"面板内的名称保持一致。

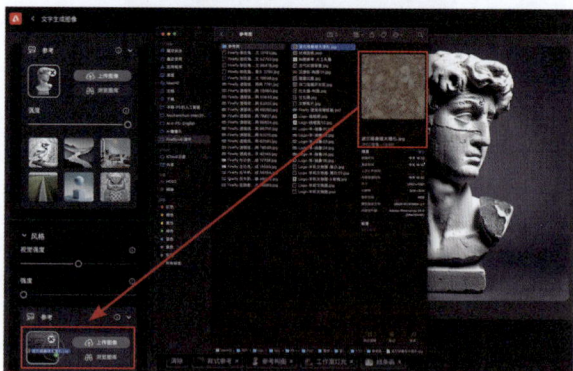

图1-212

12 将"强度"值调至最小，"视觉强度"调整至中值，提示词保持不变，再次生成后得到的图像如图 1-213 所示。生成的图像在某些部分看起来有些像大理石，但在暗部区域则更像砖块材质。这主要是因为提示词中明确提到了"砖块"。

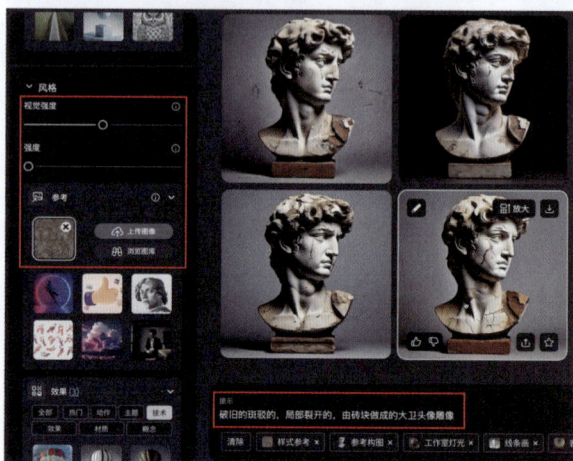

图1-213

13 将提示词中的"砖块"替换为"大理石"，并在"效果"→"材质"选项中添加"大理石"，然后再次生成图像。可以看到，新生成的一组图像在暗部，如底座区域，成功模拟了大理石材质，具体效果如图 1-214 所示。

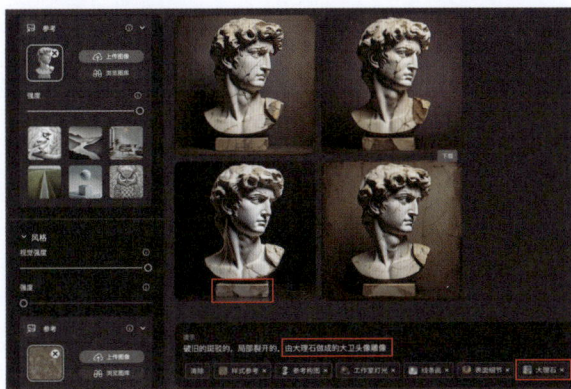

图1-214

14 挑选出满意的图像后，将鼠标指针停留在画面上片刻，然后依次单击"放大"和"下载"按钮，将高质量图像下载到本地。下载后的画面如图1-215所示。

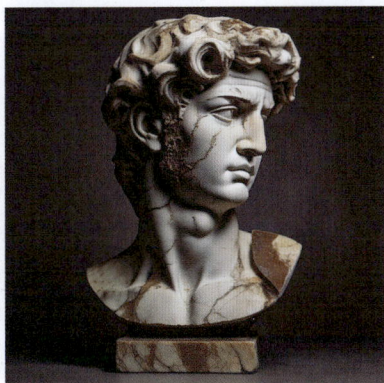

图1-215

15 将"彗星坑面"材质设置为样式参考，并将相机角度调整为"微距摄影"。各项参数值和提示词设定完成后，生成的图像如图1-216所示。放大后的高质量画面如图1-217所示。

图1-216

图1-217

16 将"抹刀泼溅状灰泥"材质设置为样式参考，相机角度调整为"微距摄影"，生成的图像如图1-218所示。放大后的高质量图像如图1-219所示。

图1-218

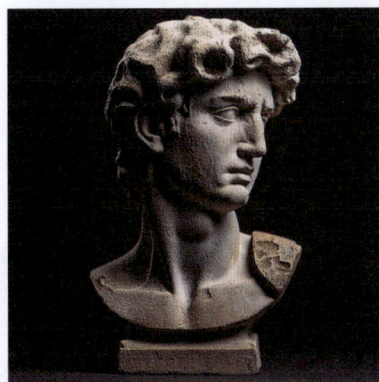

图1-219

17 将"牛仔布料"材质设为样式参考，相机角度调整为"微距摄影"。在"效果"→"材质"中添加"织物"，并将提示词的后半部分修改为"大卫头像由牛仔裤编制而成"。最终生成的图像如

图 1-220 所示。放大后的高质量图像如图 1-221
所示。

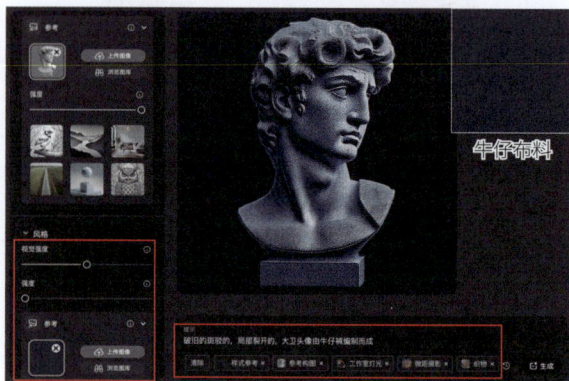

图1-220

图1-221

18 以"手工宣纸"材质作为样式参考，并在"效果"→"材质"中添加"折纸""纸模"和"分层纸"。将提示词的后半部分修改为"大卫头像由纸折叠而成"，生成的结果如图 1-222 所示。放大后的高质量图像如图 1-223 所示。

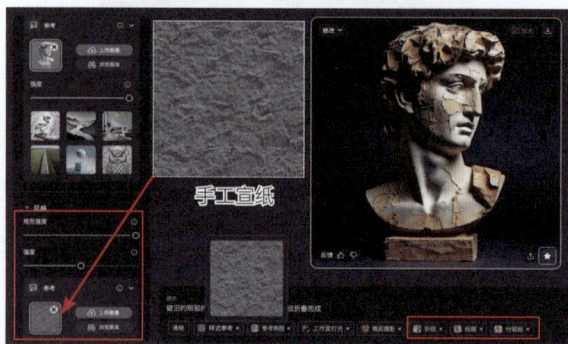

图1-222

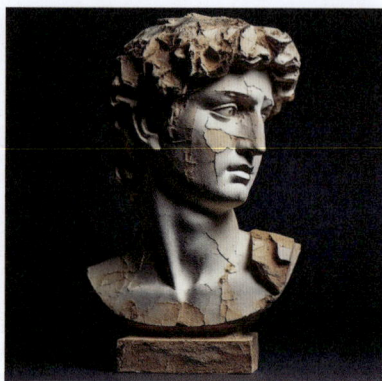

图1-223

19 以"天然牛皮皮革"材质作为样式参考，在"效果"→"材质"中添加"皮毛"。将提示词的后半部分修改为"大卫头像由天然牛皮皮革拼接而成"，生成的图像如图 1-224 所示。放大后的高质量图像如图 1-225 所示。

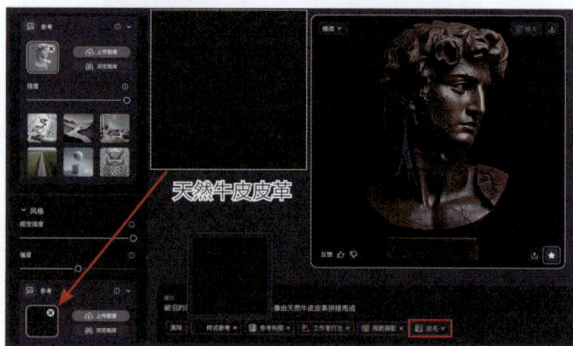

图1-224

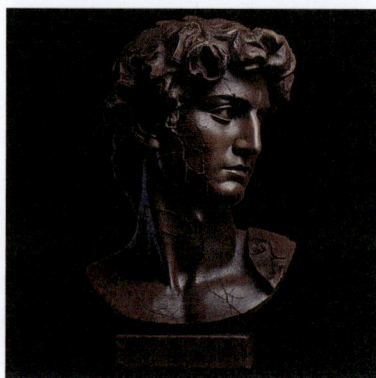

图1-225

20 以"铜箔"材质作为样式参考，在"效果"→"材质"中添加"金属制造"。将提示词的后半部分修改为"大卫头像由铜箔制成"，生成的图像如图 1-226 所示。放大后的高质量图像如图 1-227 所示。

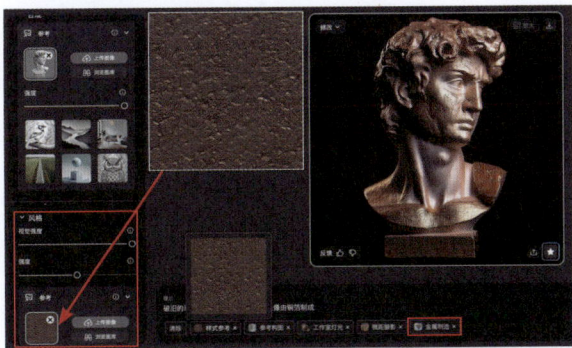

图1-226

图1-227

借助 Photoshop 的"材质"面板，能够生成"精准"且"稳定"的材质。随后，在 Firefly 中，通过适当调整提示词、强度数值以及效果设置，可以迅速将这些材质渲染到特定的"构图"上。这一整套流程有效地弥补了 AI 生成内容的随意性与不确定性，使我们能够更有信心地掌控从构思到生成的整个过程。从所提供的案例中，我们也不难看出，无论是"牛仔布料"或是"天然牛皮皮革"，其从输出材质到最终渲染的效果均保持了高度的一致性。

在 Photoshop 的"材质"面板中，默认状态下已为我们提供了丰富的材质资产。然而，若这些仍无法满足需求，有以下两种解决方案可供参考。

1. 寻找相近的材质球，并通过"参数属性"面板手动调整材质细节，以满足特定的材质需求。

2. 从资产库中增添更多材质选项。

接下来，将详细讲述如何通过"材质"面板来增添更多材质。

01 在"材质"面板中，单击■按钮，系统会自动打开 Substance 3D Assets 界面（需要确保网络连接畅通），如图 1-228 所示。注：Substance

是 Adobe 公司旗下的专门用于制作材质的专业软件。

图1-228

02 在浏览器中打开 Adobe Substance 3D Assets 页面，可以发现资产库中的材质种类丰富、数量繁多，并且均可免费下载。每一种材质都以材质球的形式展现，非常直观，能够迅速辨识出材质的种类。当鼠标指针悬停在 Lemon Skin（柠檬皮）上时，其右侧会显示"下载"按钮，单击即可下载该材质，如图 1-229 所示。也可以单击材质球，进入该材质球的页面，以查看该材质的细节。在页面右侧也有"下载"按钮，单击按钮也可以进行下载，如图 1-230 所示。

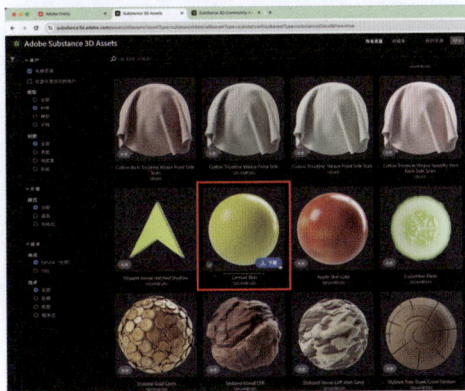

图1-229

图1-230

图1-231

03 下载后，材质文件会保存在本地计算机中，其扩展名为 .sbsar。我们需要在"材质"面板中手动添加，才能将下载的材质添加至面板中以供使用。在"材质"面板上，单击右下角的 + 按钮，如图 1-231 所示，以弹出"添加"对话框。在该对话框中，找到已下载的 Lemon_Skin.sbsar 文件，单击"打开"按钮，如图 1-232 所示，从而将下载的材质添加至"材质"面板。

图1-232

04 在"材质"面板中，展开"您的材质"选项区域，显示出加载的材质。单击 Lemon Skin 材质球，加载材质到画面上。在"参数属性"面板中，将"分辨率"设置为"超高"，如图 1-233 所示。按快捷键 Ctrl+Alt+S 另存材质为 JPG 格式文件。

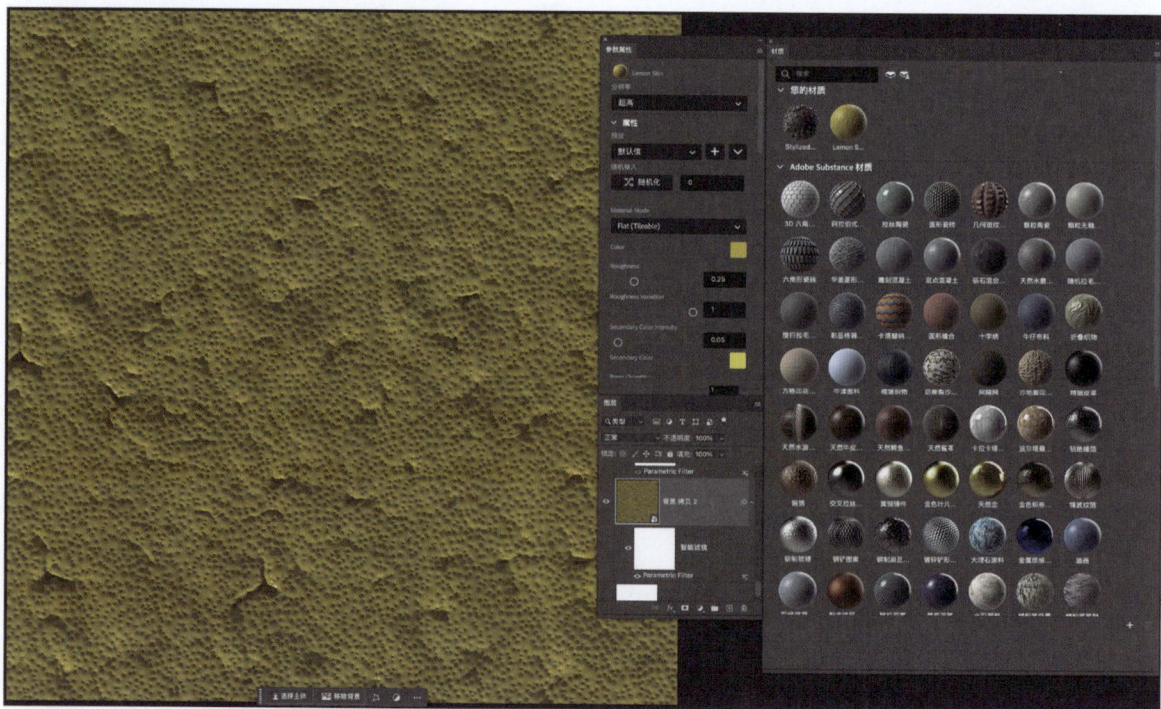

图1-233

05 返回到 Firefly 的"文字生成图像"界面，将 Lemon Skin（柠檬皮）材质设为样式参考，并将"视觉强度"和"强度"值均调至最大。更改提示词为："大卫头像由柠檬皮雕刻而成"，以生成具有柠檬皮材质的雕像，如图 1-234 所示。图 1-235 则展示了放大后的图像。

图1-234

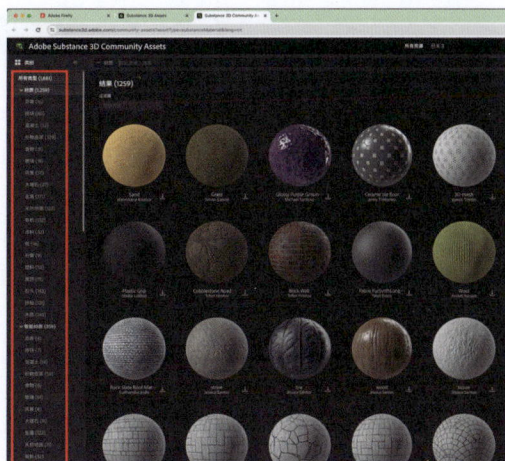

图1-237

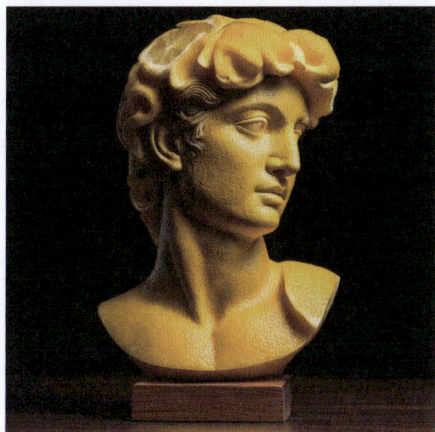

图1-235

06 在"材质"面板中，还可以单击 按钮，进入资产库社区界面，如图 1-236 所示。在社区界面中，分类更加清晰明确。界面左侧提供了如"沥青""砖块""混凝土"等更为详细的分类选项，如图 1-237 所示。若单击左侧的"木质"分类标签，界面右侧便会展示出所有的木质材质，如图 1-238 所示。

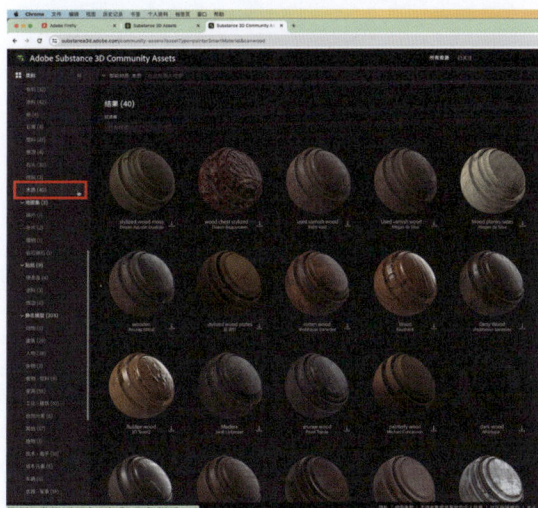

图1-238

通过以上的学习，我们可以拓宽思路，学会如何在专业软件中寻找专业内容，实现快速而精准的操作。例如，在 Photoshop 的"材质"面板中，我们能够迅速获取高质量的材质，再结合 Firefly 将这些材质渲染到指定的构图上。虽然这套流程并非万能，但它在实际工作中具有重要作用，特别是在前期策划和频繁沟通交流定稿的过程中，可以显著缩短制作周期。实际上，这也是本书的核心内容之一，即探讨如何将 Firefly 和 Photoshop AI 融入现有的工作流程中。

Firefly 功能强大且操作简便，流程简短，制作迅速。然而，AI 生成的内容具有不确定性和随机性。因此，我们需要结合其他软件如 Photoshop、Illustrator 等来使用。在学习过程中，希望大家能够反复练习，通过实践举一反三，最终总结出属于自己的制作流程和应对方法。

图1-236

1.10　构成和效果组合

至此，相信大家已经能够熟练运用 Firefly，成为该领域的高手。为了进一步提升大家对 Firefly 的认知，将通过几个案例来深入学习或复习构成参考和效果组合是如何引导和帮助 Firefly 生成图像的。通过这些案例，我们将更深入地了解 Firefly 的功能和应用，从而更好地掌握其使用技巧。

1.10.1　效果组合：牛奶特效

具体的操作步骤如下。

01 在"文字生成图像"界面中，选中牛奶溅起的样本图片，并单击其右下角的"查看"按钮，如图 1-239 所示。

图1-239

02 进入编辑界面后，将提示词中"你好，请在"等无关紧要的词汇删除。之后，单击界面右下方的"尝试使用提示文字"按钮来重新生成新图像，如图 1-240 所示。

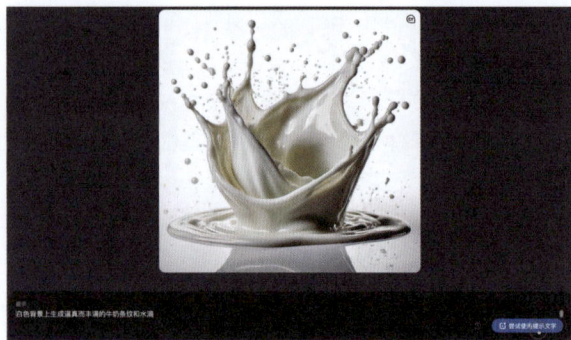

图1-240

03 再次生成图像后，即可得到一组新的牛奶溅起的图像，如图 1-241 所示。从中挑选一个用作样式参考，如图 1-242 所示。

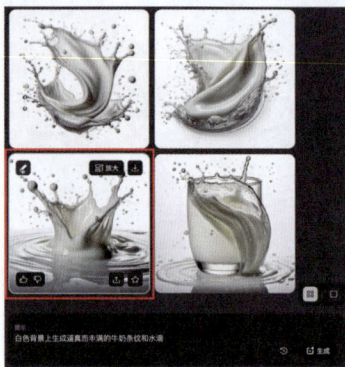
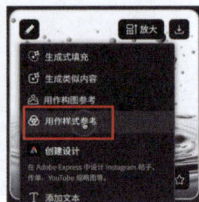

图1-241　　　　　　　　图1-242

04 将"Logo- 羊 .jpg"文件拖至参考区域，并以"羊"字的甲骨文形状作为参考构图，具体操作如图 1-243 所示。

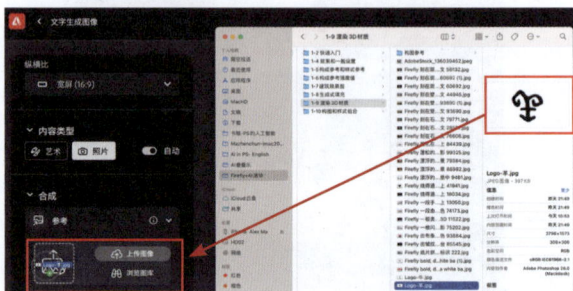

图1-243

05 将参考构图下方的强度值滑块拖至最右侧，以设置其数值为最大。同样地，将"风格"选项中的"视觉强度"和"强度"值均设为最大，并单击"生成"按钮。相关参数的设置如图 1-244 所示。

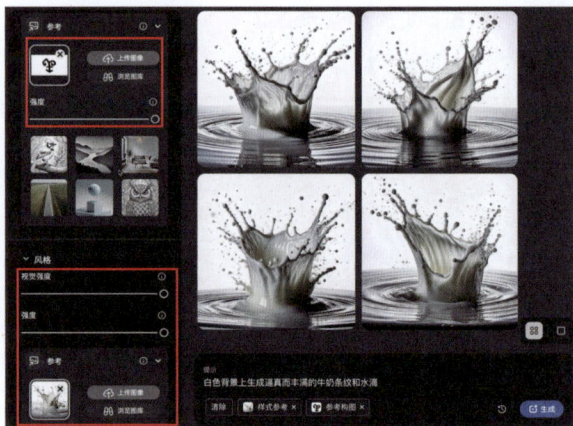

图1-244

06 稍等片刻，系统将生成一组以"羊"字为构图元素，且融合了牛奶溅起效果的图片，如图 1-245 所示。

图 1-245

07 将样式参考的"强度"值调至最小后，再次进行生成操作。此时，由于降低了样式参考的影响力，生成的部分画面将呈现俯视图的效果，如图 1-246 所示。

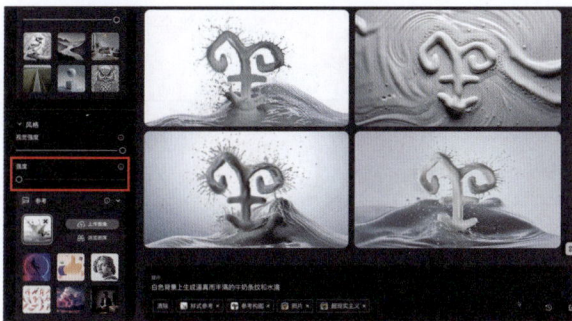

图 1-246

08 将提示词调整为"在白色背景上生成甲骨文文字，由逼真且丰满的牛奶条纹和水滴组成，呈现液体流线型"，其余设置保持不变。单击"生成"按钮后，再次生成的图像将全部呈现俯视效果，如图 1-247 所示。此现象的原因可能是修改后的提示词突出了"在白色背景上生成甲骨文文字"，使文字的效果如同从背景中生长而出。

图 1-247

09 将样式参考的"强度"值调至最大后，再次进行生成操作，所得新图像呈现显著的三维效果，且与所应用的样式图颇为相似，如图 1-248 所示。

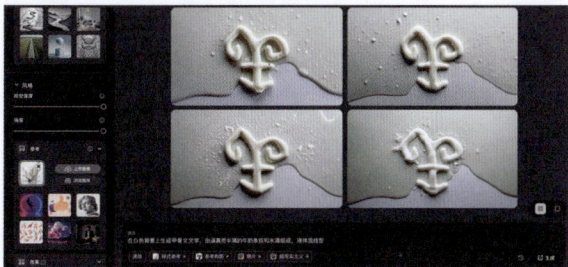

图 1-248

10 接下来，将添加多个效果来引导 Firefly 进行图像生成。以下操作均在"效果"分类下进行：首先，在"动作"选项卡中，选中"赛博朋克"和"幻想"选项，如图 1-249 所示；接着，在"技术"选项卡下，选中"绘画"和"飞溅"选项，如图 1-250 所示；最后，在"效果"选项卡中，选中"水下摄影"选项，如图 1-251 所示。通过选择"赛博朋克"和"幻想"选项，鼓励 AI 大胆构思，想象科幻场景中的静态画面。而选中"绘画"和"飞溅"选项则旨在让生成的牛奶图像拥有如绘画般丰富的色调，并呈现甩出的飞溅效果。至于选中"水下摄影"选项，它模拟了水下拍摄的环境，为画面增添动感和立体感，从而调整之前生成的俯视效果。此外，将光照设置为"低光照"，并将相机角度调整为"表面细节"，如图 1-252 所示。这两个设置的目的是配合"水下摄影"，在低光照条件下近距离捕捉更多细节。

图 1-249　　图 1-250　　图 1-251　　图 1-252

11 设置完成后，单击"生成"按钮，稍等片刻，系统将生成一幅带有飞溅水滴和牛奶元素的图像，其中牛奶构成的"羊"字正对观众"站立"，具体效果如图 1-253 所示。

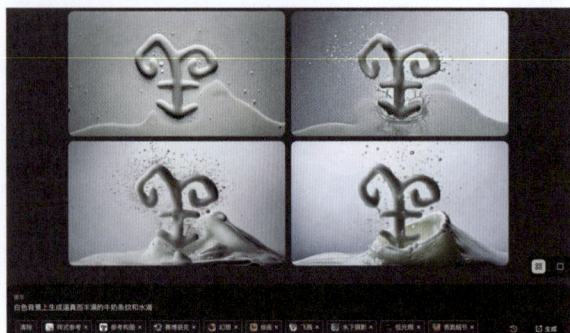

图1-253

12 生成的图像中仍存在俯视效果的画面，这可能是因为 AI 在"推测"用户所需，并提供了几个近似效果供用户选择。再次单击"生成"按钮后，稍等片刻，即可得到一组新的图像，如图 1-254 所示。其中，左上角和右下角的图像，无论是溅起的水滴、下方的牛奶，还是背景的光照，都很好地体现了水下摄影以及牛奶的动感效果。

图1-254

13 根据需求挑选出满意的图像，如图 1-255 所示，并将其设置为"作为样式参考"。接着执行"放大"操作，最后单击"下载"按钮以保存所选图像。

图1-255

14 将提示词修改为："水下生成逼真且丰满的牛奶条纹和水滴"，然后单击"生成"按钮。在更换了样式参考并调整了提示词后，所生成的图像都

展现出了水面以及光线穿透水面的光影效果，如图 1-256 所示。

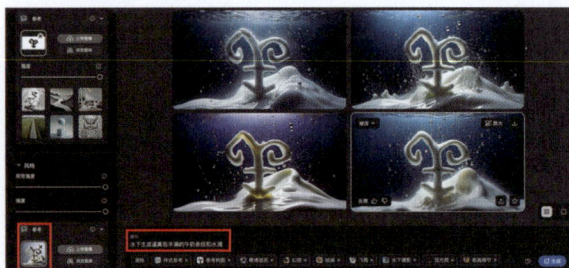

图1-256

15 将提示词更改为"在满满的牛奶中生成逼真且丰满的牛奶条纹和牛奶泡泡"，然后单击"生成"按钮。重新生成图像后，图像中的水面和水滴被牛奶所替代，效果如图 1-257 所示。细心的读者可能会注意到提示词的表述略显不自然，是病句。这是因为我们在使用样本时尽量保持了原始提示词。此外，考虑到中文提示词会先被翻译成英文再进行生成，因此无须严格按照中文语法来构建提示词。

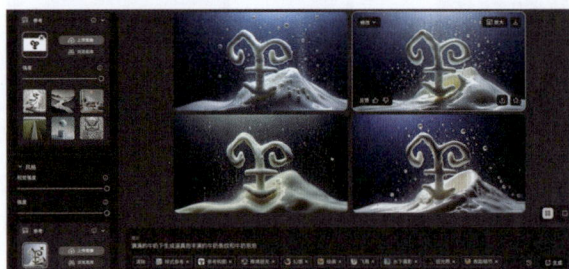

图1-257

16 使用提示词"在牛奶中生成甲骨文文字，由溅起的、逼真且丰满的牛奶条纹和水滴组成；透过牛奶拍摄"，并配合不同的样式参考以及相同的效果标签，所生成的图像如图 1-258 所示。其中，"在牛奶中生成"这段提示词使"羊"字的边缘呈现牛奶滴落的效果，增强了真实感。

图1-258

最后，一起来欣赏一下所生成的高质量图片，如图 1-259~ 图 1-262 所示。

提示词：在牛奶中生成甲骨文文字，由溅起的、逼真且丰满的牛奶条纹和水滴组成。

图1-259

提示词：在满满的牛奶中生成逼真且丰满的牛奶条纹和牛奶泡泡。

图1-260

提示词：在满满的牛奶中生成逼真且丰满的牛奶条纹和牛奶泡泡。

图1-261

提示词：在满满的牛奶中生成逼真且丰满的牛奶条纹和水滴。

图1-262

通过本例，我们学习了如何巧妙运用"效果"功能，以及如何根据个人创意灵活选择不同的效果组合。在此基础上，还可以根据自己的构思调整提示词，以便与所选效果相得益彰。例如，我们加入了"水下摄影"效果，并将光照设置为"低光照"，相机角度调整为"表面细节"，同时修改提示词为"水下"，这样 Firefly 就能从多个维度捕捉到我们的创作意图，进而生成出令人满意的图像作品。在 AI 技术尚未普及的年代，要快速制作出这种带有飞溅牛奶文字特效的作品，难度极大。即使借助三维软件，也不仅对制作者的技术要求极高，而且难以一次性呈现多样化的效果。因此，AI 技术对于设计行业的助力可见一斑。

1.10.2　Ai+Firefly 工作流程

在实际工作中，我们往往会对效果有非常精准的要求，例如溅起牛奶的具体姿态，或者"羊"字在加入牛奶特效后的细致结构。这些都可以通过进一步细化参考构图来实现。为了创建更加精准的参考构图，我们可以采用手绘、3D 软件、Photoshop 以及 Illustrator 等软件。接下来，将详细介绍如何利用 Illustrator（简称 Ai）创建 3D 文字，从而生成参考构图，并与 Firefly 的工作流程相结合，以达到理想的效果。具体的操作步骤如下。

01 启动 Illustrator，置入"Logo- 羊 .jpg"文件。接着，单击上下文任务栏中的"图像临摹"按钮（或者执行"对象"→"图像临摹"→"建立"命令），如图 1-263 所示。在"图像临摹"面板中，保持默认设置，然后直接单击面板下方的"扩展"按钮，如图 1-264 所示，以将图片转换为矢量文件。

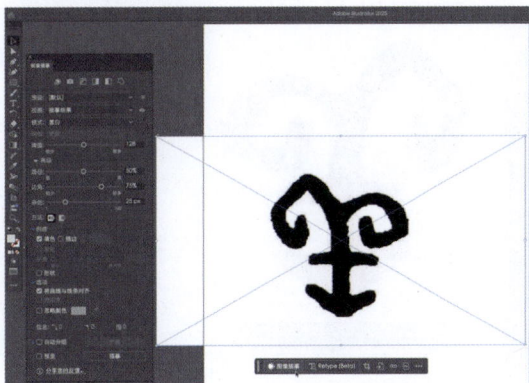

图1-263

图 1-264

02 进行图像临摹操作后，若当前画面未显示任何变化，这是因为 Illustrator 对转换生成的矢量文件进行了群组处理，如图 1-265 所示。

图 1-265

03 在黑色区域双击，进入编组内的路径（此时可在左上方观察到编组显示）。随后，按 A 键切换至"直接选择工具"，并框选"羊"字形状，如图 1-266 所示。可见，转换后的矢量文件上存在过多的锚点。

图 1-266

04 在下方上下文任务栏中，单击"简化"按钮，对锚点进行简化处理，如图 1-267 所示。

图 1-267

05 在显示的滑块中，可以看到当前锚点数量为 141 个，如图 1-268 所示。将滑块向左拖至最左侧，画面中会直观地展示出锚点经过简化处理后的效果，如图 1-269 所示。简化完成后，单击"完成"按钮，随后按快捷键 Ctrl+C 复制简化后的矢量内容。

图 1-268　　　　　图 1-269

06 按快捷键 Ctrl+N 新建文件，在弹出的对话框中选择"胶片和视频"选项卡下的 HDV 720p 选项，然后单击"创建"按钮，如图 1-270 所示。这样即可新建一个比例为 16:9 的文件，以匹配 Firefly 中"宽屏 16:9"的文件设置。

图 1-270

07 在新建的文件中,按照以下步骤进行操作:首先按 M 键切换到"矩形工具",接着设置"填色"为白色(其设置方法与 Photoshop 中的前景色设置类似),然后创建一个白色背景。之后,按快捷键 Ctrl+V 将先前复制的"羊"字矢量内容粘贴到画面中,如图 1-271 所示。

图1-271

08 保持选中"羊"字形状,双击工具箱下方的"填色"框,以弹出"拾色器"对话框。在其中设置为浅灰色,将"羊"字的颜色从黑色更改为浅灰色,如图 1-272 所示。

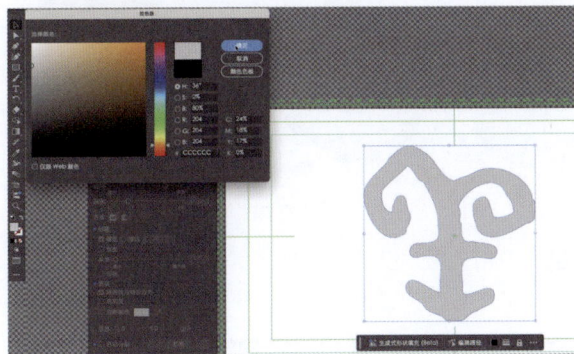

图1-272

09 保持选中"羊"字形状,执行"效果"→"3D和材质"→"凸出和斜角"命令,为该形状添加3D 效果,如图 1-273 所示。

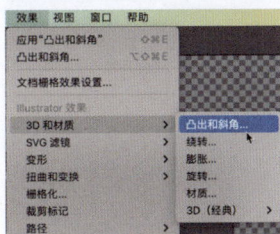

图1-273

10 在弹出的"3D 凸出和斜角"面板中,调整"凸出"下方的"深度"值。该数值的大小表示凸出

的程度,即三维效果的厚度。在面板下方的"旋转"属性中,可以独立调整 X、Y、Z 轴的数值来改变三维物体的位置。此外,也可以直接在画面中的坐标轴上进行拖曳调整,如图 1-274 所示。为确保精确控制,建议通过"调整"面板上的 X、Y、Z 数值来确定三维物体的位置。

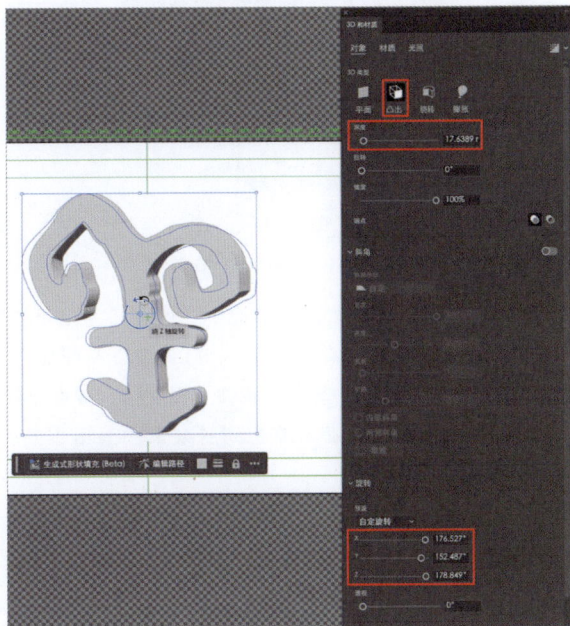

图1-274

11 调整"扭转"和"锥度"值,以使背面凸起部分呈现扭曲和收缩的形态。启用"斜角"选项,让文字中间形成尖锐的斜角效果,如图 1-275 所示。具体的参数数值可根据个人喜好进行调整。

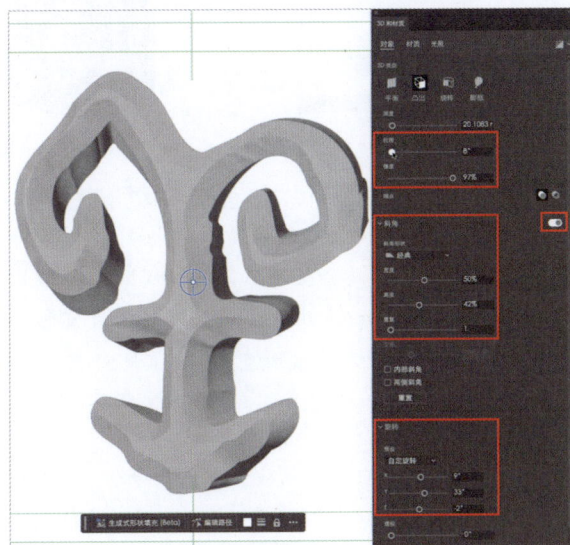

图1-275

⓬ 调整完成后，执行"文件"→"导出"→"导出为"命令，如图 1-276 所示，将文件导出为 PNG 或 JPG 格式文件。

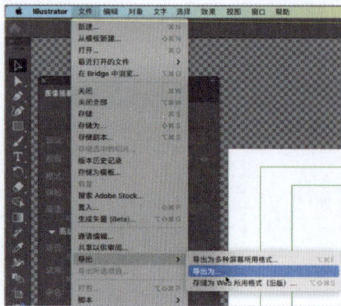

图 1-276

⓭ 制作一种具有膨胀效果的 3D 物体。在"3D 凸出和斜角"面板中，取消选中"凸出"复选框，然后选中"膨胀"复选框，选中"两侧膨胀"复选框，并将"音量"设置为 100%，以使 3D 物体的正面和反面都产生膨胀效果，如图 1-277 所示。

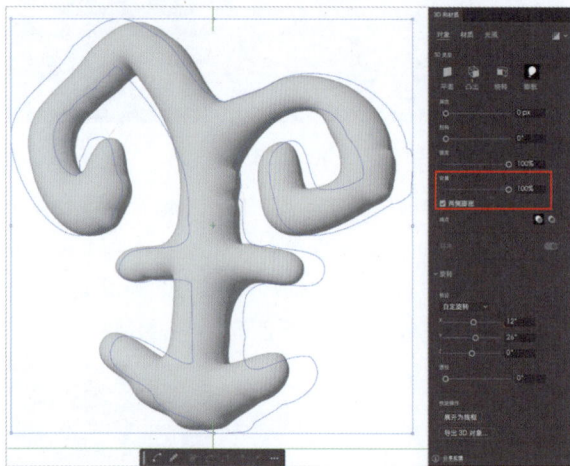

图 1-277

⓮ 切换到"材质"选项卡，选中"有褶皱的塑料薄膜"选项，为形状应用该材质，如图 1-278 所示。不同的材质会呈现不同的纹理效果，并且在后续使用 Firefly 生成图像时，这些材质也会产生相应的影响。完成材质设置后，执行"文件"→"导出"→"导出为"命令，将文件导出为 PNG 格式文件。

⓯ 通过复制（Ctrl+C）和粘贴（Ctrl+V）命令，复制多个膨胀的 3D 物体，然后缩小它们并调整其位置。接下来，利用"3D 凸出和斜角"面板设定每个 3D 物体在 X、Y、Z 轴上的具体位置，如图 1-279 所示。

示。完成调整后，将文件导出为 PNG 格式。

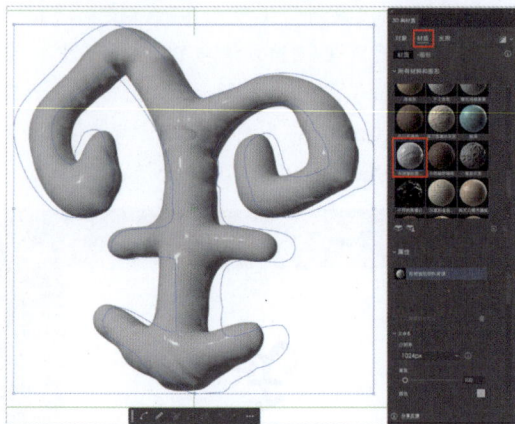

图 1-278

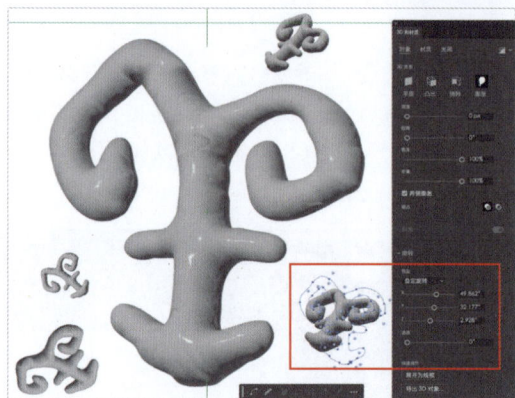

图 1-279

⓰ 在浏览器中登录 Firefly 主页，单击上方的"收藏夹"链接，如图 1-280 所示。

图 1-280

⓱ 在收藏夹内找到牛奶字特效，将鼠标指针悬停在预览画面上稍等片刻，直到显示提示词和"查看样本"按钮。之后，单击"查看样本"按钮，如图 1-281 所示。

⓲ 进入文字生成图像编辑界面后，将前面保存的膨胀 3D 文字拖至参考构图中，如图 1-282 所示。接下来，将使用带有材质的膨胀 3D 文字作为参考构图，以便对比生成效果。

图1-281

图1-282

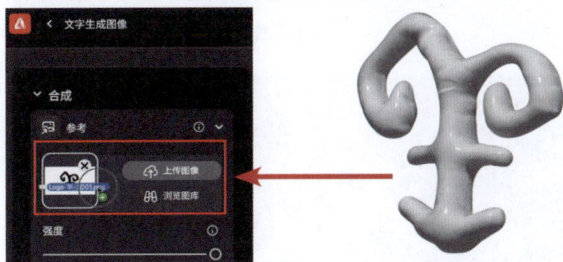
图1-285

20 将前面在 Illustrator 中导出的应用了"凸出"和"斜角"效果的文件拖至参考构图上，如图1-286所示。请注意红色圆圈圈出的使用了扭转参数的区域。

图1-286

19 保持其他所有设置不变，直接单击"生成"按钮。稍等片刻，即可得到一组新的图像，如图1-283所示。可以明显看出，由于构图参考使用了三维膨胀效果，因此生成的"羊"字在三维形态上显得更加饱满、圆润，更像是由牛奶构成的形状。选择左上角和右下角的图像，并执行"放大"操作以提升画质，如图1-284和图1-285所示。

21 保持其他设置不变，再次生成一组图像，可以直观地看出"羊"字结构的显著变化，如图1-287所示。将右下方的生成图像放大，提升画质后的效果如图1-288所示。请特别注意对比图1-286中红色圆圈内同一区域的结构变化。

图1-283

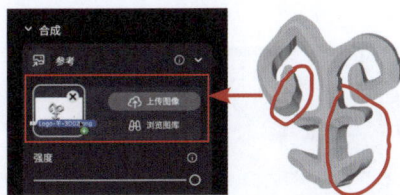
图1-287

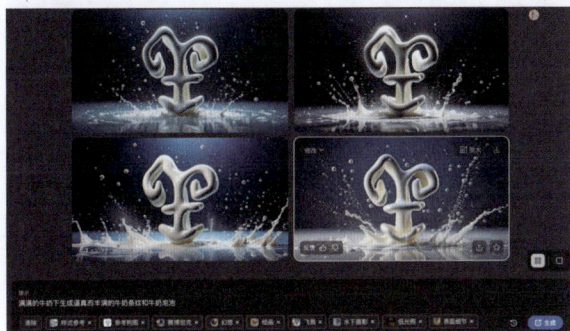
图1-284

图1-288

22 使用图 1-289 所示的图片来更改参考构图。在不修改任何设置的情况下再次生成图像，Firefly 将根据新的参考构图结构生成与之完全一致的图像，如图 1-290 所示。将左下角的图像进行"放大"操作以提升画质，最终效果如图 1-291 所示。

图1-289

图1-290

图1-291

23 将参考构图的强度值滑块调至中间位置，然后再次生成图像，此时得到的图像将原本体积较小的"羊"字四周部分转变成了溅起的大块牛奶效果，如图 1-292 所示。执行"放大"操作以提升画质，最终的图像效果如图 1-293 所示。

24 将参考构图的"强度"值调整至最小。再次生成图像后，所得到的图像在保留参考图大体结构的基础上进行创作，如图 1-294 所示。选择左上角的图像，执行"放大"操作以提升画质，最终效

果如图 1-295 所示。

图1-292

图1-293

图1-294

图1-295

25 将右上角的图像设置为样式参考。将鼠标指针悬停在预览画面上稍等片刻，直到操作按钮显示出来，如图 1-296 所示。接着，单击左上角的"修

改"按钮，并选择"用作样式参考"选项，如图 1-297 所示。

图 1-296　　　　　图 1-297

26　将参考构图的"强度"值滑块调整至中间位置。再次生成图像后，图像中央最大的"羊"字保留了参考图中的结构，而四周的牛奶块则根据参考构图的位置、大致结构以及所选取的样式参考的风格来生成，如图 1-298 所示。

图 1-298

27　"放大"右上角的图像，提升画质后的图像如图 1-299 所示。

图 1-299

28　将参考构图中的"强度"值调至最大，然后再次生成图像，此时可以看到画面中的结构完全依照参考图来生成，如图 1-300 所示。选择左下角的图像进行"放大"操作，以提升画质，最终的图像效果如图 1-301 所示。

图 1-300

图 1-301

通过 Illustrator 和 Firefly 的组合运用，我们可以更精确地控制和引导 Firefly 生成图像，从而使其更加贴合我们的创意构思。这套工作流程的核心在于充分利用 Illustrator 强大的矢量图形创作与编辑功能，并结合 Firefly 中多样化的参数设置，以实现个性化的设计构思。

1.10.3　构成和效果组合：刻在盔甲上的文字

在接下来的案例中，我们将通过调整参考构图并巧妙地搭配效果组合，以生成更为复杂且富有创意的图像。我们继续使用"羊"的甲骨文图案和一张精美的文物照片，目的是生成一种独特的设计——"刻在盔甲上的文字"，如图 1-302 所示。这一创意融合将展现古老文字与现代设计的完美结合。具体的操作步骤如下。

素材 01：Logo- 羊 .jpg

素材 02：文物照片 .jpg

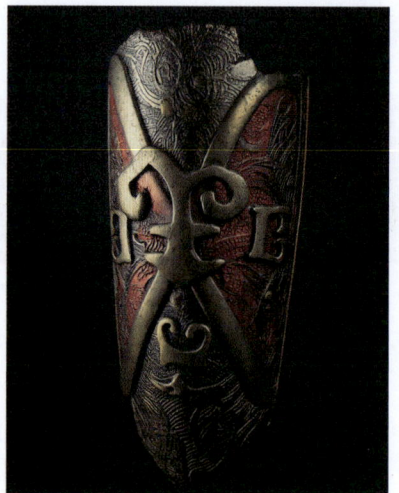

Firefly：刻在盔甲上的甲骨文

图1-302

01 在 Firefly 的文字生成图像界面中，输入提示词：
"刻在龟壳上的甲骨文"，然后单击界面右侧的
"生成"按钮，如图 1-303 所示。

图1-303

02 Firefly 生成的图像与实际提示词所表达的内容相
差甚远，如图 1-304 所示。从生成的图像来看，
并不像是中国文字。我们推测，这可能是因为
Firefly 的底层大数据模型尚未涵盖中国传统文化
的相关领域。

图1-304

03 找到"文物照片 .jpg"文件，将其拖至"参考"
区域，如图 1-305 所示。随后，将"视觉强度"
和"强度"滑块均拖至最右侧，将其数值设置为
最大。

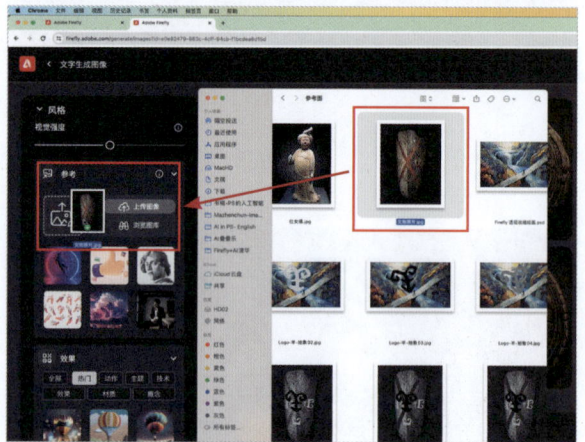

图1-305

04 找到"Logo- 羊 .jpg"文件，将其拖至"参考"
区域，如图 1-306 所示，并将"强度"值设置为
最大。

图1-306

05 单击界面右下方的"生成"按钮，稍等片刻，便生成了一组刻在文物上的"羊"字图案，如图1-307所示。

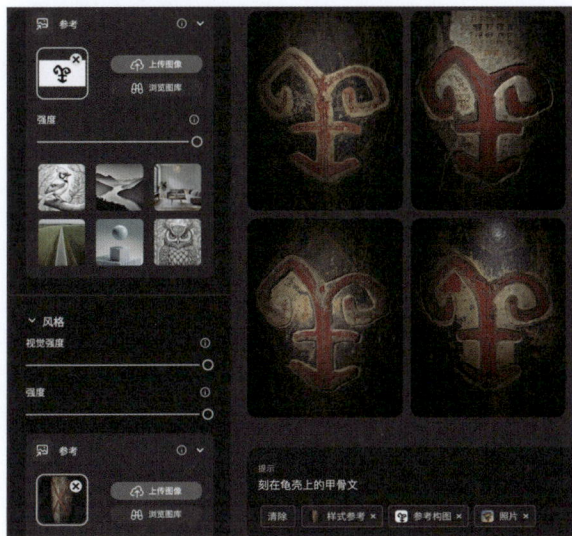

图1-307

06 在 Photoshop 中，打开"文物照片 .jpg"文件。接着，使用"对象选择工具"选中文物所在的区域，并创建一个新图层。然后，使用灰色填充新图层，并将"羊"字图案放置在填充区域之上，效果如图1-308所示。最后，按快捷键 Ctrl+Alt+S，将文件另存为 JPG 格式。

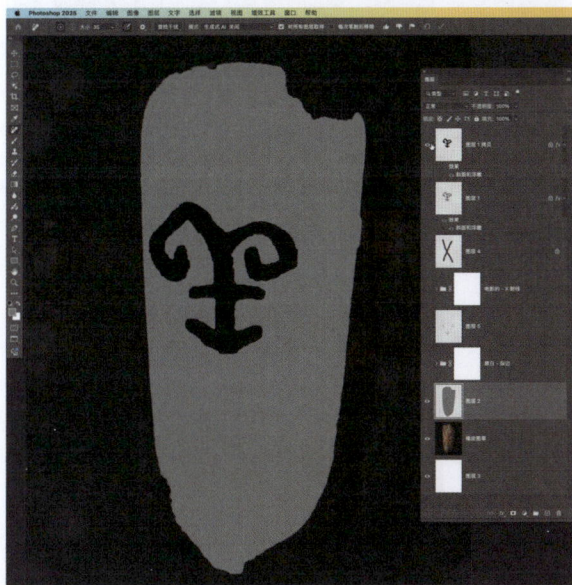

图1-308

07 将刚保存的"Logo- 线框图 .jpg"文件拖至"参考"区域，如图1-309所示。

图1-309

08 设置纵横比为纵向（3:4），然后单击"生成"按钮。稍等片刻，待生成图像完成后，可以看到生成的外形与文物照片中的形状相一致，并且成功地将"羊"字图案刻在了上面，效果如图1-310所示。

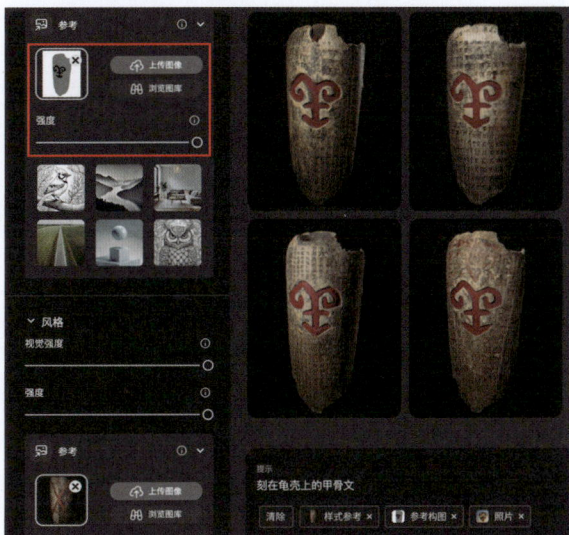

图1-310

09 放大查看其中一幅图像，如图1-311所示，整体效果令人满意。然而，与原始的文物照片相比，这幅图像缺少了其中的红色交叉线条。

图1-311

10 将"羊"字放置在"文物照片"上，并将该图像保存为 JPG 格式。随后，将此 JPG 文件拖至参考构图区域，如图 1-312 所示。

图1-312

11 在更改了参考构图之后，再次进行生成操作得到新图像，在其下方区域出现了两道红线。同时，背景上也多了一些莫名其妙的、类似文字的图案，如图 1-313 所示。

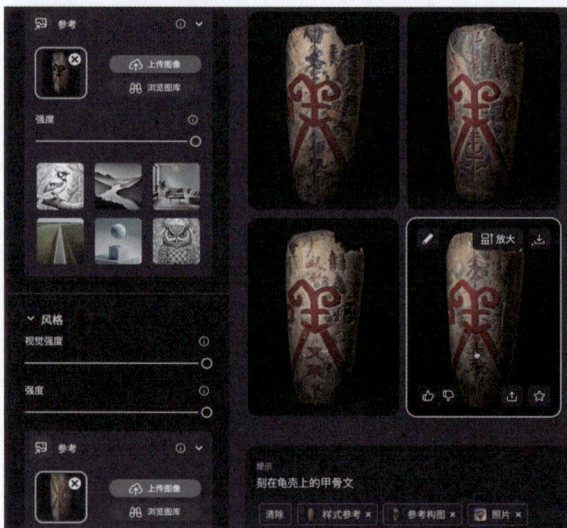

图1-313

12 将右上角的图像进行"放大"操作，在提升画质后可以更仔细地查看该部分画面的细节，如图 1-314 所示。

图1-314

13 使用 Photoshop，首先绘制一个纯灰色的外形。接着，利用"画笔工具"在该外形的中间绘制两道交叉线条。最后，将"羊"字图案放置在交叉线条的中心位置，并将整个图像另存为 JPG 格式文件。随后，将此 JPG 文件拖至"参考"区域，并对参考图进行相应的调整，如图 1-315 所示。

图1-315

14 再次生成图像后，在左上角的图像中出现了两道交叉的暗纹，如图 1-316 所示。

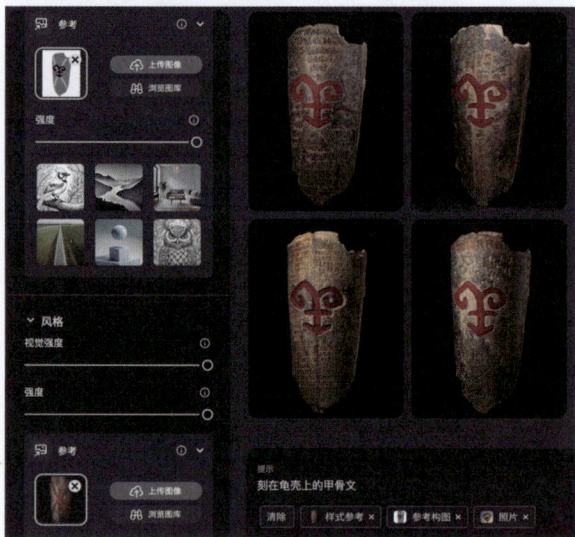

图1-316

15 放大后的画面细节如图 1-317 所示。可以看出，画面效果与我们的构思还存在一定的差距，因此需要继续进行调整。

图1-317

16 接下来将进行"效果"设置，以使生成的图像更加贴近陈列展品的光影效果。在"光照"设置中，选中"长时间的曝光"选项，这样做是为了模拟在较暗的光线下使用长时间曝光来捕捉更多的画面细节。切换到"效果"→"技术"选项区域，选中"书写体纹理"和"颜色偏移艺术"选项，前者用于模拟手写效果，后者则让颜色随机分布在画面上。再切换到"效果"→"主题"选项区域，选中"超现实主义"选项，以增强图像的手工工艺品感。此外，将样式参考下的"强度"值调整至最小。完成这些调整后，单击"生成"按钮。生成的新图像如图 1-318 所示，图像中呈现了更丰富的色彩、光影效果和材质质感。

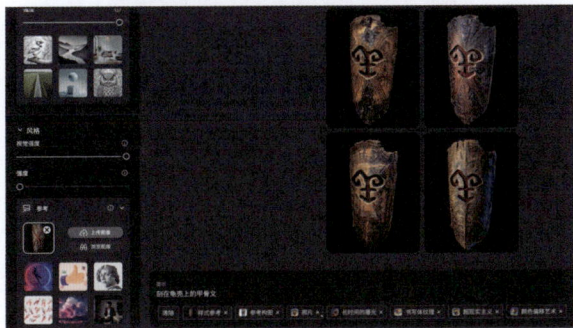

图1-318

17 放大右上角的图像，并在提升画质后，右击，在弹出的快捷菜单中选择"将链接复制到图像"选项，如图 1-319 所示。随后，新建一个 Word 文档，并按快捷键 Ctrl+V 将链接粘贴保存，这样做可以方便后续对图像的调用或进行编辑修改。从放大后的图像中可以看出，无论是光影效果还是色彩色调，相较于之前的图像都有了显著的提升。然而，在内部形状构成方面，仍有些许不足，未能完全达到预期效果。因此，下一步需要继续调整参考构图，以期获得更佳的图像效果。

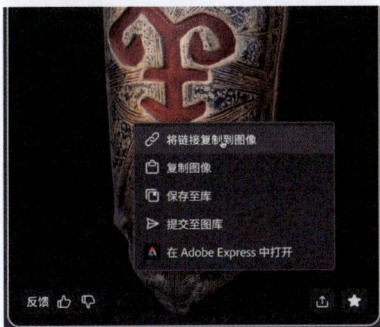

图1-319

18 启动 Photoshop，在"调整"面板中选择并添加"黑白-杂边"预设，以便将彩色的文物照片转换成黑白效果。在此过程中，可以根据个人审美进行一些相应的调整，直至得到满意的黑白图像（请注意，将图像转换为黑白的方式有多种，选择自己熟悉的一种即可）。接下来，创建一个新图层，并将其命名为"文字"。在这个新图层上，使用"画笔工具"并设置颜色为浓度为20% 的黑色，细心描绘文物下方的 3 个类似文字的图案。然后，再次使用"画笔工具"，这次选择浓度为 80% 的黑色，并新建另一个图层来绘制交叉线条，如图 1-320 所示。最后，按快捷键 Ctrl+Alt+S 将编辑后的图像另存为"Logo- 羊和文物图 - 黑白 02.jpg"文件。至此，成功制作了一张精准的灰度图，这张图将作为后续工作的参考构图。

图1-320

19 将"Logo- 羊和文物图 - 黑白 02.jpg"文件拖至"参考"区域。接着，将下方"风格"的"强度值"调整至中间位置，如图 1-321 所示。

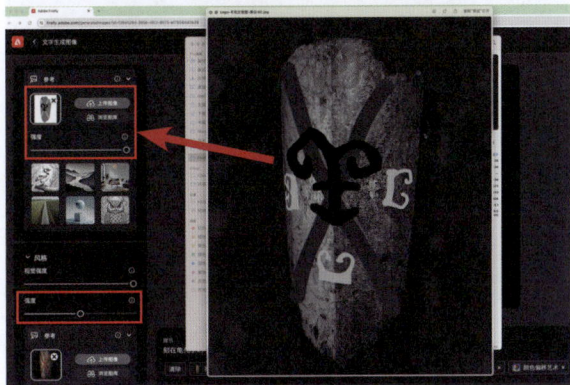

图1-321

20 生成的图像如图 1-322 所示。精准的参考构图为 Firefly 提供了准确的指引，使 AI 能够精准地生成"羊"字、交叉线以及 3 个类似文字的图案。降低样式参考的"强度"值后，生成效果和样式图的影响被减弱了。

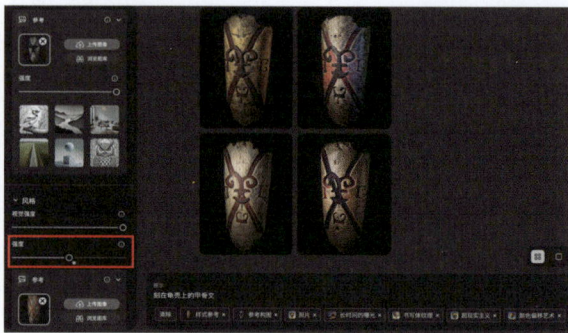

图 1-322

21 "放大"左上角的图像，提升画质后的画面，如图 1-323 所示。

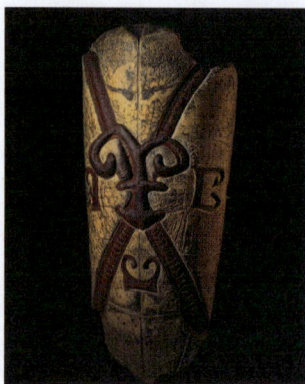

图 1-323

22 将"风格"下的"视觉强度"和"强度"值都降到最小，再次生成后的效果如图 1-324 所示。

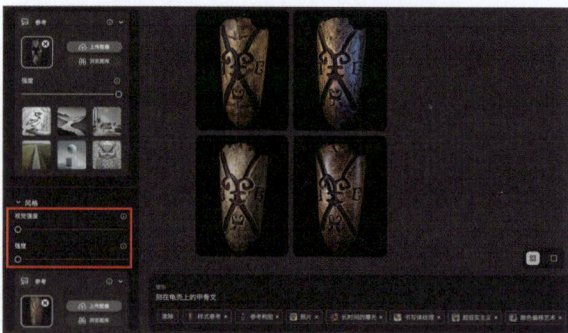

图 1-324

23 "放大"左上角的图像，提升画质后的画面如图 1-325 所示。由于将"视觉强度"和"强度"值

都降至最小，导致生成图像的纹理和效果也几乎没有，看起来有些"光溜溜"的。

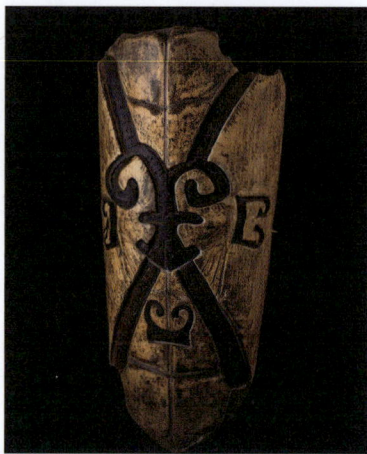

图 1-325

24 将"视觉强度"值调至中间，再次单击"生成"按钮。生成的图像如图 1-326 所示。

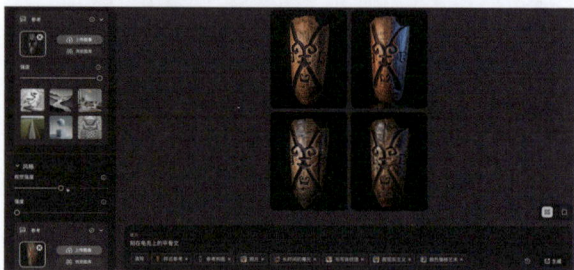

图 1-326

25 同样，选择左上角的图像，进行"放大"操作以提升画质。提升后的画面如图 1-327 所示。可以看出，画面具备了一定的质感，并且与参考图内的样式相匹配，例如光影效果。

图 1-327

26 修改提示词为"刻在盔甲上的甲骨文";在"效果"→"材质"选项卡上选择"金属制造"选项,以添加金属效果;在"风格"选项区域,将"视觉强度"值调至最大,并将"强度"值调至最小。单击"生成"按钮后,会生成一组盔甲的图像,如图 1-328 所示。由于我们的目标是得到盔甲的图像,因此选择添加"金属制造"效果,以呈现具有金属质感的材质。

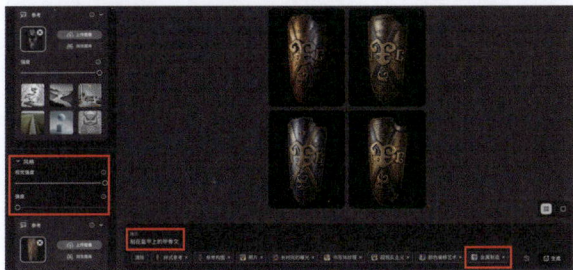

图 1-328

27 选择左下角偏蓝色的图像进行"放大"处理,提升画质后的效果如图 1-329 所示。

图 1-329

28 调整"风格"下的"视觉强度"值至中间位置,"强度"值调至最小,如图 1-330 所示。保持其他设置不变,再次生成图像,并使用"放大"功能提升画质,得到的画面效果如图 1-331 所示。通过减小"强度"值,样式参考和"效果"对图像的影响被减弱,从而生成更多类似文字的背景图案。

29 调整"风格"选项区域的"视觉强度"和"强度"值至最大,如图 1-332 所示。保持其他设置不变,再次生成图像,并使用"放大"功能提升画质,得到的画面效果如图 1-333 所示。由于

"视觉强度"和"强度"数值的增大,样式参考和"效果"对图像的影响也随之增强。在 Firefly 生成图像时,更多地参考了如"金属制造""颜色偏移艺术"等效果,以及样式图内的光影效果、色彩色调等元素,最终生成了具有色彩斑斓的金属质感的材质。

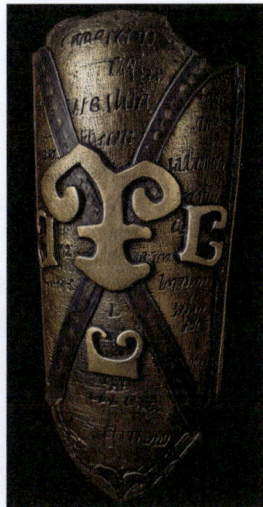

图 1-330   图 1-331

图 1-332

图 1-333

我们非常满意图 1-333 所示的效果，因为它展现了非常细腻的材质和光影效果，同时在形状结构上也完全遵循了参考图的构图。在此过程中，有两个比较重要的设置值得一提。

1. 使用"长时间曝光"来展现更多细节。

2. 通过"金属制造"来模拟金属材质。再配合调整"风格"下的"强度"值，可以生成符合构思的"刻在盔甲上的甲骨文"图像。

然而，在仔细观察后，我们发现所有生成图的左下角存在一个问题：其中一个交叉线条的末端超出了盔甲的范围，如图 1-334 所示，这需要进一步对参考构图进行微调。

图1-334

03 在 Photoshop 中再次打开参考构图使用的源文件"Logo- 羊和文物图 .psd"，按住 Ctrl 键单击"形状"图层以加载文物形状，如图 1-335 所示。此时可以看到，交叉线条的左下方有一块区域超出了形状。

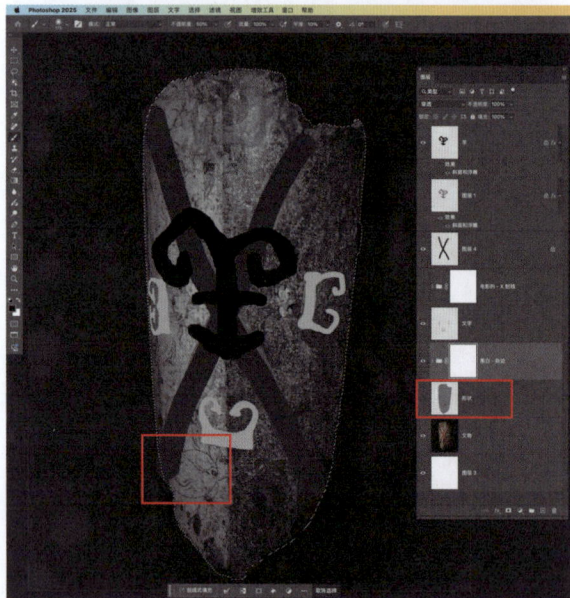

图1-335

04 保持选区激活状态，在"图层"面板下方单击"新建蒙版"按钮，为线条所在的"图层 4"添加蒙版，以屏蔽多余区域，如图 1-336 所示。

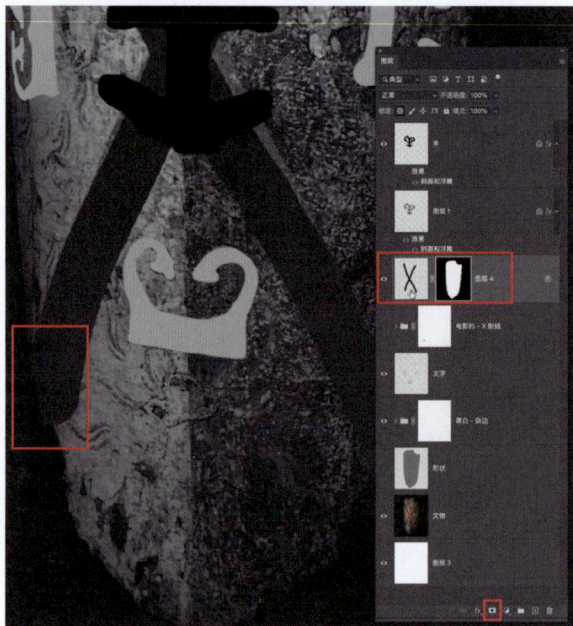

图1-336

05 按快捷键 Ctrl+Alt+S 将文件另存为 JPG 或 PNG 格式，然后将新保存的文件拖至"参考"区域，如图 1-337 所示。

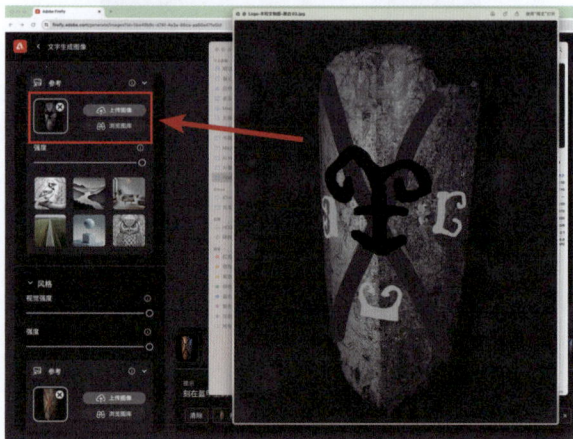

图1-337

06 其他设置保持不变，单击"生成"按钮。等待片刻后，左下方多余的区域就消失了，线段很好地与背景进行了融合，如图 1-338 所示。放大显示其中一幅图像，画质提升后的效果如图 1-339 所示。

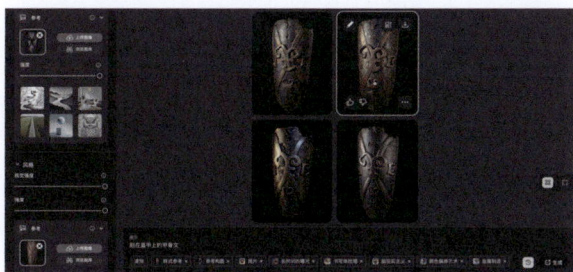
图1-338

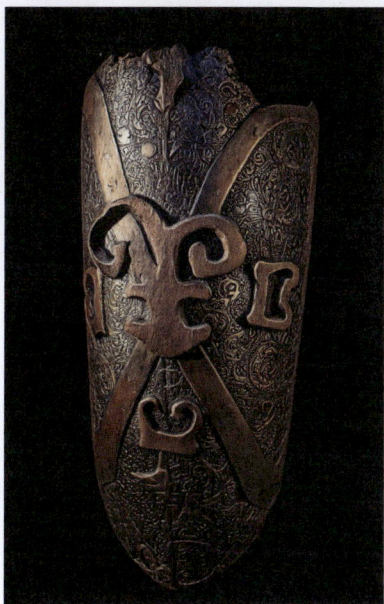
图1-341

图1-339

07 执行"放大"操作后的4幅高画质图像如图
1-340~图1-343所示，可以体会构图、样式、效
果和提示词的组合搭配。

图1-342

图1-340

图1-343

08 掌握这种方法，可以快速更改提示词和效果，从而生成不同类型的画面。例如，将提示词更改为："一幅油画，内容是：刻在盔甲上的甲骨文，细腻入微的笔触，立体感十足的画面，高逼真的画质，虚幻久远的背景"。将"效果"设置为"艺术、散景效果、油画、绘画飞溅、粗线、金属制造、表面细节"。参考构图和样式保持不变，单击"生成"按钮。生成后，即可得到油画效果的图像，如图 1-344 所示。"放大"后画质提升的效果如图 1-345 和图 1-346 所示。

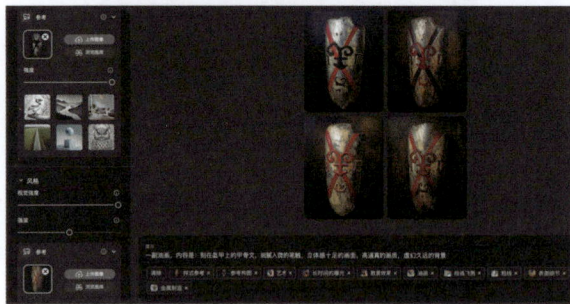

图1-344

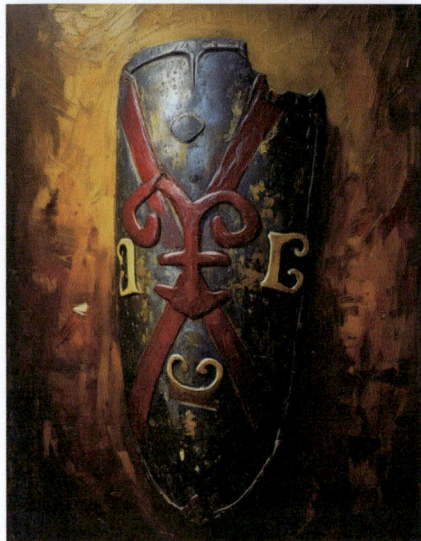

图1-345

通过这个案例，我们可以更深入地理解参考构图与效果微调对 Firefly 生成图像的影响。这启示我们如何通过巧妙的组合搭配来精确掌控最终的生成内容。例如，在本例中，我们学习了如何利用参考构图精确生成交叉线段，以及如何结合"长时间曝光"和"金属制造"效果来创造出理想的光影效果和材质质感。从操作层面看，这些步骤并不复杂，但要想熟练掌握，还需要勤加练习，不断积累经验。

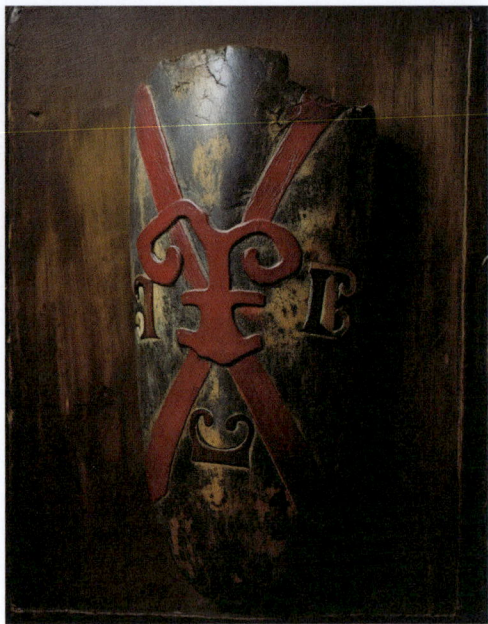

图1-346

1.10.4　灰度的影响：抽象画

在参考构图中，使用不同的灰度会对 Firefly 的判断产生不同影响，进而使最终生成的图像略有差异。本例将带领大家探讨灰度如何影响 Firefly 的生成效果。具体的操作步骤如下。

01 在"文字生成图像"界面中，找到"透视收缩绘画 3D 美感表现"样本，单击"查看"按钮，如图 1-347 所示。

图1-347

02 进入"文字生成图像"界面后，可以看到提示词的语句有些不通顺，这大概是因为从英文直译到中文时未加调整造成的。此外，在提示词下方可以看到许多"效果"设置，如"直角排列""极繁主义""印象主义""网络矩阵""色彩爆炸""丙烯酸绘画""纸模"等，这些设置均用于约束 Firefly 生成的特效，如图 1-348 所示。

图1-348

03 首先，调整一般设置：将"模型"更改为 Firefly Image 3，开启"快速模式"，并将纵横比更改为"宽屏（16:9）"，如图 1-349 所示。然后，修改提示词，删除原句"省略人员。脸上有彩绘的刽子手"，并增加新的提示词"桥上的行人，三三两两"，如图 1-350 所示。

图1-349

图1-350

04 其他设置保持不变，单击"生成"按钮。等待片刻，即可生成一组新的抽象画，如图 1-351 所示。

图1-351

05 挑选其中两张图片，"放大"以提升画质并下载。提升画质后的图片如图 1-352 和图 1-353 所示，这些图片将用于新的参考构图。

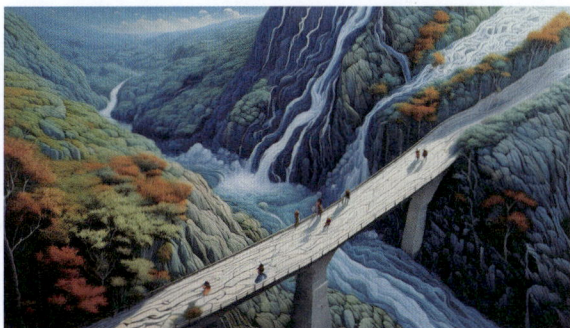

图1-352

图1-353

06 在 Photoshop 中打开如图 1-354 所示的图片，将"羊"字置于其上方，并保持黑色填充，然后放置在桥的左上方。最后将文件另存为"Logo- 羊 - 抽象 06.jpg"。

图1-354

07 将"Logo- 羊 - 抽象 06.jpg"文件拖至"参考"区域，如图 1-355 所示。

图1-355

08 单击"生成"按钮，稍等片刻，新生成的图像如图 1-356 所示。"羊"字十分清晰，带有 3D 效果，并"站立"在水面上。

图1-356

09 "放大"左上角的图像并下载，高质量的图像如图 1-357 所示。

图1-357

10 返回 Photoshop，制作 3 幅不同灰度的参考图，以对比生成效果。按快捷键 Ctrl+J 复制"黑色标识"图层，并按 / 键锁定图层的透明区域，如图 1-358 所示，此时图层右侧会显示锁形图标。

图1-358

11 在工具箱中双击前景色图标，以弹出"拾色器"对话框。在 HSB 颜色模式下，将 B 设置为 80%，如图 1-359 所示。

12 按快捷键 Alt+Del，将前景色填充到新复制的图层内。由于之前锁定了透明区域，因此填充操作

仅会影响"羊"字区域。之后，将图层重命名为"变形灰色标识"，以便后续操作，如图 1-360 所示。

图1-359

图1-360

13 在"图层"面板中，右击"变形灰色标识"图层，在弹出的快捷菜单中选择"转换为智能对象"选项，将其转换为智能对象后，将便于后续随时进行"变形"操作，如图 1-361 所示。接着，执行"编辑"→"操控变形"命令，如图 1-362 所示。在"羊"字区域内单击以设立锚点，按住 Ctrl 键并移动锚点可进行变形操作，如图 1-363 所示。此操作的目的是让"羊"字呈现出躺在水面和山谷上的效果。按照这一目的进行操作，完成变形后，按 Enter 键确认并退出编辑状态。

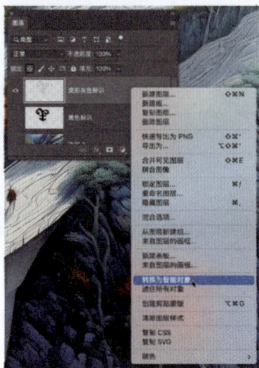

图1-361

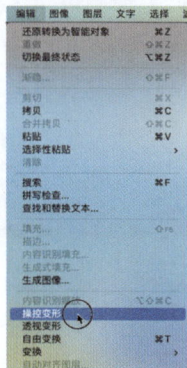

图1-362

图1-363

14 将图层转换为智能对象后，执行"操控变形"命令的好处在于，随时可以双击智能滤镜下的"操控变形"选项，以重新进入操控变形的编辑状态，如图 1-364 所示。

图1-364

15 进入操控变形编辑状态后，可按住 Ctrl 键移动锚点，也可以添加或删除锚点，如图 1-365 所示。

图1-365

16 操控变形调整完成后，按 Enter 键以退出编辑状态。接着，按两次快捷键 Ctrl+J，复制出两个新的图层。右击这些新复制的图层，在弹出的快捷菜单中选择"栅格化图层"选项，从而将它们转换为普通图层。随后，按 / 键锁定这些图层，

并重新填充所需颜色。此时需要分别创建一个黑色、一个深灰色以及一个灰色的图层。最后，将图 1-356 所示的画面内容放置到背景图层上。

图1-366

17 分别保存 3 个不同灰度的文件，用作参考构图，如图 1-367~ 图 1-369 所示。

图1-367

图1-368

图1-369

18 将纯黑色"羊"字的文件"Logo- 羊 - 抽象 03.jpg"拖至"参考"区域，如图 1-370 所示。

图1-370

19 单击"生成"按钮后，再次生成的效果是躺倒的，且具有清晰的边缘和3D效果，如图 1-371 所示。

图1-371

20 选择左上角的图像并进行"放大"，提升画质后的效果如图 1-372 所示。图像中，"羊"字躺倒在水面和山谷旁，但并未与它们完全融合。

图1-372

21 将深灰色"羊"字文件"Logo- 羊 - 抽象 04.jpg"拖至"参考"区域，如图 1-373 所示。

图1-373

22 经过再次生成，所得到的新图像中，"羊"字与背景实现了更进一步的融合，并且其结构也发生了一些变化，如图 1-374 所示。

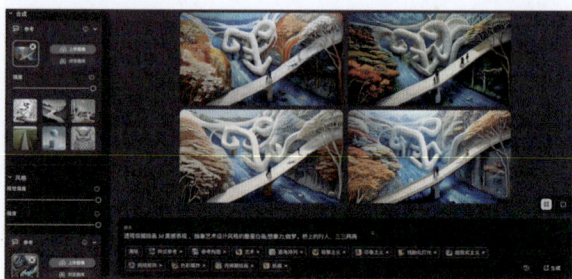

图1-374

23 通过多次单击"生成"按钮，可以从众多生成的图像中挑选出满意的图像，并对其进行"放大"和"下载"操作。经过画质提升后的图像效果如图 1-375 所示。

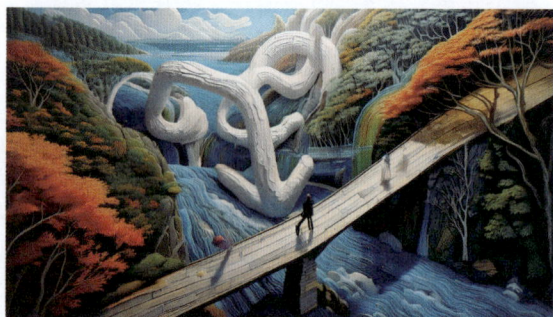

图1-375

24 将灰白色的"羊"字文件"Logo- 羊 - 抽象 05.jpg"拖至"参考"区域，如图 1-376 所示。

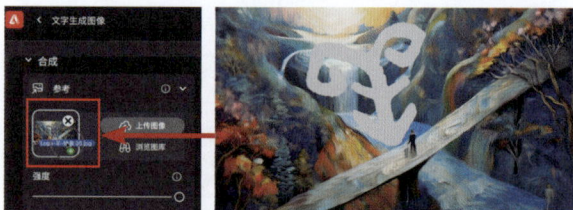

图1-376

25 单击"生成"按钮后，再次生成一组新图像。从这组图像中可以看出，"羊"字的形状宛如从山谷和水流中自然生长而出，如图 1-377 所示。

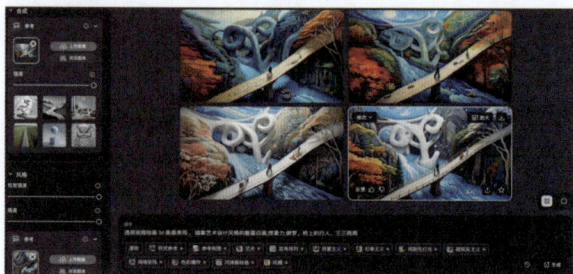

图1-377

㉖ 从生成的图像中挑选出满意的一幅，然后进行"放大"和"下载"操作。经过画质提升后得到的图像效果如图 1-378 所示。

图1-378

㉗ 如果在 Photoshop 中将参考构图转换为黑白图像，如图 1-379 所示，那么可以根据"羊"字的不同灰度级别，将其保存为 3 个不同的文件。

图1-379

㉘ 使用 3 个具有不同灰度级别的参考构图来分别生成新的图像。图 1-380 展示了使用黑色"羊"字作为参考所生成的图像，其中"羊"字的边缘异常清晰，3D 效果显著，并且其完整外形得到了很好的保留。

图1-380

㉙ 以深灰色的"羊"字作为参考构图，生成的新图像成功地融入背景之中，同时保留了部分外形特征，如图 1-381 所示。

图1-381

㉚ 采用浅灰色的"羊"字作为参考构图时，生成的新图像已完全融入背景之中，且其外形发生了较大的变化，如图 1-382 所示。

图1-382

　　通过使用不同灰度的参考构图来生成内容，可以直观地感受到画面之间的差异。让我们尝试理解 Firefly 的逻辑：黑色使生成后的内容更为突出，且形状保持完整；而随着灰度的逐渐降低，内容会逐渐融入背景之中。这与利用灰度来生成三维模型的逻辑有些相似。我们可以巧妙利用这一功能，通过组合不同的画面来生成新的图像。实际上，在之前的案例中，我们已经采用了不同灰度来生成"刻在盔甲上的甲骨文"的图像。

　　Firefly 的生成过程具有随机性，每次生成的结果都是独一无二的，因此遇到满意的图像时一定要记得及时"保存到收藏夹"或"复制链接到图像"，并建立文档以保存该链接。图 1-383~ 图 1-388 展示的是笔者非常满意并已经下载保存的部分内容。

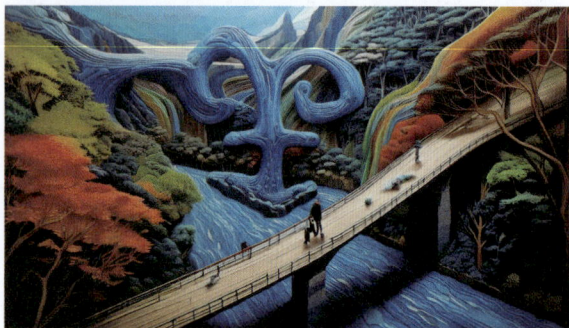

图1-383

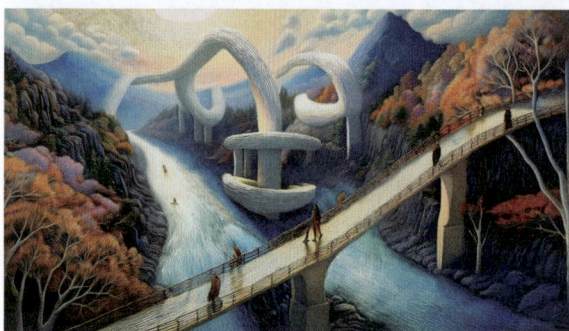

图1-384

图1-385

图1-386

图1-387

图1-388

31 若对某些细节感到不满意，可以先进行"放大"并下载该图像。接着，利用"生成式填充"功能进行细节修复。例如，若希望去除画面左侧多余的白色树状内容，并在水面上增添一艘邮轮，可参照图 1-389 所示进行操作。

图1-389

32 在 Firefly 主页上，单击"生成式填充"界面的"生成"按钮，如图 1-390 所示。

图1-390

33 在"生成式填充"界面，将需要修改的文件拖至"上传图像"区域，如图 1-391 所示。

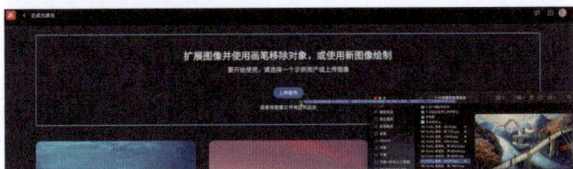

图1-391

34 图片加载完毕后，确保左侧已激活"插入"按钮，接着在画面上使用画笔涂抹需要去除的内容，如图 1-392 所示。在涂抹过程中，可以通过按【和】键来调整画笔的大小。完成绘制后，无须输入任何提示词，直接单击"生成"按钮即可。

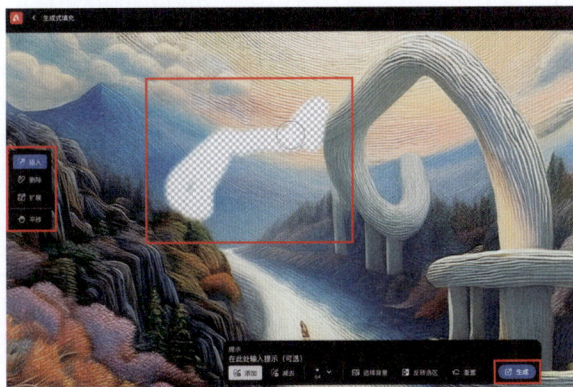

图1-392

35 稍等片刻，Firefly 便会根据所绘制的区域进行移除和恢复操作。每次操作后会生成 3 幅图像供你选择，若不满意，可继续单击右侧的"更多"按钮；若对某幅图像感到满意，则可单击右侧的"保留"按钮，如图 1-393 所示。

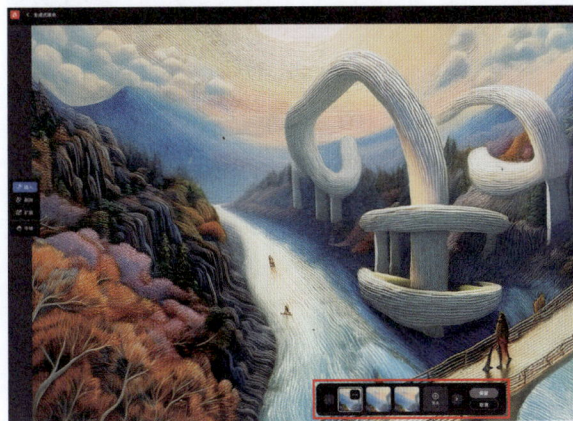

图1-393

36 移除后的区域仍残留一些微小瑕疵，如图 1-394 所示。此时，应按【键缩小画笔大小，继续涂抹瑕疵区域。需要注意的是，Firefly 生成过程中经常会伴随产生一些小的瑕疵，这是目前所有 AI 生成技术普遍存在的问题。因此，我们必须养成仔细检查画面内容的良好习惯。

图1-394

37 绘制完成后，不输入任何提示词，直接单击"生成"按钮，如图 1-395 所示。

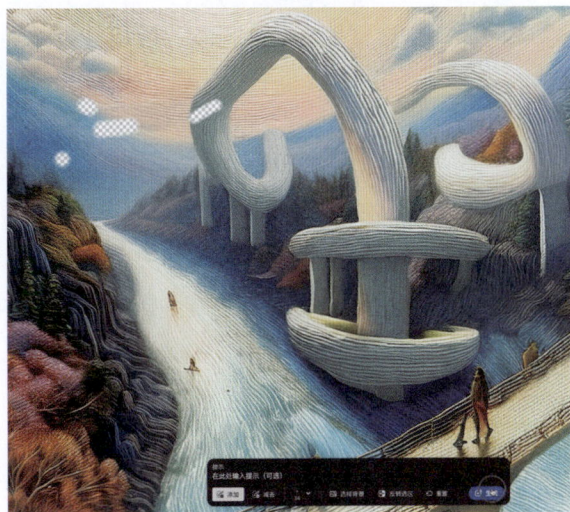

图1-395

38 修复后的效果如图 1-396 所示。如果满意当前图像效果，则单击"保留"按钮。

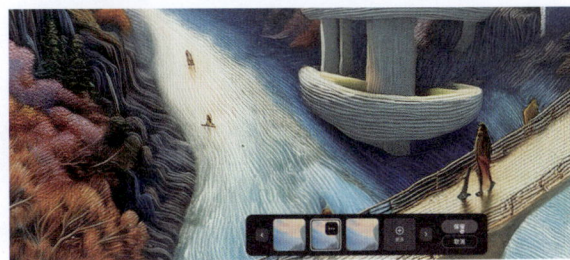

图1-396

39 在水面上涂抹，绘制出一片类似扁平的椭圆区域。接着，在下方输入提示词："大型邮轮，抽象画，科幻风格"，之后单击"生成"按钮，如图 1-397 所示。

图1-397

40 稍等片刻，系统便会生成 3 幅不同样式的邮轮图像，如图 1-398 所示。从中挑选出满意的图像后，单击"保留"按钮。此外，还可以在下方单击缩略图以查看不同图像，并在右上角单击"下载"按钮来保存所选图像。

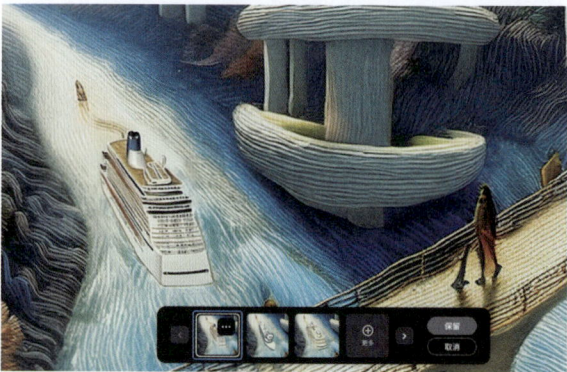

图1-398

第一幅生成的图像如图 1-399 所示，该图像完美地去除了左上角的冗余元素，并巧妙地增添了一艘邮轮。

图1-399

其他两幅图像分别如图 1-400 和图 1-401 所示。关于 Firefly 中的"生成式填充"功能，本书不作重点介绍，主要原因是 Photoshop 中已提供类似的操作，并且配合图层蒙版等其他工具，其功能更为强大。在后续章节中，将详细介绍如何在 Photoshop 中使用 AI 进行生成式填充，以及如何精细调整生成内容等高级技巧。

图1-400

图1-401

1.11　总结

在此之前，我们深入探讨了 Firefly 中"文字生成图像"和"生成式填充"功能的使用方法。本章着重探索如何将 AI 技术与精准结果相结合。我们希望通过学习 Firefly 的应用，能够将其有效地运用于实际工作之中。在深入剖析 Photoshop 的 AI 技术之前，让我们先对 Firefly 进行一番回顾与总结。这不仅有助于我们重新梳理思路，更能加深我们对 Firefly 技术功能特点的理解，从而使我们对 Firefly 乃至整个 AI 技术有更清晰的定位和使用心得。

1.11.1　如何使用 Firefly

Firefly 是 Adobe AI 技术平台上的一款网页应用，它既不是独立的软件也不是传统的应用程序，因此用户无须下载安装，只需访问其主页即可开始使用。登录 Firefly 有两种方式。

其一，在任何浏览器中输入网址 firefly.adobe.com，然后按 Enter 键即可登录。需要注意的是，通过这种方式登录通常会默认进入英文界面。

其二，在 Creative Cloud 中，单击"应用程序"→"Firefly 和生成式 AI"→"立即试用"按钮。我们推荐使用这种方式登录，因为它可以直接进入简体中文界面，如图 1-402 所示。

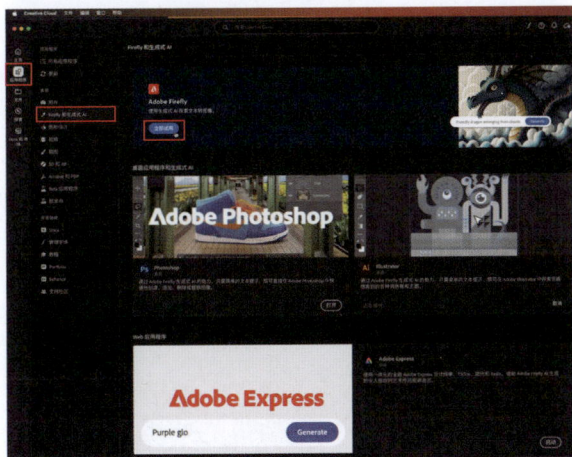

图 1-402

无论是使用 Firefly 还是在 Photoshop 中利用生成式填充功能，都必须确保网络连接畅通，并且用户需要拥有有效的 Adobe ID 账户。

1.11.2　不同 AI 模型，不同效果

本书的出发点和落脚点均在于应用层面，旨在探讨如何将 AI 技术与 Photoshop 等传统技术相融合，并切实运用到实际工作中。通过这种结合，我们期望能够帮助读者提升工作效率，创造出更多令人惊叹的艺术效果，从而在职场上充分展现个人价值。这是本书的核心关注点。

尽管本书并不深入探讨 AI 的开发层面，但我们

有必要了解，所有 AI 技术平台的背后都依赖于各种 AI 模型。不同公司的 AI 平台在生成内容和效果上会有所差异。例如，Firefly Image 2 与 Firefly Image 3 所生成的图像就存在明显区别。如图 1-403 所示，选择不同时期的模型会产生不同的生成结果。除了 Firefly，我们还强烈建议读者积极了解其他公司的 AI 技术平台，以积累更丰富的经验。这就如同战士需要熟悉不同的武器一样，多样的经验和技能将有助于我们在职场上走得更远。

图 1-403

1.11.3　编写有效的提示词

提示词在 AI 生成中扮演着至关重要的角色，特别是在"文字生成图像"技术中。通过精心编写有效的提示词，可以让 AI 清晰地理解我们的意图，并指导它生成我们心中所构想的内容。不同的 AI 平台对提示词的写法有着各自的要求。在 Firefly 中，提示词需要简洁明了，明确描述画面内容的主体、描述词（例如材质）和关键词（如背景），而其他如画面风格、色彩色调和相机设置等则通过"效果"设置来完成。与早期版本相比，Firefly 现在对简体中文的支持有了显著的提升。在前面的案例中，我们也主要使用了简体中文来编写提示词。

现在，让我们来看看 Adobe 官方网站的解释。在 Firefly 主页上，单击"帮助"链接，即可进入 Firefly 帮助页面，如图 1-404 所示。

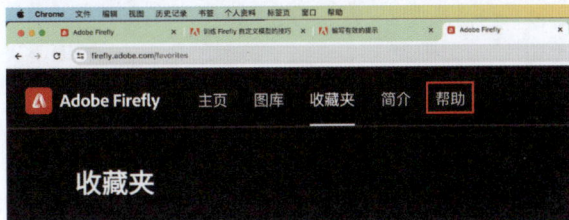

图 1-404

以下是摘自"帮助"页面的官方说明："请在提示中使用至少 3 个单词，并避免诸如'生成'或'创建'等词汇。请务必采用简洁直接的语句，包括主体、描述词和关键词。"基于这段解释，我们可总结出编写提示词的 3 个核心要素。

※ 主体：使用名词来明确画面中的主要内容。例如，"企业标识"。

※ 描述词：采用形容词或名词（如材质）等来描述主体，用作定语。例如，"由巧克力酱制成的，可爱的……"

※ 关键词：用于说明"背景"和"氛围 / 风格"。例如，"白色背景，电影氛围"等。请注意，在 Firefly 中，当描述背景氛围时，除了提示词外，还需结合使用"效果"设置。

现在，编写一段提示词："巧克力酱企业标识，白色背景"。在配合参考构图的基础上，再添加适当的"效果"和"光照"设置，最终生成的图像如图 1-405 所示。

图 1-405

调整提示词中的材质和背景描述，改为"报纸叠制的企业标识，置于木制桌面上"。保持其他设置不变，再次生成，便得到了令人惊叹的、难以通过传统后期制作方式实现的特效，如图 1-406 所示。

图 1-406

将提示词修改为："明代黄花梨木家具上的手工

木雕企业标识"。随后再次生成，于是便得到了雕刻在古典木家具上的企业标识，如图 1-407 所示。

图 1-407

编写新的提示词："迷人的高跟鞋，工作室写真，红蓝胶状灯光温馨映照，浅景深效果，机械材料道具点缀。"其中，"高跟鞋"作为画面的主体，"迷人的"一词用以形容高跟鞋的魅力，"工作室写真"描绘了拍摄环境，"红蓝胶状灯光温馨映照，浅景深效果，机械材料道具点缀"则进一步补充了关键信息，丰富了画面细节。再结合参考构图来塑造高跟鞋的形态，最终生成的效果如图 1-408 所示。注：Firefly 提示词支持表情符号，高跟鞋可输入👠。

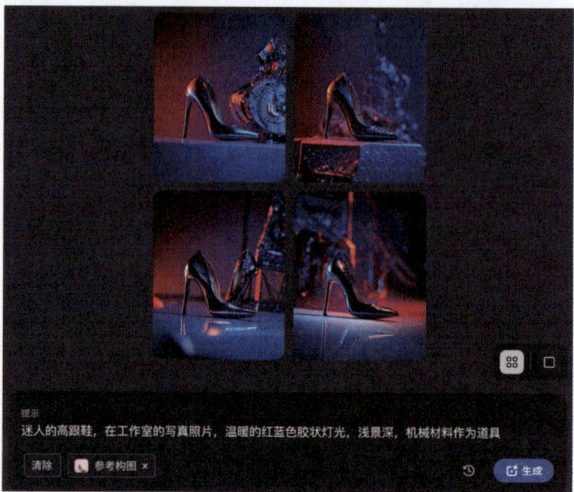

图 1-408

编写提示词的过程，实质上是将我们的创意和设想（或客户需求）通过文字进行精确表达。在此过程中，我们需要了解 Firefly 能够识别的提示词汇，以确保信息的准确传达，避免产生误解。提示词的详尽程度将直接影响生成内容的精准性，因此，我们在编写时应尽可能具体和细致。

1.11.4 AI 生成的特点

AI 技术作为一种在线服务，其生成内容的画质直接受到当前技术平台水平的影响。由于技术不断进步，即使是同一家公司的 AI，在不同时间点使用也可能会产生不同的效果。这种变化不仅体现了 AI 生成的不确定性，还带有一定的随机性。因此，在使用 Firefly 的过程中，我们必须注意及时保存链接、保存至收藏夹以及下载生成的图像，以确保工作成果的安全，如图 1-409 所示。

图 1-409

不确定性是 AI 生成结果时我们常常面临的问题。我们总会担忧最终结果是否能符合预期，使用 AI 有时就像开启一个盲盒，充满了未知。在工作中，对生成结果的预判至关重要，即便结果存在缺陷和瑕疵，我们也希望能够按照自己的构思，通过不同手段逐步进行校正和修复，最终实现我们的创意。因此，这种不确定性确实是一个挑战。然而，随着 Firefly 引入了"参考构图"和"样式参考"功能，我们可以更好地控制生成结果，使 AI 生成变得更加可靠和可预测。

此外，我们还有 Photoshop 这一强大工具，可用于进一步地修复和控制最终效果。当"文字生成图像"和"生成式填充"这些 AI 技术被嵌入 Photoshop 中时，它们为将 AI 应用于实际工作提供了决定性的帮助。我们将在后续章节中详细探讨这一点。

1.11.5 企业版 Firefly

在帮助页面中，还可以看到关于企业版的详细介绍，其中包括训练自定义模型和管理样式套件等高级功能，如图 1-410 所示。同时，其他一些 AI 平台也提供类似的功能，例如 Leonard.AI 就支持训练自定义模型。我们建议多尝试不同的 AI 平台，以探索各种独特的功能和可能性。

图 1-410

1.11.6 Firefly 工作流程

鉴于 AI 生成的特点以及 Firefly 的功能特性，我们可以总结出 Firefly 的基本工作流程，即通过"提示词"+"参考构图"+"样式参考 +"效果设置"这四个维度来共同引导和约束 AI 的生成结果。其中，提示词在 Firefly 中扮演着"文生图"的角色，需要使用简洁明了的名词和形容词进行组合。

在编写提示词时，既可以使用中文，也可以使用英文。然而，个人建议尽量使用英文，并可以配合翻译软件，以减少翻译过程中可能出现的歧义。同时，提示词应与"效果"设置相结合，从而确定 AI 生成的画风和内容。

为了进一步明确 AI 生成的细节，"参考构图"和"样式参考"起着关键作用。通常，我们会使用 Photoshop 或 Illustrator 等专业软件来制作"参考构图"，以确保生成的准确性，如图 1-411 所示。

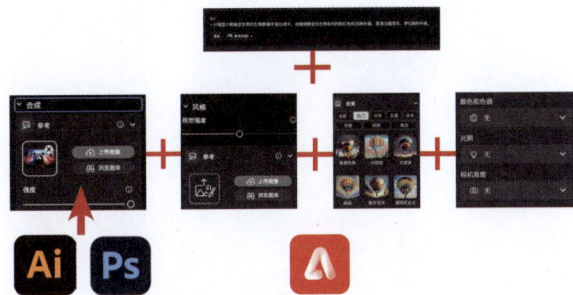

图 1-411

1.11.7 文字生成图像 + 生成式填充

"文字生成图像"与"生成式填充"既是两个独立的板块，又能共同协作，形成一套完整的流程。在使用文字生成图像功能后，若局部细节存在瑕疵或需要小范围增补内容，即可通过"生成式填充"功能来完成。然而，在 Photoshop 中，由于后期处理功能更为完善，传统工具和 AI 功能的结合使用往往更加便捷和强大，因此"生成式填充"的使用频率相对较低。如图 1-412 所示，这一流程为图像处理提供了更多的灵活性和选择空间。

图1-412

1.11.8　日常积累

在日常学习和工作中，为了提升在 Firefly 乃至 AI 生成方面的能力，我们需要进行有针对性的练习。以下是四个方面的知识点，需要在日常学习中不断积累和掌握。

※　收集提示词：根据不同风格、内容和 AI 模型，积极收集和积累提示词，以便在工作中能够灵活运用。

※　善用"样本"：充分利用 Firefly 中提供的样本，通过反复练习来熟悉和掌握其使用方法，并保存有价值的内容以备后用。

※　熟知"效果"：通过日常的反复实践，深入了解和熟练掌握 Firefly 中的"效果"设置，以便能够根据需求进行恰当的搭配和调整。

※　制作参考图：学会利用 Photoshop 和 Illustrator 等设计软件，制作出符合需求的参考图。这要求我们首先要熟练掌握这些设计软件的使用技巧。

此外，精通后期处理技术也至关重要。由于 AI 生成的图像往往存在一定的缺陷或瑕疵，因此在实际应用中，特别是在制作人物、产品效果图、海报等商业作品时，需要对 AI 生成的图像进行仔细的检查和修复。通过使用 Photoshop 或 Illustrator 进行后期处理，如修复瑕疵、优化调色等工作，以达到更加完美的效果。

2

Photoshop 的 AI 功能

从本章起，将着重阐述如何在 Photoshop 中运用全新的 AI 工作流程以完成后期处理。我们将专注于那些配备 AI 功能的工具组合及其工作流程，以帮助大家在实际工作中顺利应用这一全新的 AI 工作流程。

2.1　Photoshop 的版本

在后续的章节中，我们将使用到 2025 年最新版本的 Photoshop Beta 版和 Photoshop 正式版。当前，Beta 版本中包含的测试功能为生成式工作区和集成 3D 功能，而其他所提及的功能均可在正式版中找到。通常情况下，使用正式版会更加稳定且高效。

注：测试功能往往会在短期内更新至正式版本中。因此，在阅读本书时，生成式工作区和集成 3D 功能可能已经被更新至正式版中。

若想在 Creative Cloud 中安装 Beta 版，请单击左侧的"应用程序"选项，选择"Beta 应用程序"，然后找到 Photoshop Beta 版进行安装，如图 2-1 所示。

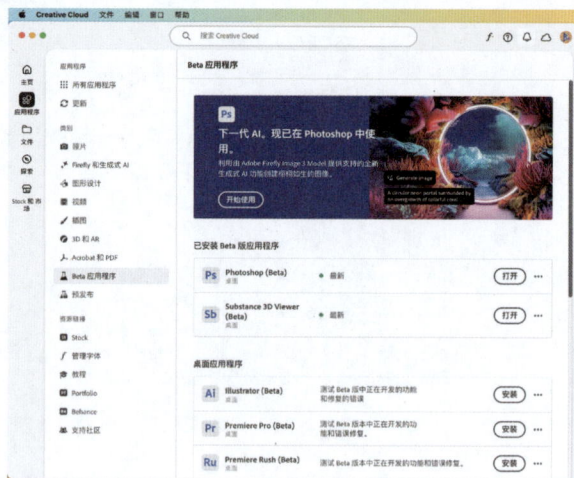

图2-1

2.2　AI in Photoshop

首先，我们需要明确哪些 AI 功能已经嵌入 Photoshop，并了解这些功能分别对应哪些工具和命令。通过掌握这些工具和命令的使用特点，我们可以根据工作需求做出恰当的选择。例如，某些功能可能需要网络支持，这通常意味着在使用时会稍慢一些。另外，使用生成式 AI 时通常会消耗相应的生成积分，这涉及使用成本的问题。因此，我们需要综合考虑这些使用细节，以便将 AI 有效地应用于实际工作中。以是否需要网络连接为标准，我们可以将 Photoshop 中的 AI 功能分为两类：生成式 AI（在线 AI）和离线 AI 工具。接下来，将分别介绍这两类工具和命令。

2.2.1　生成式 AI

生成式 AI 指的是将 Firefly 的文字生成图像和生成式填充两大功能融入 Photoshop，并整合到其工具和菜单命令中。接下来，我们将逐一列举这些功能，以便大家能够对其有一个全面而清晰的认知。

1. 生成图像

新建或打开一个文件后，可以执行以下操作来打开生成图像对话框：执行"编辑"→"生成图像"命令，如图 2-2 所示，或者在左侧工具栏的最下方单击"生成图像"按钮，如图 2-3 所示。

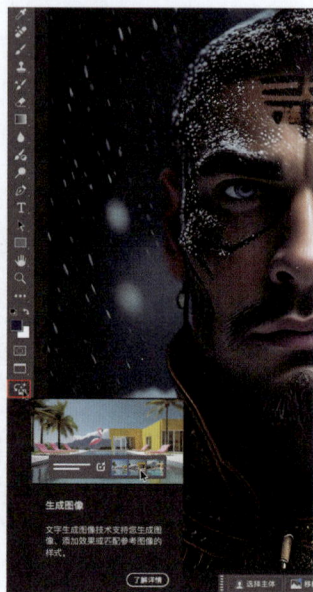

图2-2　　　　　　　　　图2-3

在"生成图像"对话框中，无论是界面显示还是预设的样本提示词，均采用了简体中文，这为英文水平有限的使用者提供了更加友好的使用体验，如图2-4 所示。

图2-4

生成图像功能还配备了"内容类型""效果"和"参考图像"3 个设置选项。其中，"参考图像"对应的是样式参考，而缺少了参考构图选项。若想使用参考构图功能，可以单击下方的"开始使用生成式工作区"链接进行操作（注意，目前该设置仅在 Beta 版中显示），如图 2-5 所示，或者也可以在 Firefly 中使用该功能。当使用生成图像命令时，无须在画面中创建选区，只需打开相应的文档即可。此外，鉴于生成图像的功能相较于生成式工作区有所减少，我们将在后续章节中重点介绍生成式工作区的使用方法。

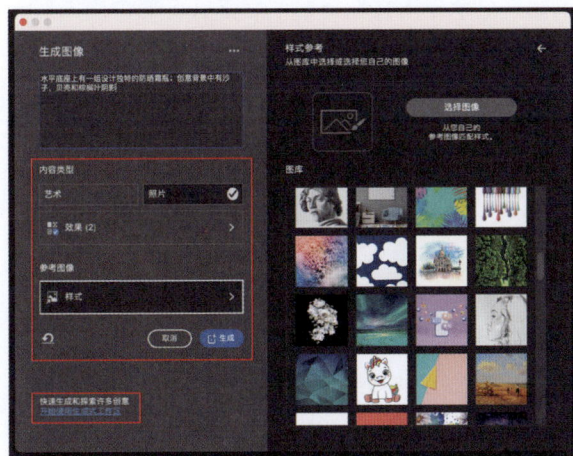

图2-5

2. 生成式工作区

启动 Photoshop 后，无须新建或打开文件，即

可直接执行"编辑"→"生成式工作区"命令，如图 2-6 所示，或者按快捷键 Ctrl+Alt+Shift+G 弹出 Generative Workspace 对话框。注意，目前该功能尚处于测试阶段，因此仅在 Beta 版中提供。

图2-6

弹出 Generative Workspace 对话框后，我们首先注意到的是其英文界面。这可能是由于当前版本仍处于测试阶段，预计在正式版发布时，该功能将会支持中文界面。尽管英文界面在设置"效果"时可能会带来一些不便，但它也让我们有机会接触到更多的英文关键字，从而更易于理解和借鉴英文提示词。值得一提的是，在英文界面中，我们仍然可以在提示词框内输入简体中文，如图 2-7 所示。

图2-7

在提示词文本框的下方，可以找到 Aspect ratio（纵横比）设置、Reference（参考构图和样式参考）设置、Effects（效果）设置，以及最新的 Add variable（添加变量）设置。与 Firefly 相比，此界面

缺少了"光照""色彩与色调"以及"相机角度"等设置选项。为了弥补这一不足，可以在提示词中加入这些关键信息，例如，使用"色彩斑斓"等词汇来具体描述色彩需求，如图 2-8 所示。

图2-8

切换到 Timeline 模式后，能够查阅到以往的生成记录，这些记录类似"历史记录"面板。这表示，在完成 Photoshop 中的工作并退出后，当再次进入 Photoshop 并启动生成式工作区时，仍然能够查阅到所有的生成历史记录。此功能具有极高的实用价值，并且在功能上远超 Firefly 中的历史记录按钮，如图 2-9 所示。

图2-9

生成图像与生成式工作区是将 Firefly 的"文字生成图像"功能板块融入 Photoshop 中的实用工具。为了顺畅地使用它们，稳定的网络连接是必不可少的，因为它们与 Firefly 类似，都基于在线服务。生成式工作区功能尤为强大，提供了众多实用的设置与命令，且预计未来会不断升级，增添更多强大功能。在后续章节中，将深入介绍生成式工作区的具体使用方法。

3. 创成式填充

新建或打开文件后，创建选区，上下文任务栏中会显示"创成式填充"按钮，单击该按钮或执行"编辑"→"生成式填充"命令，如图 2-10 所示。

图2-10

在"窗口"菜单中执行"上下文任务栏"命令，即可打开或关闭上下文任务栏，如图 2-11 所示。建议始终显示上下文任务栏，尽管它可能会遮挡部分画面，但其提供的便捷性确实能够极大地提升工作效率。

图2-11

在选区保持激活的状态下，执行"编辑"→"生成式填充"命令，将弹出"创成式填充"对话框，这与上下文任务栏中的"创成式填充"按钮功能是一致的，如图 2-12 所示。值得注意的是，这一命名可能在汉化界面过程中出现误差，因为在英文版 Photoshop 中，它们都统一被称为"Generative Fill"，这也与 Firefly 中的"生成式填充"板块英文名称相吻合。但无论是"生成式填充"还是"创成式填充"，两者实质上指的是同一个功能。

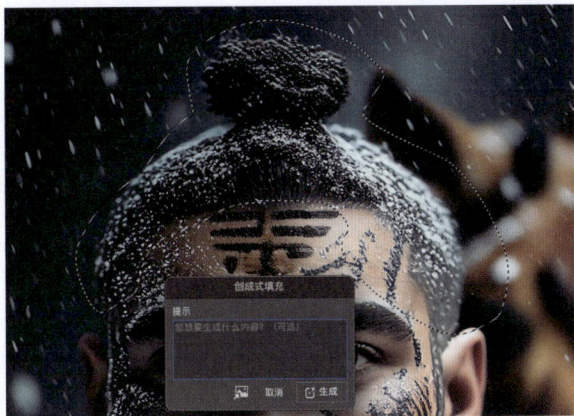

图2-12

使用创成式填充功能的前提是创建选区，因此，创成式填充实质上是一种针对局部区域进行 AI 生成的操作，该功能是将 Firefly 中的"生成式填充"板块融入 Photoshop 后所实现的。

4. 生成式图层

无论是生成图像、生成式工作区，还是创成式填充，所有通过 AI 生成的内容都会被自动放置在生成式图层内。由于翻译的差异，这些图层可能会有不同的名称显示，如创意图层、生成式图层、生成图像等。为了统一表述，我们按照英文 Generative Layer 的直译，将其统称为"生成式图层"，如图 2-13 所示。

图2-13

按 L 键，选择"套索工具"，并沿着人物头发区域的外围绘制选区。绘制完成后，在上下文任务栏中

单击"创成式填充"按钮，接着输入提示词"黄色头发"，然后单击最右侧的"生成"按钮，如图 2-14 所示。请注意，在创成式填充的设置中，包含了提示词和参考图像两个选项。

图2-14

稍等片刻，AI 便会生成一组新的图像。这些生成的图像将被放置在一个全新的生成式图层中，并附带蒙版。在保持选中图层缩略图的同时，确保画面内没有任何选区，然后调出"属性"面板。在此面板中，可以查看到生成式图层的各项属性，包括提示词编辑框以及 3 个图像选项。只需单击图像的缩略图，即可轻松切换不同的图像。相应的设置同样可以在上下文任务栏中进行操作，如图 2-15 所示。

图2-15

生成式图层不仅存储了 AI 生成时所使用的全部属性信息，而且配合"属性"面板和上下文任务栏，还可以随时切换 AI 生成的图像、修改提示词并重新生成。此外，生成式图层也拥有普通图层所具备的全部功能，例如图层混合模式、图层不透明度、图层蒙版等，同时还可以添加图层样式。值得一提的是，生成式图层作为智能对象，能够直接应用智能滤镜。这一特性使生成式图层能够将 Photoshop 强大的后期处理能力与 AI 生成技术完美融合，从而让用户能够便捷且无缝地进行修复处理。这是 Firefly 所无法比拟的优势。

5. 转换为图层

在生成式图层上右击，并在弹出的快捷菜单中选择"转换为图层"选项，如图 2-16 所示。此选项可将生成式图层转换为普通图层组，此时 Photoshop 会将所有的变换内容分别放置在不同的图层内，如图 2-17 所示。利用"转换为图层"选项，能够迅速拆分 AI 生成的各个变化内容，从而方便我们利用图层蒙版、图层混合模式等功能，快速组合出丰富多样的效果。

　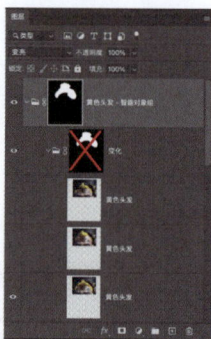

图2-16　　　　　　　　　图2-17

6. 生成式扩展

生成式扩展是"裁切工具"设置选项中的一项 AI 功能，它可以在使用"裁切工具"进行画面扩展时，利用生成式内容来扩展图像。通过这一功能，不仅能够扩展画布，还能借助 AI 技术，将新生成的图像与现有图像自然混合，从而填充空白区域。具体的操作步骤如下。

01 按 C 键切换到"裁切工具"，向外侧拖曳裁切框以放大画布。接着，在上方工具属性栏的"填充"设置中选择"生成式扩展"，或者在上下文任务栏中单击"生成式扩展"按钮，如图 2-18 所示。

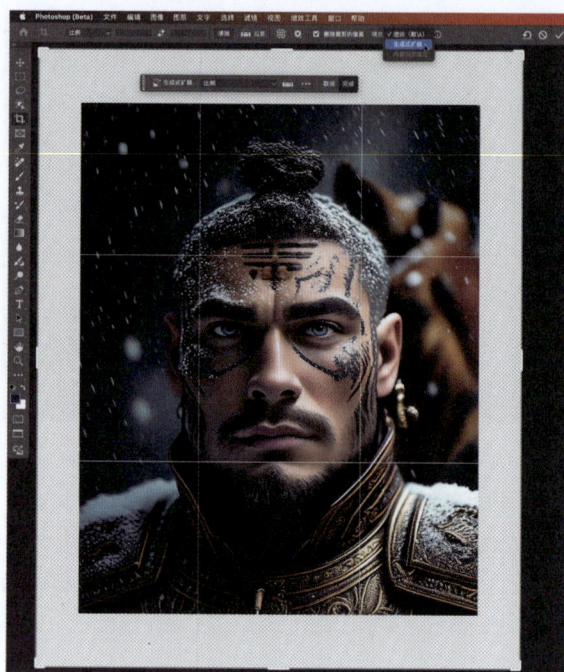

图2-18

02 单击"生成式扩展"按钮后，可以在上下文任务栏中输入相关的提示词。当然，也可以选择不输入任何提示词，直接单击"生成"按钮。若选择不使用提示词生成图像，系统将会生成与现有图像无缝混合并扩展画布的内容。而如果使用了提示词，生成的图像将会扩展并融入所提示的内容，如图 2-19 所示。

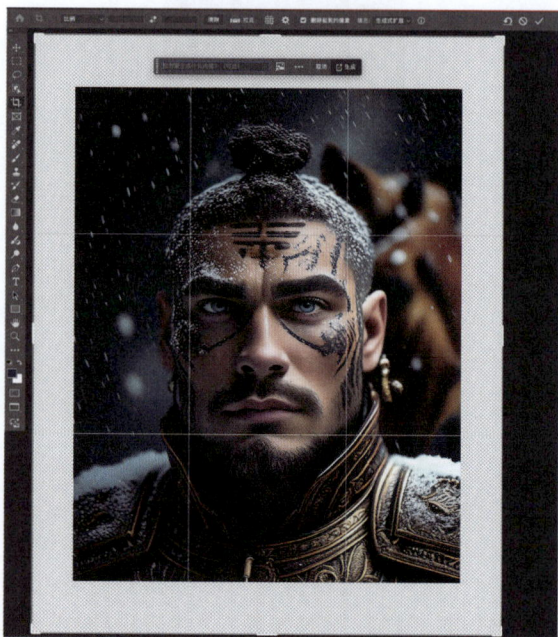

图2-19

03 借助生成式扩展，可以将扩展后的画布内容与原图像很好地融合在一起。在"图层"面板中，会得到一个名为"生成式扩展"的生成式图层。在"属性"面板中，可以切换不同的图像变化，以挑选出最满意的一个。如图 2-20 所示，可以看到扩展后的人物躯干左右两边区域的盔甲非常完美地延伸并填满了扩展区域。若采用传统方法，这一点将很难实现。

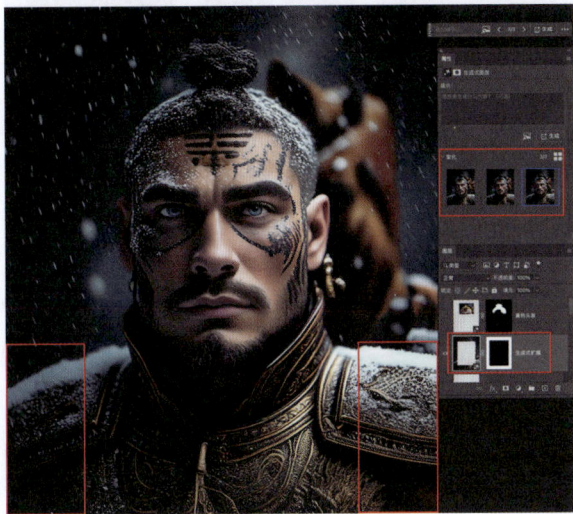

图2-20

尽管生成式扩展功能十分强大，然而由于每次使用都会消耗积分，因此建议将"裁切工具"的填充选项设置为"透明（默认）"。当确实需要使用生成式扩展时，再进行相应设置。这样做既能节省积分，又能确保在必要时有效利用该功能。

7. 生成背景

生成背景功能，这一融合于选区工具内的 AI 技术，能够帮助用户迅速且便捷地替换背景，同时确保在不改变原始主体图像内容的前提下，生成与主体完美融合的新背景效果。要使用此功能，首先需要移除原有背景，这使其成为一连串图像处理操作中的重要一环。具体的操作步骤如下。

01 首先，需要移除背景。在一张图片或智能对象图层上，单击上下文任务栏中的"移除背景"按钮，如图 2-21 所示。"选择主体"和"移除背景"是带有 AI 功能的创建选区命令，它们可以借助 AI 对图片的判断，来快速选择主体或移除背景。值得注意的是，这两者都属于离线功能，无须连接互联网即可使用。

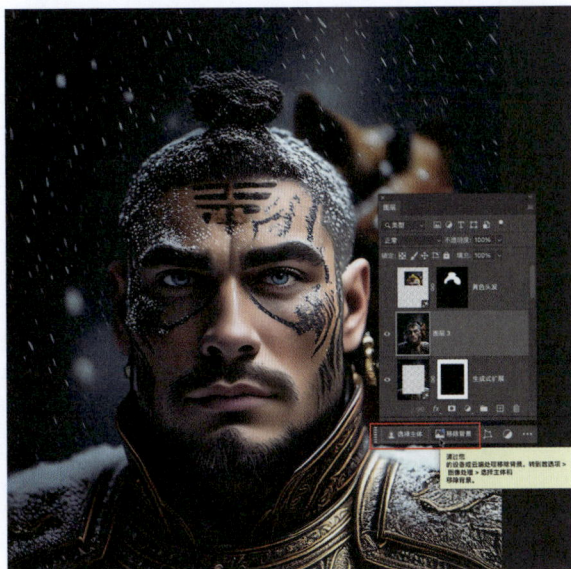

图2-21

02 移除背景后，系统会自动在原图层上创建一个蒙版，保留画面中的主体区域，屏蔽原有背景。保持选中图层蒙版，此时的上下文任务栏会显示"生成背景"按钮。鼠标指针停留在按钮上，会提示该功能适合为肖像、产品、时尚等创作背景，如图 2-22 所示。如果对主体的图像区域不满意，可以对蒙版进行编辑，以创建更精准的主体图像。

图2-22

03 单击"生成背景"按钮，输入提示词"雪山"，随后单击"生成"按钮，如图 2-23 所示。

图2-23

04 等待片刻后，系统生成了新的一组背景，如图 2-24 所示。从融合背景的角度来看，生成的图像都相当完美。然而，画面中出现了漫天大雪，与提示词"雪山"相去甚远。我们推测，这可能是由于中文直译成英文时，导致 AI 产生了误解。

图2-24

05 在"属性"面板中将提示词更改为 snow mountain，然后单击"生成"按钮。使用英文提示词再次生成后，得到了一组新图像，画面上都

有雪山作为背景，如图 2-25 所示。同样的操作也可以在上下文任务栏中完成。

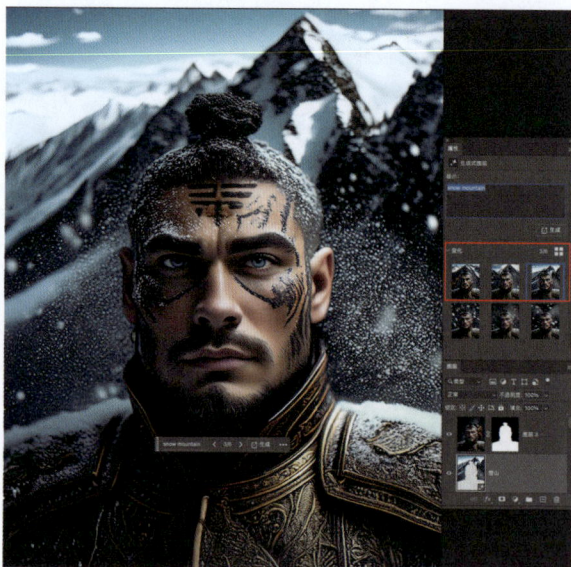

图2-25

通过一个简单的案例，我们了解到生成背景功能的使用方法。整体来说，这是一套完整的工作流程，包括移除背景、编辑蒙版（精修选区）、生成背景以及后期修复。这套流程非常适合快速更换背景，特别是在电商和社交媒体领域，可用于更换肖像、产品、时尚等创作背景。从 AI 的角度来看，移除背景属于离线 AI 功能，而生成背景则是在线 AI 功能的范畴。

8. 移除中的生成式 AI

在 Photoshop 2025 中，官方正式推出了配备生成式 AI 的移除工具。用户可以在工具属性栏中灵活选择 3 种不同模式：自动模式、生成式 AI 开启模式和生成式 AI 关闭模式。若选择"生成式 AI 关闭"模式，则该工具的功能与以往版本中的移除工具无异。而若选择"生成式 AI 开启"模式，系统则会运用生成式 AI 技术来智能填充移除工具所绘制的区域。

生成式 AI 在移除大范围区域的内容时表现出色，例如，在合影中去除特定人物。然而，请注意，每次使用生成式 AI 功能都会消耗一个生成式积分，并且其处理速度相对较慢。因此，在进行小范围的移除或修复操作时，建议关闭生成式 AI 功能，以提高工作效率。

接下来，将通过两个简单案例，让大家对生成式 AI 模式开启与关闭的不同效果有一个直观的认识。后续章节中，将深入探讨如何借助 AI 技术进行移除和修复操作。具体的操作步骤如下。

01 打开一张合照，假如想要移除握手动作后面的那个男人。按 J 键切换到"移除工具"，在上方工具属性栏中将模式设置为"生成式 AI 开启"。按【或】键调整画笔大小，涂抹覆盖画面中想要移除的男人，包括其手臂下方的区域，如图 2-26 所示。涂抹完成后，按 Enter 键或单击上方的√按钮，以执行生成式 AI 移除操作。

图2-26

02 稍等片刻，生成式 AI 便会移除画面中的男人。此时，在"图层"面板中，可以看到与之前的生成式操作有所不同：生成式移除并不会创建新的生成式图层，而是直接将生成的内容应用到当前选中的图层中，如图 2-27 所示。

图2-27

03 按快捷键 Ctrl+Shift+N 创建新图层，然后在"移除工具"属性栏中将模式设置为"生成式 AI 关闭"，并同时选中后面的"对所有图层取样"复选框，以确保能在新图层上使用"移除工具"，如图 2-28 所示。

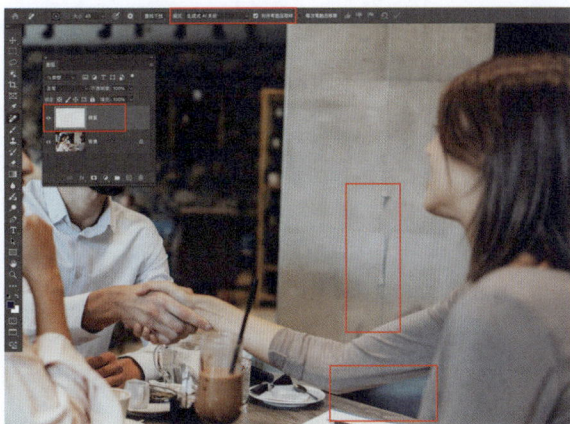

图2-28

04 按【键调整画笔大小，涂抹有瑕疵的区域，如图 2-29 所示。

图2-29

05 移除前后的对比效果如图 2-30 所示。从中可以看到，仅使用一个工具，便能在很短时间内轻松移除合影中的人物。若没有 AI 的协助，这样的移除工作将变得异常复杂。根据个人使用经验，笔者更倾向于使用"创成式填充＋移除工具（生成式 AI 关闭）"的组合来实现相同的移除效果。后续将有专门的移除修复章节详细讲解移除修复的工作流程。

图2-30

9. 生成式积分

无论是在 Firefly、Photoshop，还是其他 CC 家族软件中，只要启用了生成式 AI 功能，包括生成图像、创成式填充以及使用"移除工具"中的生成式 AI，系统都会扣除相应的生成式积分。以笔者所订阅的 CC 产品为例，每月会获得 1000 积分，这些积分无法累计至下月，而是每月清零。因此，在实际工作过程中，我们需要谨慎使用这些功能。由于 AI 生成的结果具有一定的不确定性，很多时候即使使用了 AI，也可能无法获得满意的效果。这就要求我们必须熟练掌握各种工具组合，并能够根据具体情况选择最有效的工具和方法。AI 并非万能的法宝，其应用更需要与高质量的后期制作相结合。就上述案例而言，我们仅在必要时开启了一次"生成式 AI"，而在后续的移除修复过程中则保持关闭"生成式 AI"的状态。这样既能提高制作效率，又能有效节省生成式积分。如图 2-31 所示，在"历史记录"面板中可以查看到详细的使用记录。如果我们全程开启生成式 AI 功能，那么可能会消耗 20 个生成式积分。

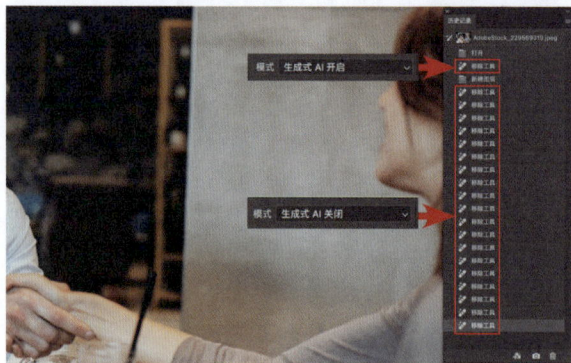

图2-31

10. CameraRAW 的生成式 AI

CameraRAW 滤镜中也融入了生成式 AI 技术，具体体现在"生成式移除"和"生成式扩展"两大功能上，如图 2-32 和图 2-33 所示。这些功能的使用方法与前面介绍的生成式扩展和移除操作类似，因此不再赘述。值得一提的是，CameraRAW 滤镜还提供了离线的 AI 功能，能够智能识别面部的五官，从而大幅提升人像后期处理的效率。

本节内容详细介绍了 Photoshop 中的生成式 AI 功能，同时涉及了生成式图层、转换为图层命令以及生成式积分的使用。其中，生成式 AI 实际上是 Firefly 中的"文字生成图像"和"生成式填充"功能的嵌入。在 Photoshop 中使用这些生成式 AI 功能的最大优势在于能够创建一个生成式图层，从而为后期处理提供了无限的可能性。

图2-32

图2-33

需要注意的是，生成式 AI 功能的使用必须依赖于网络连接，并且每次生成操作都会消耗一个生成式积分。因此，我们需要合理规划并高效利用生成式 AI 功能。

2.2.2　离线 AI 工具

在文字生成图像技术风靡全球之前，Adobe 早在 2016 年就已率先推出了具备 AI 功能的工具。这些离线 AI 工具的最大优势在于其无须网络连接即可快速制作。

例如，"对象选择工具"及"选择主体"功能，使创建选区变得轻而易举。再如"移除工具"的推出，不仅极大地简化了修复工作，还能完成以往一些难以实现的修复任务，如拉直弯曲的栏杆等。正是这些强大的离线 AI 工具，确保了全新的 AI 工作流程能够迅速且精准地达成效果，有效弥补了 AI 生成的某些缺陷。

以下是罗列的一些具备 AI 功能的工具和命令。

※　"对象选择工具"及"选择主体"功能。

※　移除工具（生成式 AI 关闭状态下可用）。

※　CameraRAW 滤镜（具备面部五官识别

功能）。

※　液化滤镜（同样具备面部五官识别功能）。

※　"天空置换"命令。

在后续章节的案例讲解中，我们将频繁使用这些工具和命令。此外，还有一些传统的工具和命令也是后期处理中不可或缺的，如"仿制图章工具"、调整预设、"材质"面板、模糊滤镜等，以及图层蒙版和图层混合模式等必备技术。总之，只有熟练掌握 Photoshop 的各项技能，才能更好地发挥 AI 生成的优势。

Photoshop 中的 AI 功能可以从在线和离线两个维度进行分类。在线 AI 功能主要指的是生成式 AI 的嵌入，此类功能需要网络连接，并且每次生成都会消耗一定的生成式积分，因此使用成本相对较高。而离线 AI 功能则是一些内置了 AI 能力的工具和菜单命令，它们非常稳定，且使用方式也符合典型的后期处理流程。将在线和离线 AI 功能相结合，再辅以一些传统工具，如"仿制图章工具"、图层蒙版等，就构成了全新的 AI 工作流程。这套流程具有两大显著特点：快速和准确。"快速"体现了 AI 的能力，而"准确"则是 Photoshop 实力的展现。在后续的章节中，将通过具体案例来展示这两大特点。

2.2.3　放大视图进行仔细检查

对于 AI 生成的图像，务必放大视图进行细致检查。某些错误和缺陷可能一目了然，而有些则可能隐蔽难察。如图 2-34 所示，左侧矩形白色框内的缺陷较为显眼，易于识别；而右侧圆形框内脚踝区域的结构错误则相对隐蔽，容易被忽略。因此，必须放大视图，反复仔细查看。特别是当生成内容中包含人物、产品、建筑等具有明确结构要素时，更应仔细检查，以确保内容的准确性和完整性。

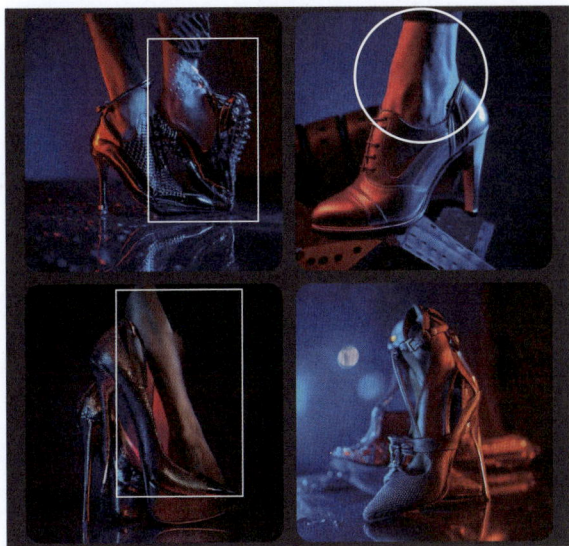

图2-34

2.2.4　提升和改善画质

AI 生成的图像中往往存在瑕疵，这时需要利用 Photoshop 进行修复处理，以提升画质。当画质不佳时，我们必须采取措施来提高其清晰度与表现力。根据画面的实际内容以及最终作品的要求，可以采用不同的方法来提升画质。主要手段包括以下几种。

※　局部区域使用 AI 重新生成：针对画面中瑕疵较为明显的局部区域，可以利用 AI 技术重新生成，以达到更好的视觉效果。

※　模糊处理：通常针对背景区域或某些不需要过于清晰的细节部分，通过模糊处理来柔化画面，使整体更加和谐。

※　锐化处理：使用 Photoshop 内置的锐化工具或借助其他 AI 平台，对画面进行锐化处理，以增强画面的清晰度和细节表现力。

通过这些手段，我们可以有效地提升 AI 生成图像的画质，使其更加符合最终作品的要求。

2.3　时尚肖像插画

利用生成式工作区，我们可以迅速生成多组具有手绘风格的时尚肖像插画。随后，借助 Photoshop 的强大功能进行后期处理，调整人物的身体比例，修复画面中的瑕疵，最终完成作品。接下来，将深入学习如何使用生成式工作区进行创作，以及如何进行后期处理以完善作品。具体的操作步骤如下。

01 按快捷键 Ctrl+Alt+Shift+G 或执行"编辑"→"生成式工作区"命令，弹出"生成式工作区"对话框。在下方输入提示词："时装周插图，一位穿着鲜艳连衣裙的中国女性超级模特；侧面画像；风格为奥利维尔·瓦尔塞基，钢笔淡彩肖像，柔和的混合色调，详细的草图，天蓝色和橙色为主，包含少量咖啡色和深红色元素"（提示词较长，主要是为了准确描述相机角度、色彩与色调、光照等要素，因为与 Firefly 相比，生成式工作区在这三方面缺少直接的参数设置）。在 Effect（效果）选项内添加 Sketch（手绘）、Comic book（漫画）、Paint splattering（绘画飞溅）、Watercolor（水彩）等效果设置，以明确画面的风格样式。单击 Generate（生成）按钮，即可生成手绘风格的钢笔淡彩肖像插画。反复单击 Generate 按钮，可以生成多组不同效果的插画，如图 2-35 所示。

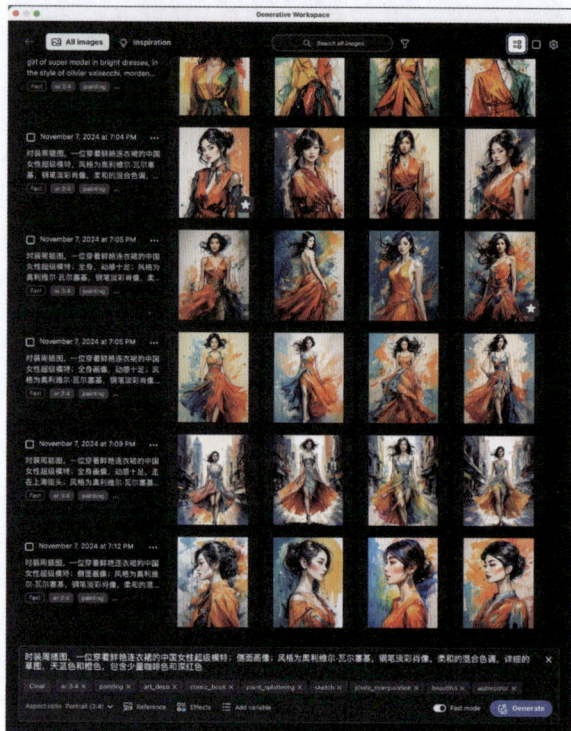

图2-35

02 可以将提示词中的"侧面画像"更改为"全身画像"，以生成全身画像，如图 2-36 所示。此外，还可以调整提示词中关于颜色的描述，将"天蓝色和橙色，包含少量咖啡色和深红色"修改为"天蓝色和橙色为主，辅以少量咖啡色和深红色"，以生成不同配色的画像。

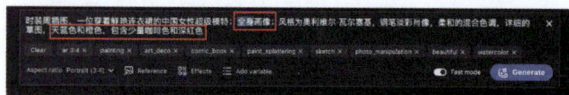

图2-36

03 如果想要查看细节，可以单击图像缩略图，或者将鼠标指针悬停在某个画面上。待功能按钮显示后，单击右上角的 ... 按钮，在弹出的菜单中选择 Open in detail 选项。如图 2-37 所示，即可进入 Detail View（详细视图）。无论是 Detail View（详细视图）模式，还是 Timeline View（时间线

视图）模式，下方的提示词与当前预览画面均无关联。当前预览画面的提示词位于画面右侧，如图 2-38 所示。下方的提示词及效果设置是为下一次生成而准备的，不会因为上方预览画面的改变而自动发生变化。

图2-37

图2-38

如图 2-39 所示，当前预览画面是一只高跟鞋的渲染图，与下方的提示词无任何关联。

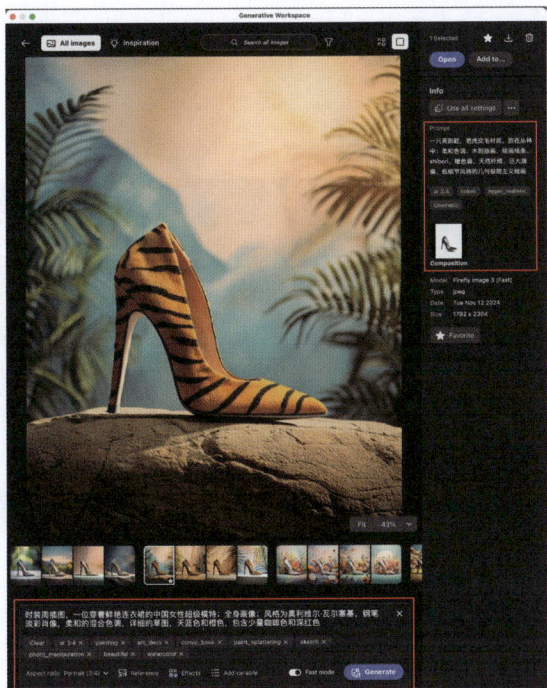

图2-39

04 这样的功能设计，其实非常便于从一个或多个已生成的内容中借鉴提示词和效果参数设置。在右侧单击 Use all settings（使用所有设置）按钮，可以将当前生成内容的提示词和效果设置全部迁移到下方的提示词编辑区内，为新的生成任务做准备，如图 2-40 所示。

图2-40

05 此时，还可以切换至另一幅生成的图像，单击右侧的 ... 按钮，将该图像设置为 Reference composition（参考构图）或 Reference style（样式参考），如图 2-41 所示。

图2-41

06 当前图像作为参考构图出现在提示词下方，如图 2-42 所示。另外，Prompt（提示词）下的内容可以使用鼠标选中并复制，操作类似文本类软件，这便于组合和编辑提示词。

图2-42

07 在右上方，单击 Open 按钮，可以在 Photoshop 中打开该预览画面的图像，如图 2-43 所示。

图2-43

08 先关闭"生成式工作区"对话框，然后在 Photoshop 中以生成式图层的方式打开所生成的图像，如图 2-44 所示。

图2-44

09 按快捷键 Ctrl+Alt+Shift+G 再次打开"生成式工作区"对话框，这次单击 Add to（添加到）按钮，如图 2-45 所示。

图2-45

10 在弹出的 Add images（添加图像）对话框中，有两个设置选项：To 用于选择将生成内容放置到 New Document（新文件）中，或者置入已打开的某个文件中；As 用于选择以 Separate layers（单独图层）的方式将每个生成图像分别置入不同的生成式图层中，还是以 Variations in layer（图层中的变体）的方式将多个变化图像置入一个生成式图层中，如图 2-46 所示。

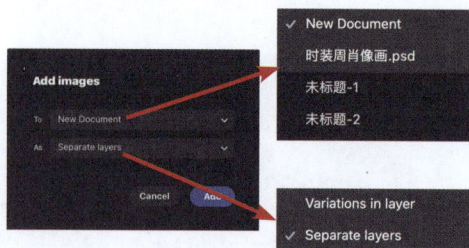

图2-46

11 在右上角单击 Timeline View 按钮，进入 Timeline View（时间线视图）模式。在该模式下，选中 3 幅生成图像，然后单击工具栏中的 Add to 按钮，如图 2-47 所示。

图2-47

12 在 Add images（添加图像）对话框中，设置 To 为 New Document（新文件），As 为 Variations in layer（图层中的变体），让 3 幅生成图像以变化内容的形式嵌入一个生成式图层中，并在新文件中打开，如图 2-48 所示。

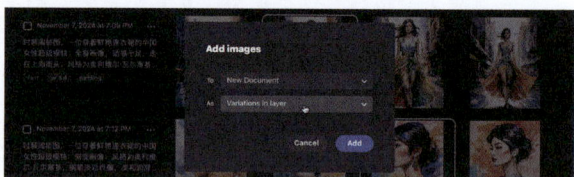

图2-48

13 返回 Photoshop，可以看到 3 幅生成图像都被放置到了同一个生成式图层内，如图 2-49 所示。在"属性"面板中切换缩略图，可以显示不同的生成图像。

图2-49

14 打开一张侧面的画像（或者打开"2-3 时装周肖像画 - 原图 .jpg"文件），可看到人物的脖子有些长，不符合人体比例，如图 2-50 所示。接下来就借助 Photoshop 进行修复（注：画像本身是艺术风格类型，夸张的比例也是其风格的体现，如果需要保留这种风格，则无须修复）。

图2-50

15 按 L 键切换到"套索工具"，沿着头部区域创建选区，注意脖子下方要保留完整的耳坠及其投影区域，如图 2-51 所示。

图2-51

16 创建完成后，按快捷键 Ctrl+J 或执行"图层"→"新建"→"通过拷贝的图层"命令，将选区内容复制到新图层中，并将新图层命名为"头部"，如图 2-52 所示。

图2-52

17 保持"头部"图层的选中状态，按 V 键切换到"移动工具"，在上方工具属性栏中取消选中"自动选择"复选框。然后向下移动头部，直到目测脖子的长度比例符合人物的整体比例，如图 2-53 所示。

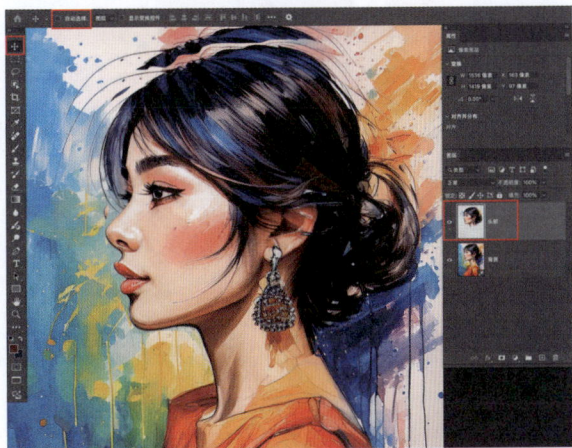

图2-53

18 按快捷键 Ctrl++ 放大视图，可以看到脖子边缘没有对齐，如图 2-54 所示。

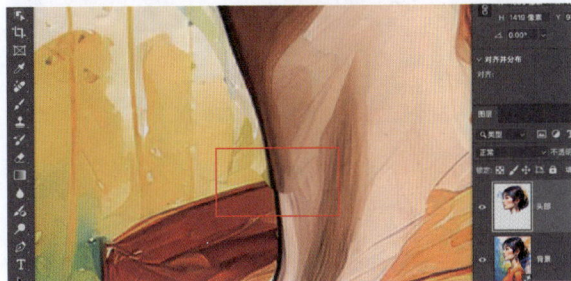

图2-54

19 按键盘上的向右和向下方向键，轻微移动头部，使脖子边缘对齐，如图 2-55 所示。

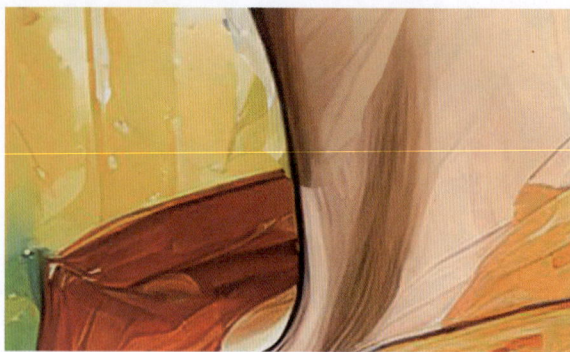

图2-55

20 在"图层"面板中，单击底部的"新建图层蒙版"按钮，为"头部"图层添加蒙版，如图 2-56 所示。

图2-56

21 按 B 键切换到"画笔工具"，按 D 键将前景色设置为黑色，按数字 6 键将画笔不透明度设置为60%，按【或】键调整画笔大小。在画布上使用黑色画笔将多余的内容屏蔽，如图 2-57 所示。在绘制过程中，随时根据当前画面状态调整画笔的不透明度，按 X 键切换前景色为白色，以恢复被误屏蔽的图像。处理的目标是使头部与周围环境自然融合，避免出现明显的生硬边缘。注意不要太过接近边缘的黑色线条。

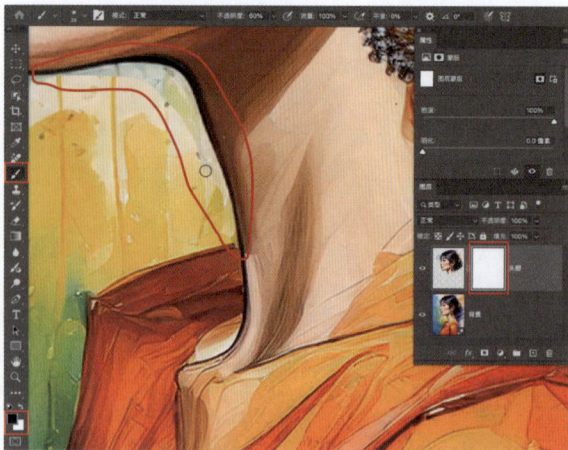

图2-57

22 在蒙版上绘制完成后，按快捷键 Ctrl+Shift+N 创建新图层，并在弹出的对话框中将其命名为"修复"，如图 2-58 所示。

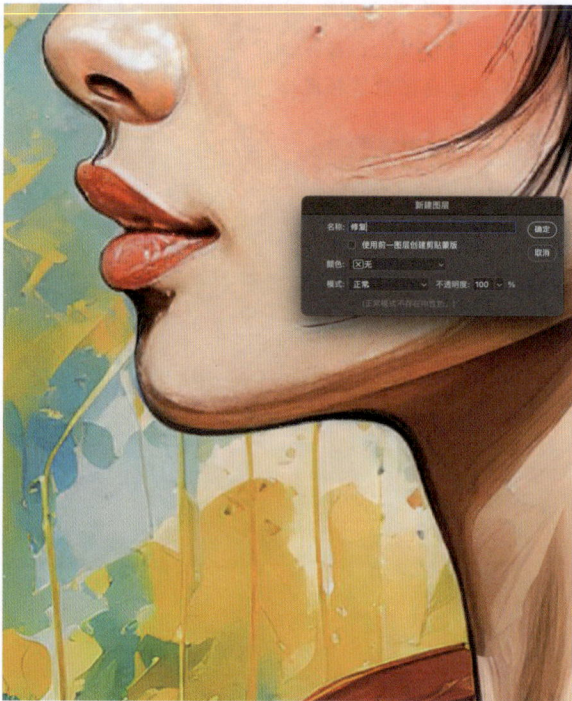

图2-58

23 按 J 键切换到"修补工具"（若在不同状态下，可能需要反复按快捷键 Shift+J 直至选中"修补工具"），设置模式为"生成式 AI 关闭"，选中"对所有图层取样"复选框，取消选中"每次笔触后移除"复选框，如图 2-59 所示。按【和】键调整画笔大小，使其略大于头部边缘黑色线条的宽度。在边缘外侧那些融合得不完美的区域进行涂抹。紫色区域是"修补工具"覆盖的需要修复的内容，如图 2-60 所示。

图2-59

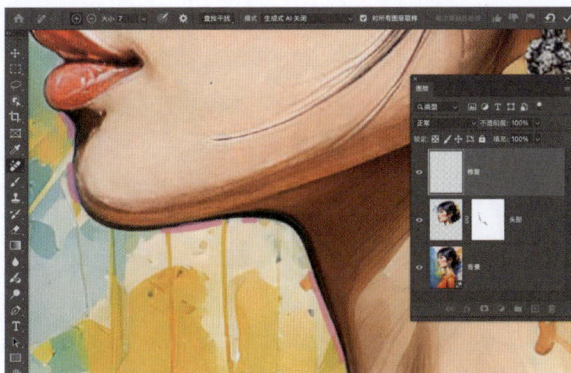

图2-60

24 涂抹完成后按 Enter 键确认，对选中区域进行
移除。移除后的效果如图 2-61 所示，"移除工
具"很好地将边缘与背景进行了融合。

图2-61

25 单击"头部"图层的蒙版，按 B 键切换到"画
笔工具"，按 D 键将前景色设置为黑色，如图
2-62 所示。按【和】键调整画笔大小，按数字键
4 或 6 将画笔不透明度设置为 40% 或 60%，在脖
子区域绘制，屏蔽生硬的色块内容，使其与原有
的阴影区域自然融合，结果如图 2-63 所示。

图2-62

图2-63

26 在"图层"面板中，选中"修复"图层。将视图
调整到右侧背部线条区域，按 J 键使用"修补工
具"修复明显瑕疵并拉直背部边缘的线条。紫
色区域覆盖的是需要移除的内容，如图 2-64 所
示。移除结果参考图 2-65 所示，修复和移除是
一项需要耐心并反复处理的工作。在修复细节
时，也要顾全大局，需要经常按快捷键 Ctrl+0 返
回到屏幕大小状态，以查看修复结果是否满意。

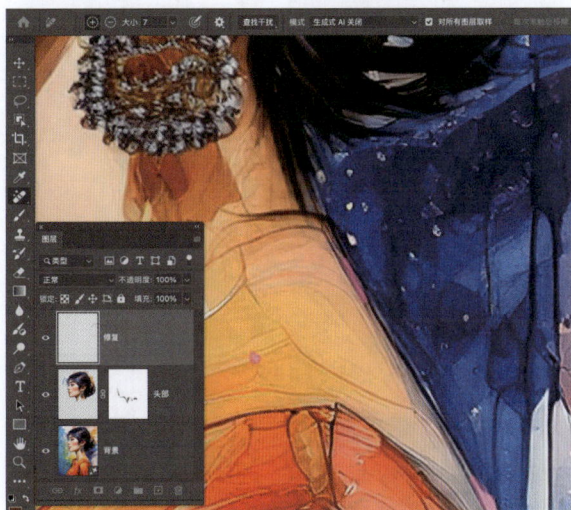

图2-64

图2-65

27 随着修复工作的深入，文件尺寸也可能会在不经意间增加。右击"背景"生成式图层，在弹出的快捷菜单中选择"栅格化图层"选项，如图 2-66 所示。将生成式图层转化为普通图层，如图 2-67 所示。这样就可以缩小文件尺寸，当然也会失去生成式图层的 AI 功能。建议在栅格化图层前，先单独保存生成式图层为 PSD 文件，以便后期调用。

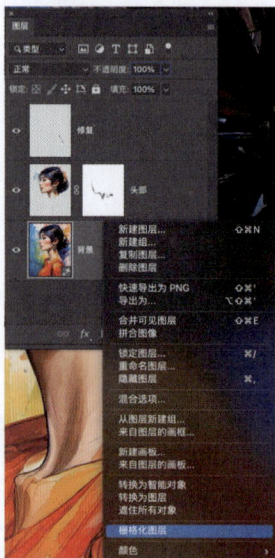
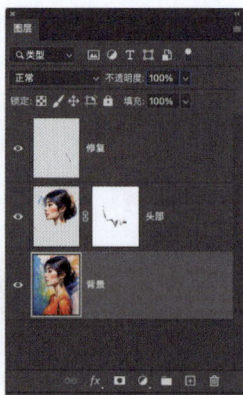

图 2-66　　　　　　　　图 2-67

28 使用"修补工具"和"画笔工具"配合图层蒙版，对人物头发右侧和上方区域进行修复，修复后的结果如图 2-68 所示。

图 2-68

29 放大并平移视图到头顶区域，使用"修补工具"

移除大面积区域的图像时，常常会产生模糊的画面，使头顶区域与整体画面显得不协调。此时，需要借助生成式填充来生成与画面匹配的背景和头发。按 L 键切换到"套索工具"，在头顶区域勾勒出选区，选区的形状应与个人构思的头发形状相匹配，并且要略大一些。创建选区后，单击上下文任务栏中的"生成式填充"按钮，输入提示词"头发"，然后单击"生成"按钮，如图 2-69 所示。

图 2-69

30 等待片刻后，系统会生成 3 幅变化图像，同时也会对背景进行重新生成，使头发与背景更加协调。生成的 3 幅图像如图 2-70~ 图 2-72 所示。根据个人喜好和构思来决定使用哪一幅变化图像。这里选择第一幅变化图像，即图 2-71 所示的图像来进行下一步的处理。

图 2-70

图 2-71

图2-72

31 按快捷键 Ctrl+Shift+N 新建图层，并重命名为"修复头发"。使用"修补工具"移除画面上的杂点，以及一些多余的线条和不合理的内容，如图 2-73 所示。

图2-73

32 按 B 键切换到"画笔工具"，按 Alt 键在附近的头发丝上取样颜色，然后按"【"键缩小画笔大小，将不透明度降低到 40% 左右，按照头发的走势进行绘制，如图 2-74 所示。需要与背景进行融合时，可以随时切换到"修补工具"进行修复。头发区域的修复需要"画笔工具"和"修补工具"相互配合。

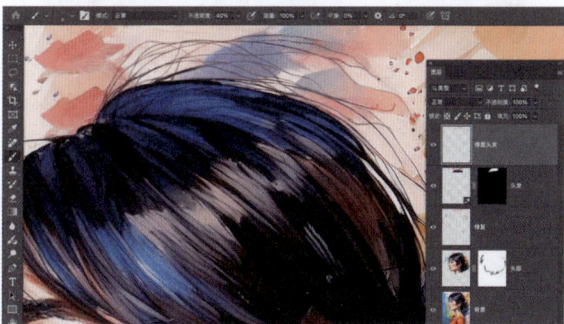

图2-74

33 完成所有修复工作后，如果想要放大并锐化图

片，可以先按快捷键 Ctrl+Alt+Shift+E 合并所有可见图层，然后执行"滤镜"→ Neural Filters（神经滤镜）命令，使用"神经网络"滤镜中的"超级缩放"功能进行放大和锐化操作，相关设置如图 2-75 所示。需单击缩放图像旁边的放大镜图标才能放大图片。

图2-75

34 对比修复前后的效果差异。图 2-76 所示为原图，图 2-77 所示为压缩脖子、修复以及放大锐化画面后的效果。

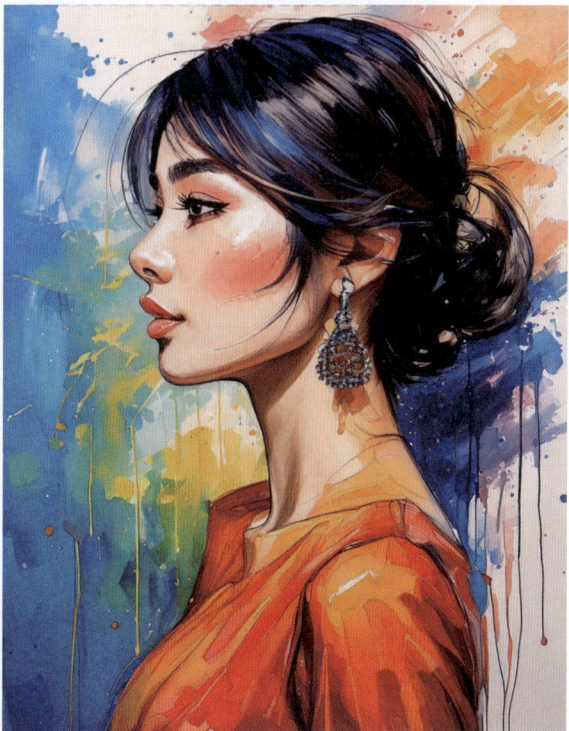

图2-76

图2-77

2.3.1　内容识别缩放

在最开始处理缩短脖子的步骤时，还可以执行"编辑"→"内容识别缩放"命令，来压缩脖子的长度。首先，使用"矩形选框工具"，并按住 Shift 键将头部和肩膀以下的区域选中。然后，将此选区保存到通道中，如图 2-78 所示。接下来，执行"编辑"→"内容识别缩放"命令。在属性栏内，将保护选项设置为之前保存的通道，并单击右侧的人形按钮，以确保人物的形状得到保护。之后，按住 Shift 键在垂直方向上压缩画面，从而缩短人物脖子的长度，如图 2-79 所示。接下来，将使用生成式填充来扩展画面并生成头发，最后使用"修补工具"配合"画笔工具"来修复边缘和瑕疵。

图2-78

图2-79

2.3.2　全新 AI 工作流程

通过前面的讲解，我们可以深刻感受到 Photoshop 在融入 AI 能力后的强大功能。借助生成式填充，我们可以轻松地生成复杂的局部内容，并同时改善画质，比如在生成头发的同时，也能优化背景画面。此外，还可以使用"移除工具""画笔工具"等工具修复细小的瑕疵，修正边缘拉直的线条。根据实际情况，还可以利用调整预设来快速调色。最后，进行放大及锐化处理，使图片更加清晰。

尽管 Photoshop+AI 这套流程非常强大，但 AI 生成的人物图片有时会在面部等区域出现扭曲、变形等问题，导致无法使用。此时，即可借助 Photoshop+AI 流程来修复和校正 AI 生成的缺陷。

图 2-80 所示为 AI 生成的全身模特图片，画面中人物五官不够清晰，整体细节显得比较凌乱，存在很多小瑕疵。修复这些瑕疵的具体操作步骤如下。

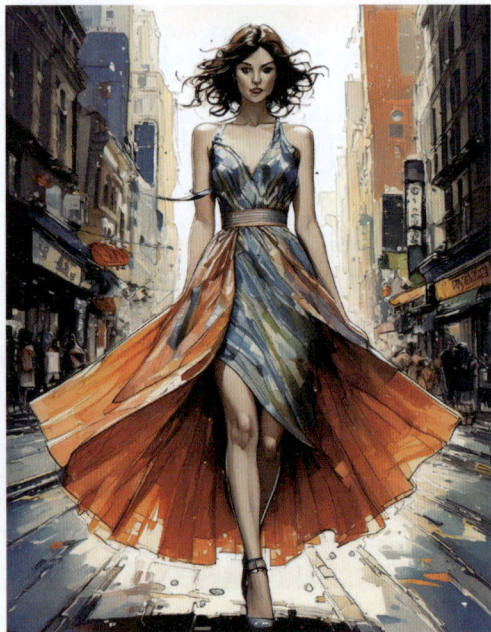

图2-80

01 使用生成式填充分别重新生成眼睛、鼻子、嘴唇和头发，如图 2-81 所示。

图2-81

02 借助"移除工具"和"画笔工具"来修复瑕疵，如图 2-82 所示。

图2-82

03 在"调整"面板上，使用调整预设进行快速调色，如图 2-83 所示。只需单击"调整"面板中的调整预设缩略图，即可完成调色处理。

图2-83

04 执行"滤镜"→ Neural Filters（神经滤镜）→"超级缩放"命令，对画面进行放大和锐化处理。可以根据需要添加调整预设。如图 2-84 所示，使用了"电影的 - 分离色调"调整预设；如图 2-85 所示，使用了"人像 - 忧郁蓝"调整预设；如图 2-86 所示，使用了"创意 - 凸显色彩"调整预设。

图2-84

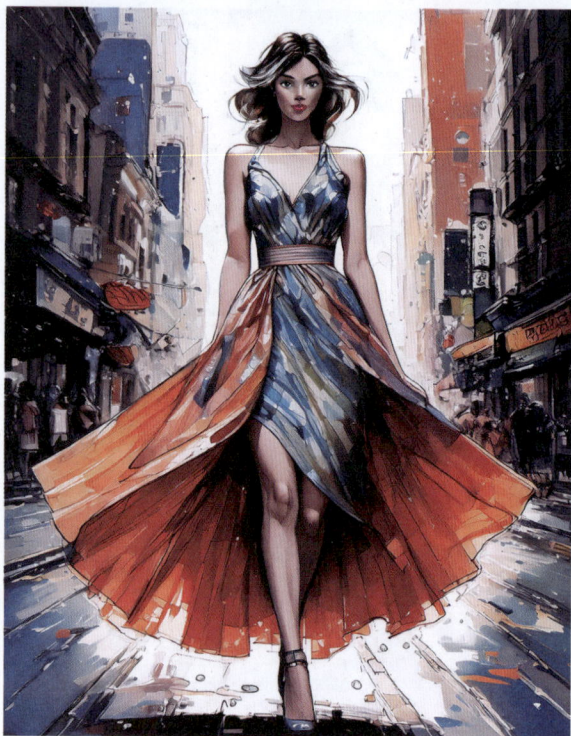

图2-85

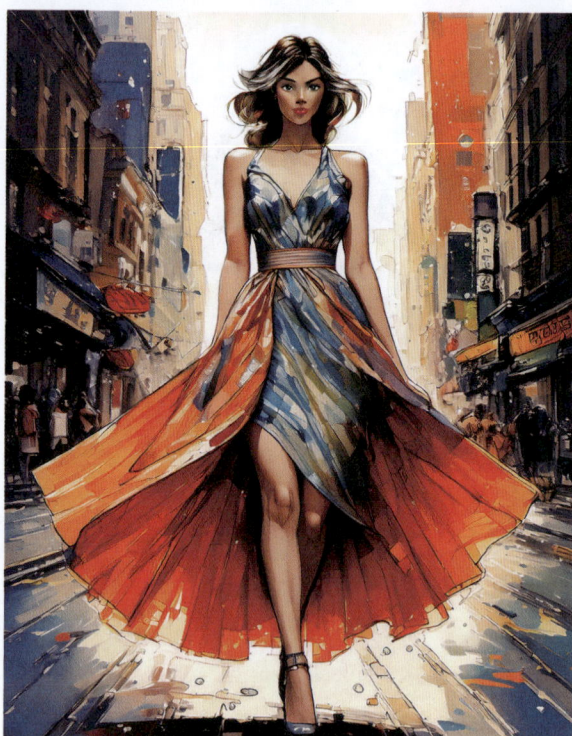

图2-86

　　AI 生成技术虽然强大，但常常会出现一些莫名其妙且奇奇怪怪的问题，尤其在人像生成方面。五官的扭曲和不准确，以及身体结构边缘线条的不连续，都是常见的问题。有时我们不禁会想，也许 AI 就像人脑一样，在处理过于复杂的任务时，会显得力不从心，于是在某些环节上"偷懒"，生成的作品远看还算不错，但放大仔细一看，就会发现很多细节上的瑕疵。这就要求我们充分发挥 Photoshop 强大的后期处理能力，去校正这些缺陷。

　　因此，AI 生成技术能否成功应用到实际工作中，Photoshop 的处理能力起着至关重要的作用。

2.4　产品效果图：高跟鞋

　　无论是在电商、社交媒体、网络平台，还是传统的公关、设计公司，都经常需要在很短的时间内，围绕产品根据不同主题来更新产品图片，有时甚至需要达到每日更新的频率。这时，AI 技术就能很好地助力设计师，提高制作效率。下面就以高跟鞋为例，来制作一组产品效果图。本例的制作流程和工具组合为：使用生成式 AI 进行初步创作，然后结合"移除工具""画笔工具"进行细节调整，再通过匹配颜色功能优化色彩，最后运用调整预设进行整体调色和效果提升。具体的操作步骤如下。

01　首先制作参考构图。打开产品彩色图片（2-4 高跟鞋 .jpg），如图 2-87 所示。在 Photoshop 中，使用"裁切工具"按照 3:4 的比例调整画面。这一步很重要，要确保参考图的比例与 AI 生成的比例保持一致。注：目前，Firefly 与 Photoshop 中的生成式 AI 支持的比例有 4 种，分别是 4:3、3:4、1:1 和 16:9。

图2-87

02 使用"对象选择工具"快速选中高跟鞋，然后按快捷键 Ctrl+J 将选中的高跟鞋复制到新图层。接着，添加"黑白"调整图层（也可以直接按快捷键 Ctrl+Shift+U 去色），将产品转为黑白效果，如图 2-88 所示。转为黑白图后，关闭背景图层的显示或直接删除背景图层。最后，按快捷键 Ctrl+Alt+S 将黑白图另存为 JPG 文件，文件名为 "2-4 高跟鞋 - 构图参考黑白 .jpg"。

图2-88

03 按快捷键 Ctrl+Alt+Shift+G，弹出 Generative Workspace（生成式工作区）对话框。输入英文提示词：painting of geometric minimalism in the style of organic stone forms; muted tones, woodblock prints, painterly lines, shibori, warm tones, natural fibers, monumental scale, low detail。提示词的大致内容是：一幅以天然石头形态构成的几何极简主义绘画，后面是对色彩和色调的详细描述。这种写法借鉴了其他 AI 平台的详细描述方法。画面比例设置为 Portrait（3:4），Reference Composition（构图参考）使用前面保存的高跟鞋黑白图，并将强度设置为 50%；添加 Effect（效果）：bokeh（散景）、hyper_realistic（超现实主义）、cinematic（电影风格）。单击 Generate（生成）按钮，生成的其中一张图片如图 2-89 所示。

04 将提示词中的 stone 修改为 flower，即将材质从石头更改为花朵。再次生成后，得到的是由花朵

组成的高跟鞋画面，如图 2-90 所示。

图2-89

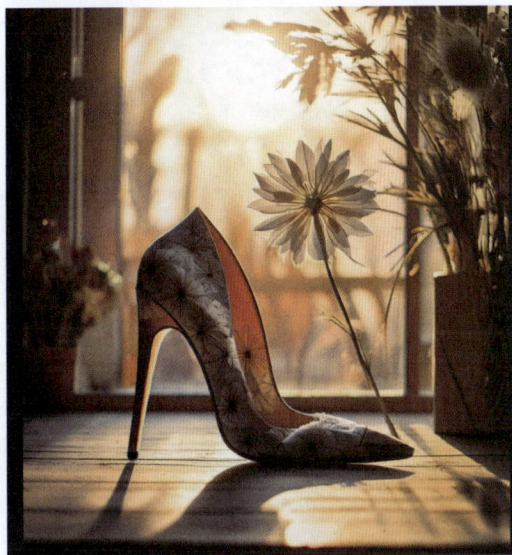

图2-90

05 将提示词翻译成中文："一款高跟鞋，采用有机石材质；柔和的色调、木刻版画风格、绘画线条、染色效果、暖色调、天然纤维质感、宏大规模、低细节风格，绘制成几何极简主义风格。"与英文提示词略微不同的是，将提示词主体改为"一款高跟鞋"，而不是一幅画作，这样更加聚焦于产品。将参考构图的强度值降低到 25%。再次生成后，得到更加写实的产品图像，如图 2-91 所示。

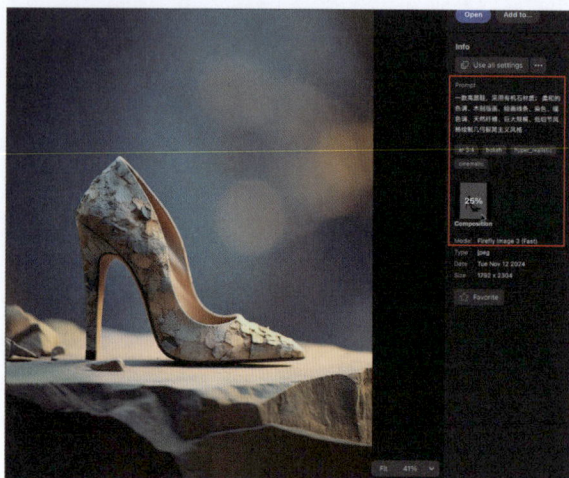

图2-91

06 更改提示词为："一只高跟鞋，采用老虎皮毛材质，置于丛林中；以柔和色调、木刻版画风格、绘画线条、染色效果、暖色调、天然纤维质感、低细节风格，绘制成几何极简主义绘画。"在提示词中添加了"置于丛林中"的背景描述，同时关闭了 fast mode（快速模式），再次生成后得到了高画质的老虎纹理高跟鞋置于丛林中的画面。在右侧 Model 的提示为 Firefly Image 3，且没有 Fast 的提示。画面效果和设置如图 2-92 所示。

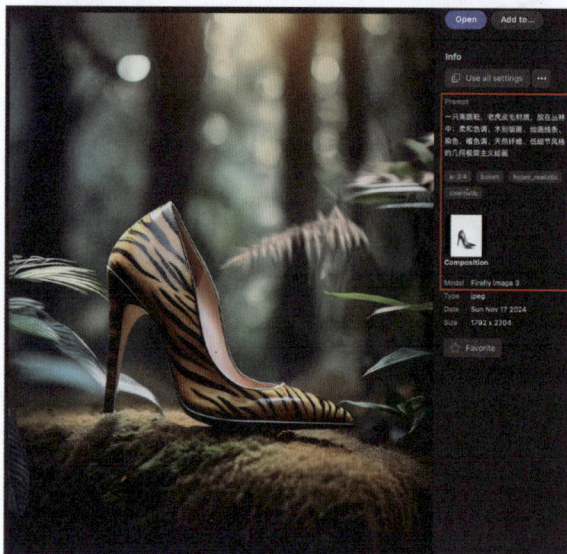

图2-92

07 将提示词简化，改为："用报纸做成的折纸高跟鞋，置于下雨的夜晚都市街道上，迷人的灯光。"调整 Effect（效果）为 layered_paper（分层纸）和 newspaper_collage（报纸拼贴画）。参

考构图的强度设置为 75%。再次生成后，得到了具有折纸效果的高跟鞋画面，如图 2-93 所示。

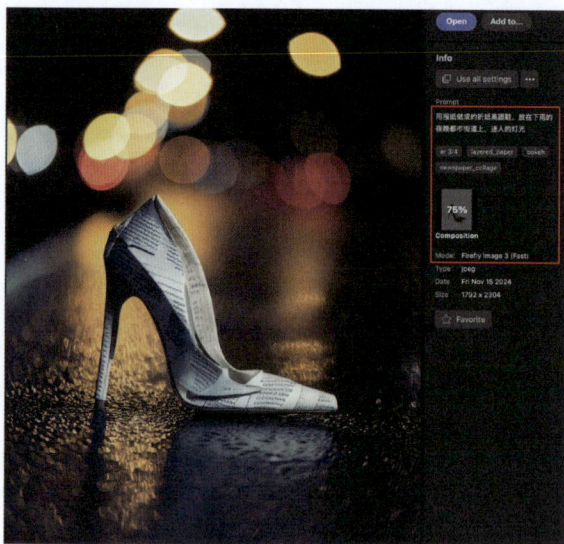

图2-93

08 提示词改为："一只用琉璃玻璃制成的高跟鞋，放在下雨的夜晚都市街道上，迷人的灯光，柔和的色调、绘画线条、染色、暖色调，几何极简主义风格。" Effect（效果）调整为：Photo（照片）和 hyper_realistic（超现实主义）。参考构图的强度设置为 25%，以让提示词发挥更大作用。再次生成后，得到了琉璃玻璃制成的高跟鞋画面，如图 2-94 所示。画面上的瑕疵，后续需要使用 Photoshop 修复。此处先体会整体材质上的改变。

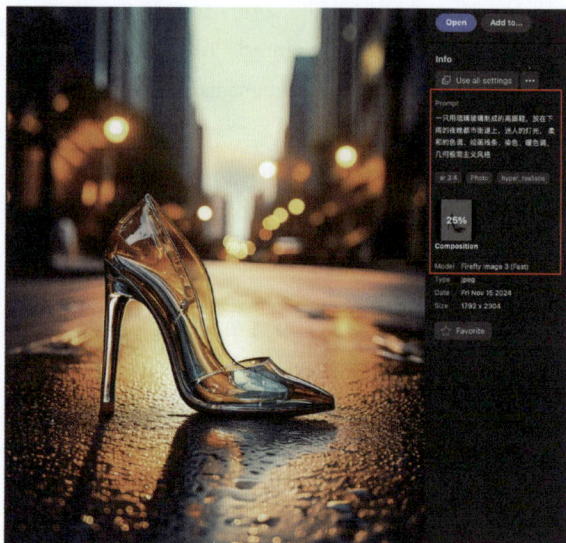

图2-94

09 更改提示词为："一款高跟鞋，采用豹纹纹理制成；以柔和的色调、绘画线条、染色技巧、暖色调，以及低细节风格，绘制成几何极简主义风格。"通过修改 Effect（效果）来生成不同的画面风格内容。首先，设置 Effect（效果）为 bokeh（散景）、hyper_realistic（超现实主义）、cinematic（电影风格），以此模拟真实的照片效果。生成后的画面如图 2-95 所示。

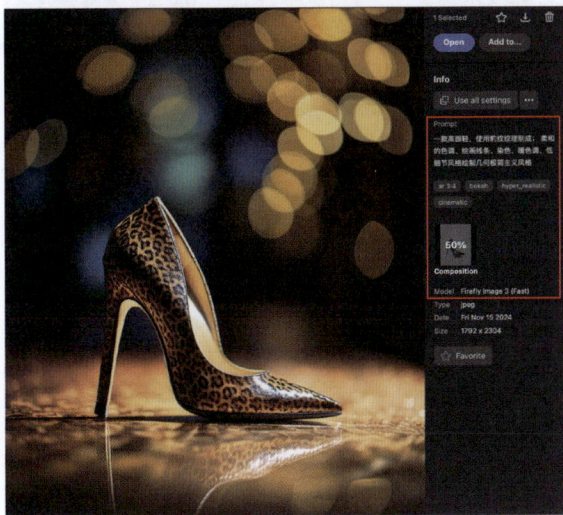

图2-95

10 更改 Effect（效果）为 flat_design（平面设计）、minimalism（极简主义）、line_drawing（线条画）、low_poly（低多边形）、product_photo（产品照片），其余设置保持不变。再次生成后，得到了手绘风格的平面产品图像，如图 2-96 所示。

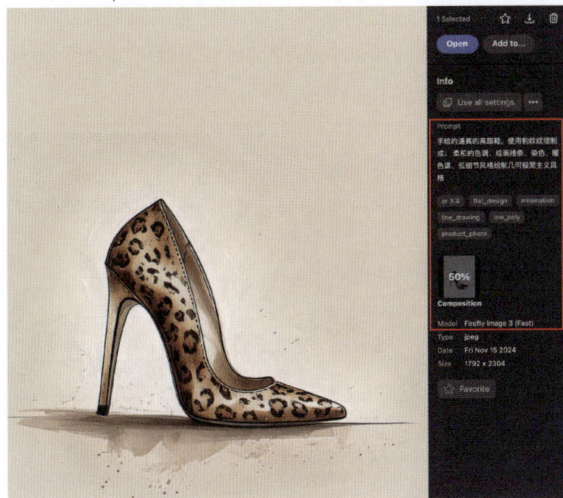

图2-96

11 更改提示词为："一只用琉璃玻璃制成的高跟鞋，放在下雨的夜晚都市街道上，迷人的灯光，柔和的色调、绘画线条、染色、暖色调，几何极简主义风格。"在提示词中添加了"不拘一格的画风"。同时，更改 Effect（效果）为 eclectic、doodle_drawing（涂鸦画）、splattering（飞溅）、sketch（素描）、line_drawing（线条画）。使用这些效果设置，旨在让 AI 生成风格更加奔放、自由的手绘效果。生成效果和设置如图 2-97 所示。

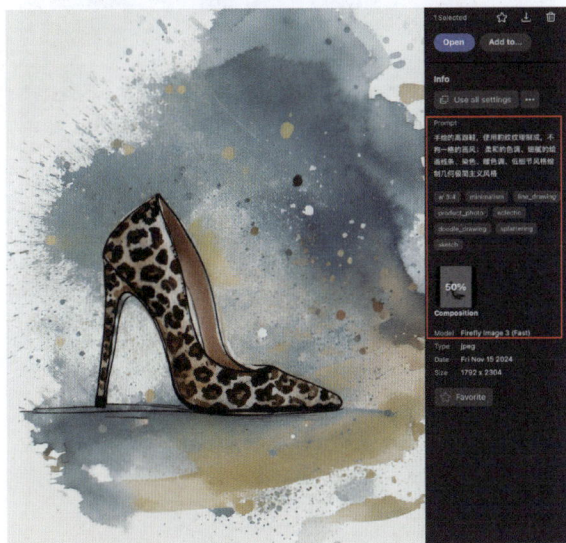

图2-97

12 在下方设置对话框内，将 Fast mode（快速模式）关闭，以生成高质量画面，如图 2-98 所示。生成后的画面，如图 2-99 所示，画面质量得到了一定提升，但同时出现的瑕疵也增多了，包括背景的光晕形状、高跟鞋的线条和结构等。目前，Firefly 和 Photoshop 等生成式 AI 在生成高质量照片效果时还是会出现比较多的问题。

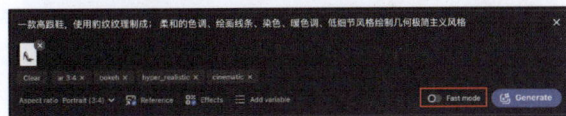

图2-98

13 使用步骤 02 的设置，生成石头材质的版画效果，并关闭 Fast mode（快速模式）。再次生成后，得到了细腻的画面，如图 2-100 所示。因此，在生成手绘、特效等内容时，选择高质量生成会明显改善画质。

图2-99

图2-100

14 在生成式工作区中，生成了多幅不同效果的图像后，可以一次性快速导入生成式图层中。单击右上角的 Timeline View 按钮，选中想要导出的图像，单击 Add to 按钮，如图 2-101 所示。

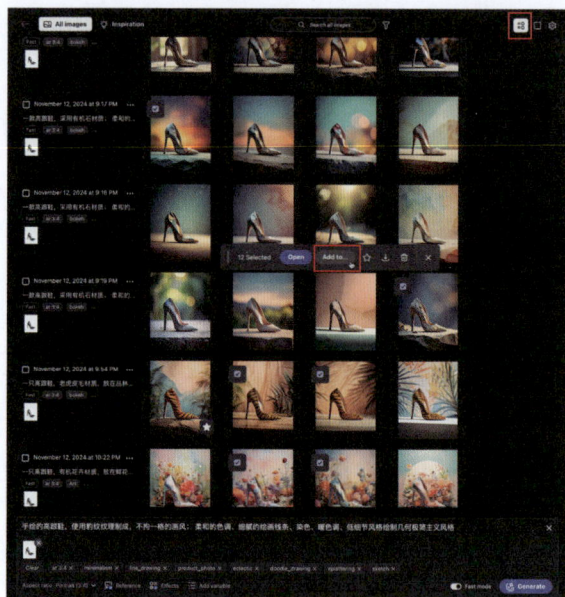

图2-101

15 在弹出的 Add images 对话框中，设置 To 为 New Document（导出到新文件中），As 为 Variations in layers（以多个变化内容的方式放置在图层中），如图 2-102 所示。

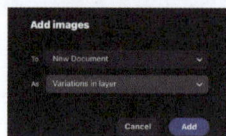

图2-102

16 导出后，会退出生成式工作区对话框，返回 Photoshop。在新文件中，所有选中的生成图像都被放置到一个生成式图层中。调出"属性"面板，可以通过切换缩略图来查看不同图像。每个变化图像的提示词和设置都保存在"属性"面板中，如图 2-103 所示。

图2-103

17 按快捷键 Ctrl+J 复制生成式图层，然后右击，在弹出的快捷菜单中选择"转换为图层"选项，将新复制的生成式图层转化为普通图层组，如图 2-104 所示。展开图层组，显示所有图层，同时隐藏最下方生成式图层，接着执行"文件"→"导出"→"将图层导出到文件"命令，如图 2-105 所示。

图2-104

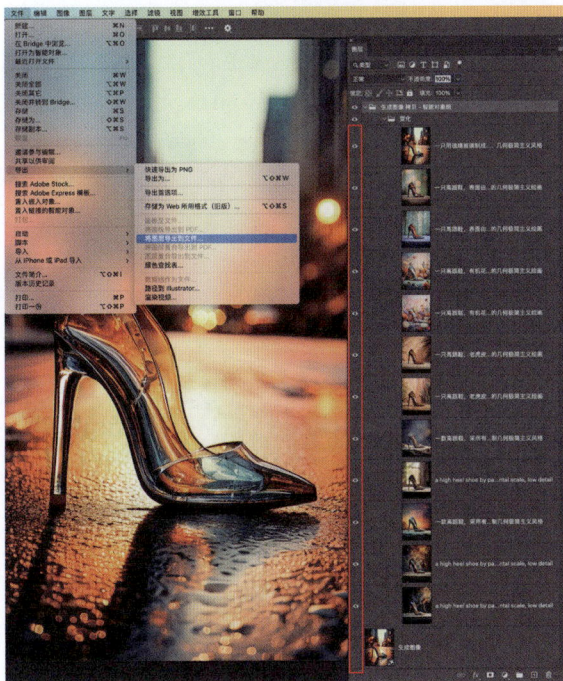

图2-105

18 在弹出的"将图层导出到文件"对话框中，设置导出"目标"文件夹的位置，手动输入文件名前缀，选中"仅限可见图层"复选框，将"文件类型"设置为 JPEG，"品质"设置为 12（最高）。设置完成后，单击"运行"按钮，如图 2-106 所示。

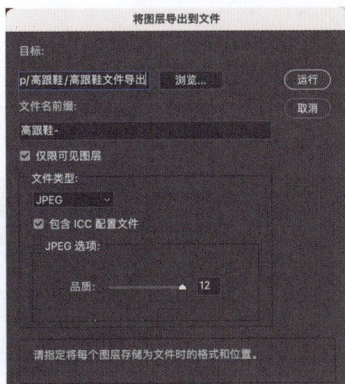

图2-106

19 等运行完成后，可以在指定的文件夹内找到一次性导出的 JPEG 文件，如图 2-107 所示。这样非常方便我们大批量将生成图像导出为图片。

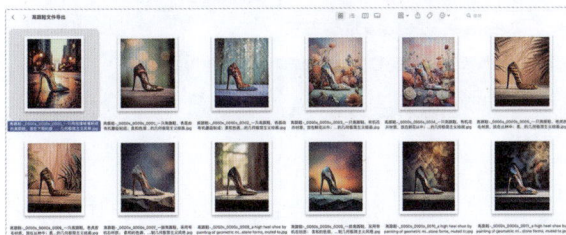

图2-107

20 在 Photoshop 中组合两个生成图像来合成画面。使用图 2-108 所示的方法生成图像（或打开"2-4 高跟鞋原图 01.jpg"文件）。利用其整体结构，包括下方的岩石和高跟鞋。我们需要让背景更加绚丽，色彩更加浓郁。

图2-108

21 使用图 2-109 所示的图像（或打开"2-4 高跟

鞋原图 02.jpg"文件)来合成背景。按快捷键
Ctrl+J 复制生成式图层,在"属性"面板中切
换到想要的背景画面,然后将图层重新命名为
"背景"。

图2-109

22 在"背景"图层上右击,在弹出的快捷菜单中
选择"栅格化图层"选项,将生成式图层转化
为普通图层,以减小文件大小。然后按快捷键
Ctrl+Shift+N 新建图层,并重命名为"修复"。
按 J 键使用"移除工具",将模式设置为"生成
式 AI 关闭",选中"对所有图层取样"选项,
在画面中涂抹高跟鞋及其投影区域,如图 2-110
所示。

图2-110

23 按 Enter 键执行移除操作后,画面效果如图 2-111
所示。左下角又新生成了一些图像,但不影响下
一步的合成,因此无须处理。

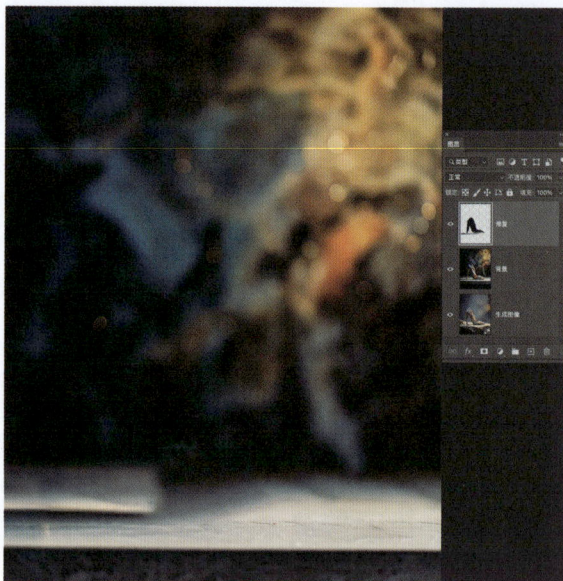

图2-111

24 按住 Ctrl 键,同时选中"修复"和"背景"两
个图层,右击,在弹出的快捷菜单中选择"转化
为智能对象"选项。然后,将"修复"智能对象
的图层混合模式更改为"叠加"。完成后的"图
层"面板及画面效果如图 2-112 所示。

图2-112

25 在"图层"面板中,为"修复"智能对象添加图
层蒙版。保持图层蒙版的选中状态,按 G 键切换
到"渐变工具",在上方工具属性栏中设置渐变
类型为"黑色到透明",选择"径向"渐变。在
画面中绘制一个从中心向外的圆形渐变,以屏蔽
高跟鞋区域的图像,从而显示下方图层中高跟鞋
的画面。参数设置和画面效果如图 2-113 所示。

图2-113

26 保持图层蒙版的选中状态。按 B 键切换到"画笔工具"，按数字键 2 将"不透明度"设置为20%，按】键放大画笔大小。在画面左上角区域进行绘制，以屏蔽一些图像，从而显示更多下方图层的图像，如图 2-114 所示。

图2-114

27 按数字键 1 将画笔的不透明度设置为 10%，按【键缩小画笔，在画面下方进行绘制，以显示出更多岩石的细节。在绘制过程中，随时按 X 键切换前景色为黑色或白色，来屏蔽或恢复当前图层的图像，如图 2-115 所示。

28 继续保持图层蒙版的选中状态。按数字键 4 将不透明度提高到 40%。缩小画笔大小，使用黑色在鞋跟处进行绘制，以屏蔽掉"修复"图层的影

响，从而显示更多产品细节，如图 2-116 所示。

图2-115

图2-116

29 绘制完成后的效果如图 2-117 所示，展现出了高跟鞋的产品细节，并且调整了整体的色调。不过，还有两个问题需要处理：一个是画面右侧的黄红色光斑过于凌乱，需要进行虚化处理；另一个是高跟鞋下方的岩石平面过于明亮，丢失了岩石的细节。接下来，逐一进行修复处理。

30 选中"修复"智能对象，执行"滤镜"→"模糊画廊"→"光圈模糊"命令，如图 2-118 所示。

图2-117

图2-118

31 在"光圈模糊"对话框中，设置"模糊"值为 75 像素，并在画面中调整光圈的位置，以高跟鞋为中心，逐渐向四周产生渐变模糊效果。参数设置及画面效果如图 2-119 所示。

图2-119

32 接下来，恢复岩石细节，降低岩石的高光。选中最下面的"生成图像"图层，按快捷键 Ctrl+J 复制该图层，右击，在弹出的快捷菜单中选择"栅格化图层"选项，将生成式图层转换为普通图层。这一步操作是必要的，因为接下来要执行的菜单命令只能应用在普通图层上。然后，隐藏"修复"图层，保持"生成图层 拷贝"图层的选中状态，执行"图像"→"调整"→"匹配颜色"命令，如图 2-120 所示。

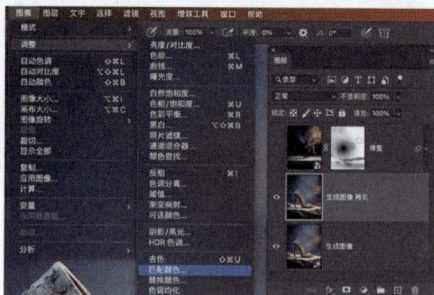

图2-120

33 在"匹配颜色"对话框中，将"源"设置为当前正在处理的文件名（当前案例的文件名为：高跟鞋 - 后期 .psd），"图层"设置为"修复"，即匹配"修复"图层的色调。根据预览画面，调整明亮度和颜色强度参数，使两个图层的色调趋于一致。参数设置和画面效果如图 2-121 所示。

图2-121

34 调整完成后，单击"确定"按钮并关闭对话框。将图层名改为"匹配颜色"，然后添加蒙版。使用"画笔工具"，只保留高跟鞋下方的岩石表面区域，如图 2-122 所示。

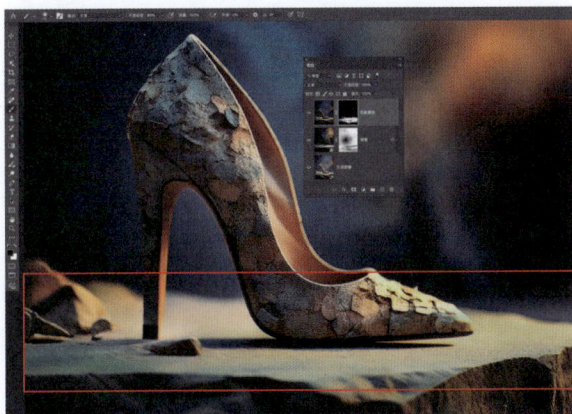

图2-122

35 按快捷键 Ctrl+Shift+N 创建新图层，并重命名为
"边缘"。按 J 键切换到"移除工具"，关闭生
成式 AI 功能，按【键缩小画笔大小。准备修复
选区内的瑕疵，如图 2-123 所示。移除修复后的
效果如图 2-124 所示。

图2-123

图2-124

36 按快捷键 Ctrl+Alt+Shift+E 将所有可见图层合并
到新图层中，右击，在弹出的快捷菜单中选择
"转换为智能对象"选项，如图 2-125 所示。

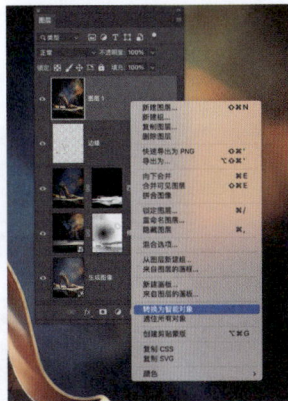

图2-125

37 保持"图层 1"的选中状态，执行"滤镜"→"模
糊"→"高斯模糊"命令，如图 2-126 所示。

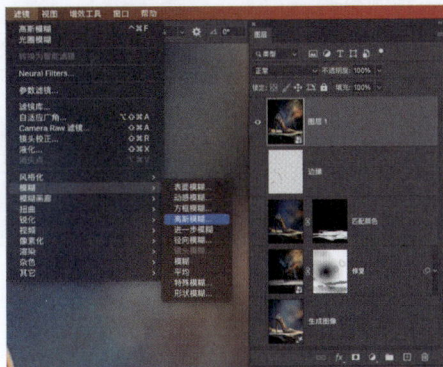

图2-126

38 在"高斯模糊"对话框中，将模糊"半径"设置
为 8 像素，如图 2-127 所示。

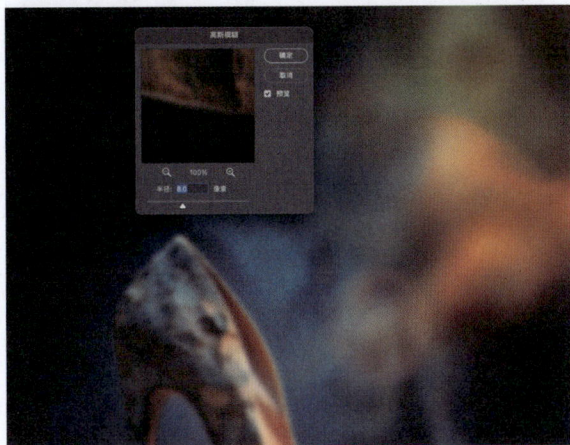

图2-127

39 设置完成后，单击"确定"按钮关闭对话框。在"图层"面板中，双击智能滤镜下的"编辑滤镜混合选项"按钮，在弹出的"混合选项"对话框中，设置"模式"为"柔光"，"不透明度"为 50%。整个画面产生柔和细腻的效果，如图 2-128 所示。

图2-128

40 在"图层"面板中，选中智能滤镜的蒙版，然后使用"画笔工具"对画面进行细微调整，使画面细节更加逼真，如图 2-129 所示。

图2-129

41 打开"调整"面板，单击添加"人像 - 较暗"和"人像 - 阳光"两个调整预设，对画面进行快速调色，如图 2-130 所示。

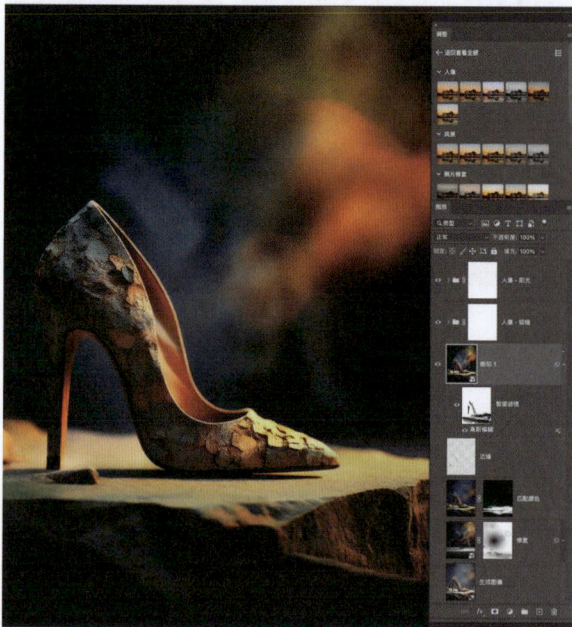

图2-130

42 根据实际需求，可以添加相关文案。后期处理后的合成最终效果如图 2-131 所示。

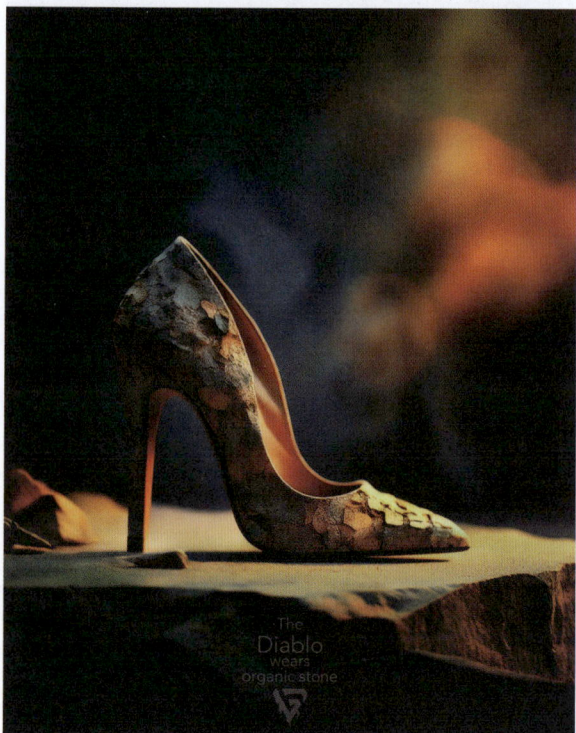

图2-131

43 在 Photoshop 中使用"画笔工具"绘制摆放高跟鞋的个性化舞台。绘制过程中，设定不同的不透明度来区分不同区域。使用生成式 AI 时，可配合提示词来生成这些不同区域的图像。绘制的效果如图 2-132 所示，非常简单的线条即可（参见"2-4 高跟鞋 - 个性化构图 .jpg"）。

图 2-133

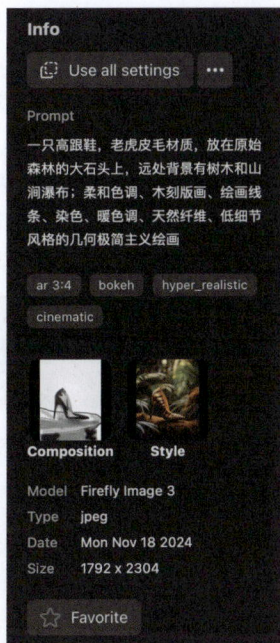

图 2-132

44 在生成式工作区内，输入提示词："一只高跟鞋，老虎皮毛材质，放在原始森林的大石头上，远处背景有树木和山涧瀑布；采用柔和色调、木刻版画风格、绘画线条、染色效果、暖色调、天然纤维质感，以及低细节风格的几何极简主义绘画手法。"描述中，高跟鞋下方是大石头，远处背景是树木和山涧瀑布。使用刚刚创建的黑白简笔画作为参考构图，以前面生成的虎纹高跟鞋为样式参考，将两个相关的强度值都调至最大。同时，应用 bokeh 散景、hyper_realistic 超现实主义、cinematic 电影效果。提示词和效果等设置如图 2-133 所示。

45 关闭 Fast mode，单击 Generate（生成）按钮。生成的图像如图 2-134 所示，按照绘制的线条生成了大石头及瀑布流下的画面。

图 2-134

46 使用不同提示词："手绘的逼真的高跟鞋，采用豹纹纹理制成，置于悬崖峭壁的岩石上，远处背景是雪山；采用柔和的色调、绘画线条、染色技巧、暖色调，以及低细节风格绘制几何极简主义风格。"配合相应的效果设置，参考构图使用前面绘制的黑白简笔画，样式参考设定为一个色彩鲜艳的样式，两者的强度值都设为最大。关闭 Fast mode，单击 Generate（生成）按钮。提示词和参数设置如图 2-135 所示。生成的内容如图 2-136 所示。岩石的形状采用了简笔画中的线条形状，成功生成了自定义个性化的岩石。

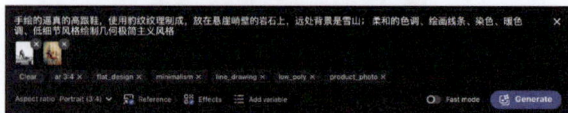

图2-135

图2-136

47 继续使用同样的黑白简笔画作为参考构图，更改提示词为："用报纸做成的折纸高跟鞋，放在橱窗木制展台上，窗外下着雨，迷人的街道灯光。"效果和其他设置如图 2-137 所示。生成的图像如图 2-138 所示。

图2-137

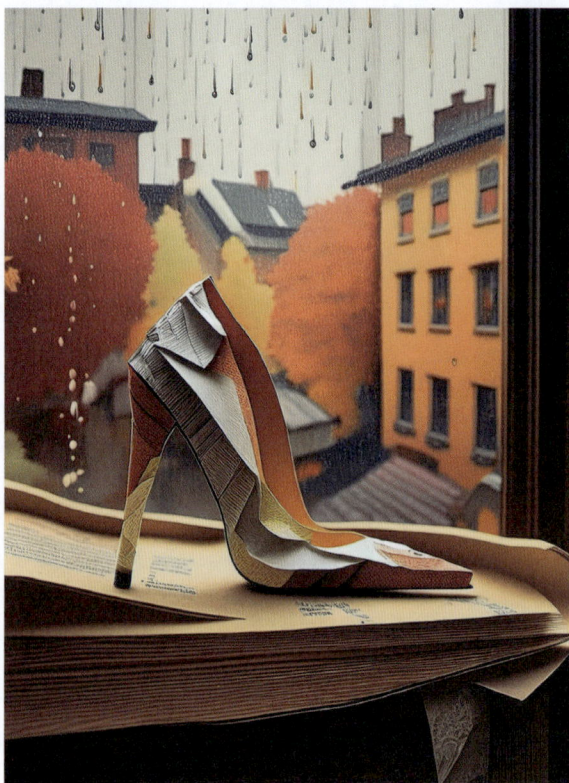

图2-138

　　在本节中，我们利用生成式工作区迅速产出了一批不同材质和风格的高跟鞋产品图片，并进行了批量导出。然而，仔细观察这些生成的图片后，我们发现几乎每一张都需要进行修复和调整。此外，我们还通过"画笔工具"绘制了简单的线条图作为参考构图，再结合提示词和各种效果设置，从而创造出自定义的舞台场景。这种方法在产品效果图制作中非常实用，能够帮助我们建立起个性化的工作室或舞台。

　　本节选择了两张图片进行合成演示，详细讲解如何利用"移除工具"修正 AI 生成的瑕疵，并结合"画笔工具"和蒙版来精细化图像细节。在这个过程中，也采用了一些经典的处理技术。最后，我们想要强调的是，在关注生成式 AI 技术发展的同时，不断提升个人的 Photoshop 技能也至关重要。

2.5　手绘动漫合照

　　借助 AI 技术，我们能够生成独具风格的动漫作品，并通过 Photoshop 的精细处理，进一步完善作品的细节，从而模拟出带有鲜明特色的手绘动漫效果。在本节的案例中，将展示如何将一张兄弟俩的背影合照转化为手绘风格的动漫作品。在转化过程中，会特别注意球衣背面的细节呈现，如球衣号码、球员名字等，同时还会着重突出人物的形体姿态。最终，将利用 AI 技术模拟生成一幅栩栩如生的手绘动漫合照。图 2-139 展示了本例使用的原始照片（2-5 合照 - 原图 .jpg），而图 2-140 则呈现了最终合成后的精彩作品。具体的操作步骤如下。

图2-139

01 按快捷键 Ctrl+Alt+Shift+G，弹出"Generative Workspace 生成式工作区"对话框，输入提示词：two brothers wearing yellow soccer T-shirts; Studio Ghibli, action-packed cartoons, colorful moebius, bold manga lines。其中，Studio Ghibli 指的是吉卜力动画工作室，该工作室创作过很多著名的动画大片，风格独特，我们希望借助 AI 技术来模拟其绘画风格。如图 2-140 所示，将兄弟俩的背影合照原照片（2-5 合照 - 原图 .jpg）作为参考构图，并设置 Effect 效果为 comic_book（动漫书）、cartoon（卡通）、sketch（素描）、watercolor（水彩），以突出手绘动漫风格。生成结果如图 2-141 所示。生成的手绘动漫风格效果非常好，但由于原照片未将右侧哥哥的头顶完全拍入，所以生成后哥哥的头顶部分仍然缺失。

图2-141

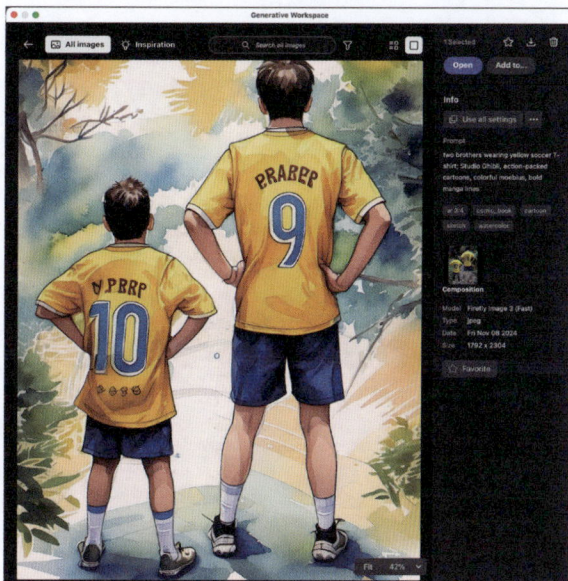

图2-140

02 关闭"生成式工作区"对话框，打开原照片（2-5 合照 - 原图 .jpg），按 C 键使用"裁切工具"，在上方属性栏处设定比例为 3:4，放大画面。并在上方属性栏中将"填充"改为"生成式扩展"，按 Enter 键进行生成式扩展。也可以在上下文任务栏中单击"生成"按钮，相关设置如图 2-142 所示。

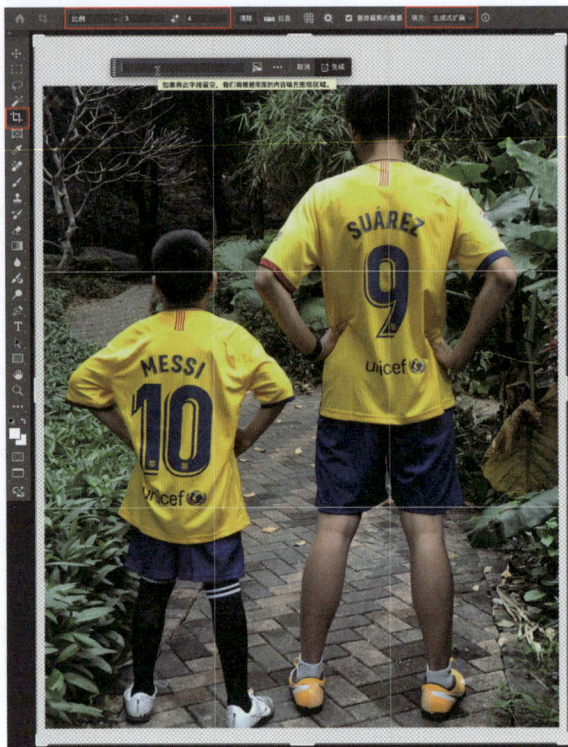

图2-142

03 如果在上方属性栏处保持填充设置为"透明"
（默认）状态，当使用"裁切工具"扩展画布
后，在上下文任务栏中单击"生成式扩展"按
钮，也可以完成生成式扩展，如图 2-143 所示。

图2-143

04 等待片刻，完成了生成式扩展，将人物的头部补
全。在"属性"面板中挑选满意的一幅扩展变化
图像，如图 2-144 所示。按快捷键 Ctrl+Alt+S 另
存为 JPG 图片（参见"2-5 合照 - 扩展 .jpg"）。

05 按快捷键 Ctrl+Alt+Shift+G，再次弹出"生成式
工作区"对话框，保持提示词不变，替换参考构
图为刚保存的进行扩展后的图片。接着添加一些
Effects（效果）来加深色调，如 paint_splattering
（涂料飞溅）和 color_explosion（颜色迸发），
添加 maximalism（极致主义）来丰富画面细节。
再次生成后的画面效果和相关设置如图 2-145
所示。

图2-144

图2-145

06 单击右上角的 Timeline view 按钮，返回时间轴
预览界面，选中满意的生成图像，然后单击 Add
to 按钮，如图 2-146 所示。

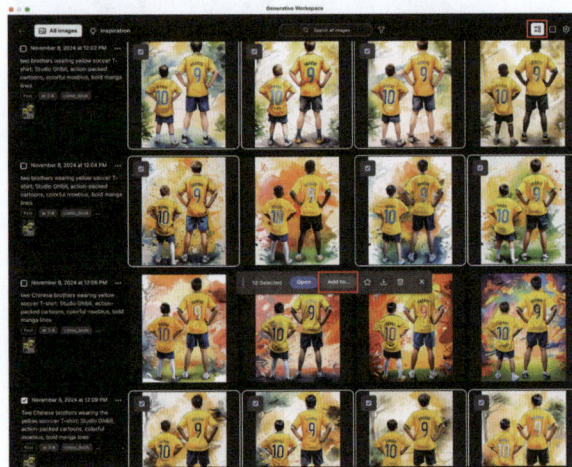

图2-146

07 在 Add images 对话框中，设定 To 为 New Document，As 为 Variations in layer，如图 2-147 所示。将选中的多个变化图像放置在新文件的同一个生成式图层内。

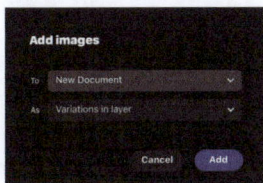

图2-147

08 添加操作完成后，在调出的"生成图像"图层的"属性"面板中挑选头发效果最好的图像（这里挑选第 8 幅图像）。然后按快捷键 Ctrl+J 复制图层，并重命名为"头"，如图 2-148 所示。使用这幅图像中的头部区域来做合成，包括从发型到脖子。

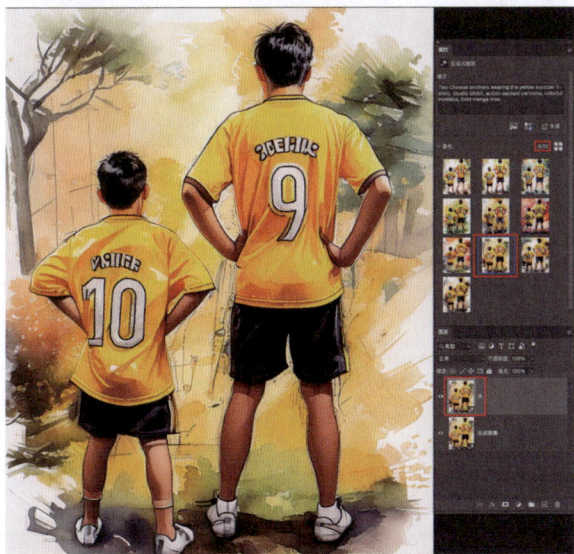

图2-148

09 按快捷键 Ctrl+J 继续复制一个新的生成式图层，并重命名为"身体"。在"属性"面板中挑选第 5 幅图像作为身体和背景部分，如图 2-149 所示。注意要先复制生成式图层，然后在"属性"面板中进行挑选，切换不同图层。

10 将图层"头"和"身体"栅格化为普通图层，以降低文件大小。在"身体"图层上添加图层蒙版，使用"画笔工具"，按 D 键设定前景色为黑色，在头部区域绘制以屏蔽掉黄色头发，露出下方图层"头"的头部区域。右侧 9 号球衣上

方的耳朵区域也进行修复，去除多余的线条和色块。绘制过程中，根据画面的实际情况，可按数字键 4 ~ 8 来调整不透明度，以确保画面的融合效果，绘制的效果如图 2-150 所示。头顶的头发与背景没有融合到一起，暂时不处理，放到后面调整。

图2-149

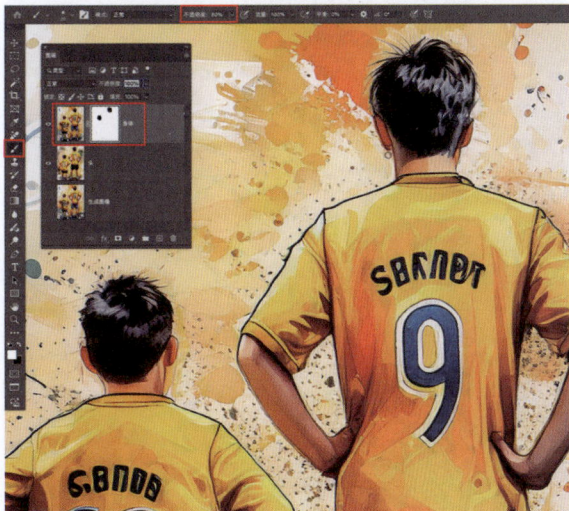

图2-150

11 按快捷键 Ctrl+0 按屏幕大小缩放图像，从整体来看，当前最大的问题在于球衣背面上的文字模糊不清，如图 2-151 所示。在构思中，是要用手绘动漫的风格来留住一段儿时的回忆，即兄弟俩共同喜欢的球队和球星，因此需要在保持球衣上的文字同样风格的前提下使其清晰化。

图2-151

12 切换文件到原照片中，按 W 键切换到"对象选择工具"，选中左边的 10 号球衣，如图 2-152 所示。

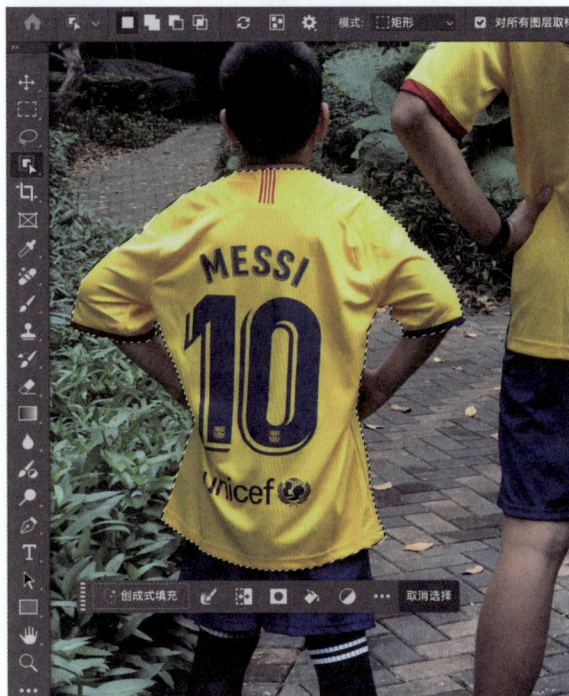

图2-152

13 在"图层"面板中确保选中"背景"图层，保持选区的激活状态，按快捷键 Ctrl+J 复制选中的 10 号球衣到新的图层，并重命名为"10 号"。隐藏其他图层，如图 2-153 所示。

图2-153

14 用同样方法，选中并复制 9 号球衣到新图层，并重命名为"9 号"，如图 2-154 所示。

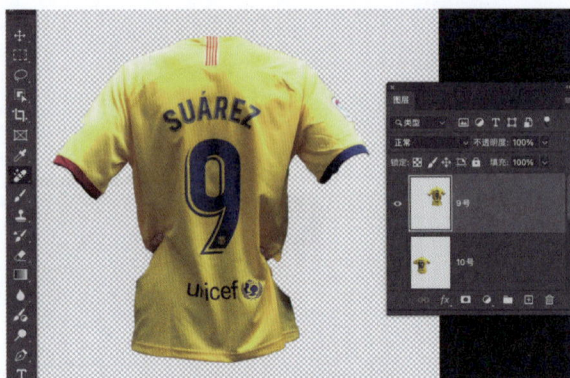

图2-154

15 按快捷键 Ctrl+Shift+N 新建图层，并重命名为"修复"。按 J 键切换到"修补工具"，修补 9 号球衣缺失的部分，如图 2-155 所示。使用"裁切工具"按照 3:4 的比例，分别保存两件球衣为两个 JPG 文件（9 号球衣 .jpg 和 10 号球衣 .jpg）。

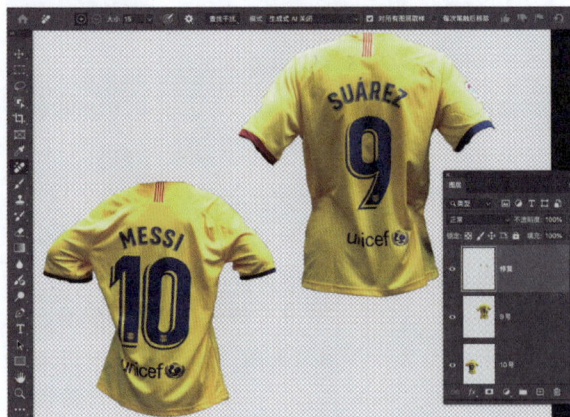

图2-155

16 返回到手绘动漫合成文件中，按 L 键使用"套索工具"全选 10 号球衣，在上下文任务栏中单击"创成式填充"按钮，再单击右侧的"参考图像"按钮，上传"10 号球衣 .jpg"文件，如图2-156 所示，然后单击"生成"按钮。

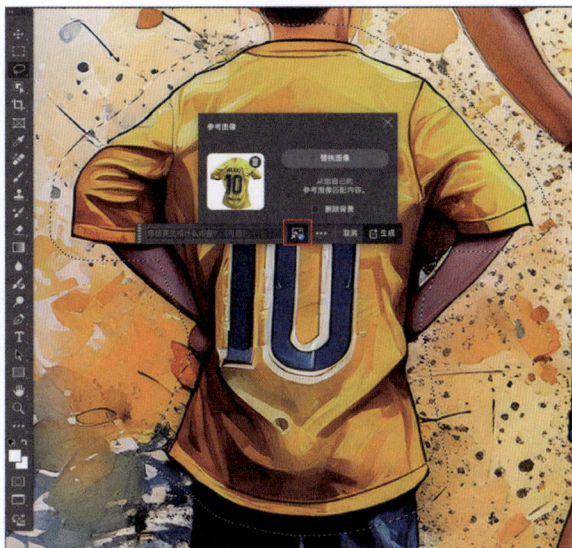

图2-156

17 生成的图像如图 2-157 所示。尽管该图像与背景融合得相当好，但球衣上的文字并不准确，未能正确展示球星的名字。

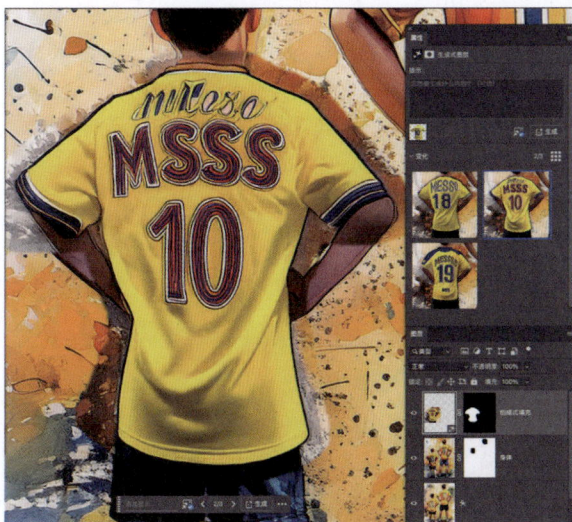

图2-157

18 按快捷键 Ctrl+Alt+Shift+G 进入"生成式工作区"对话框。找到之前生成的图像，在右侧单击 ... 按钮，分别选择 Use prompt 和 Reference style 选项，使用当前的提示词并将生成图像作为样式参考图使用，如图 2-158 所示。

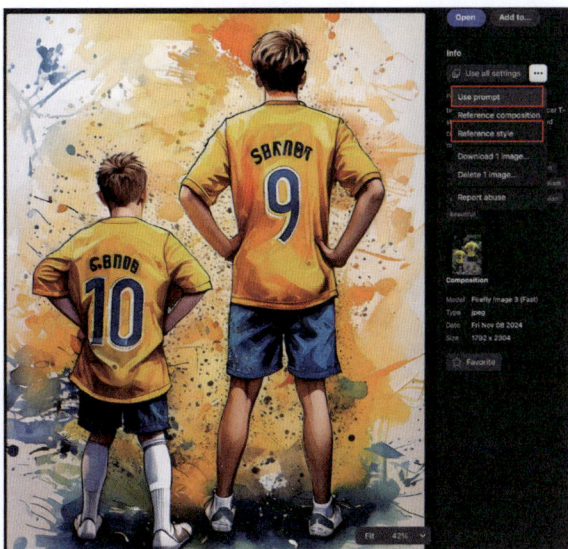

图2-158

19 在下方将参考构图更改为"10 号球衣 .jpg"文件。修改提示词为：wearing the yellow soccer T-shirt；Studio Ghibli, action-packed cartoons, colorful moebius, bold manga lines，如图 2-159 所示。经过生成处理，在得到的图像中，球星的名字显著变得更加清晰。通过进一步的修复，我们有望获得更为细腻的画面质量，如图 2-160 所示。值得一提的是，在"生成式工作区"对话框中，能够灵活运用参考构图和参考样式，这种功能相较于创成式填充更为强大，能有效引导 AI 生成更符合我们需求的图像。

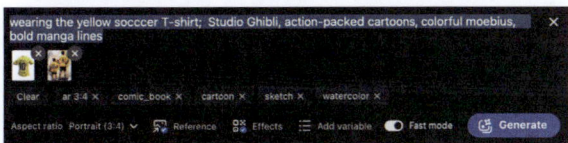

图2-159

图2-160

20 以同样方式重新生成 9 号球衣，如图 2-161 所示。之后，将两件球衣输出到合成文件中。

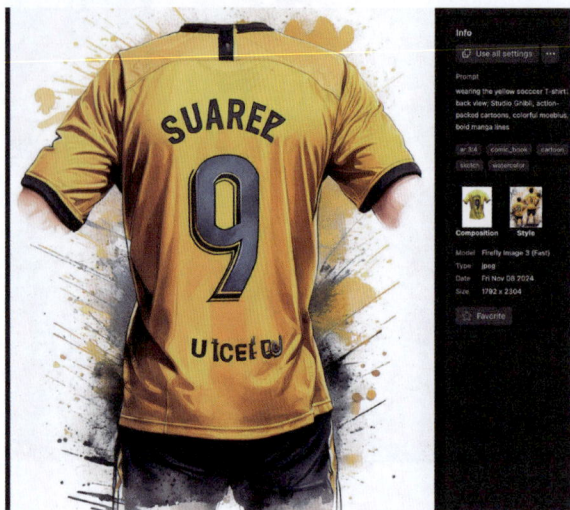

图2-161

21 回到合成文件中，按快捷键 Ctrl+R 显示标尺，按 V 键切换到"移动工具"。接着，将鼠标指针移至水平标尺处，按下鼠标左键并拖曳出水平参考线，将其放置在 10 号球衣衣领的最上方，如图 2-162 所示。

图2-162

22 使用同样的方法，拖曳出水平和垂直的参考线，标定两件球衣的最外侧，以便对位新生成的球衣，如图 2-163 所示。

图2-163

23 显示 10 号球衣所在图层，按快捷键 Ctrl+T 执行"自由变换"命令，根据参考线将新生成的 10 号球衣放置在原球衣的上方。接着，按 W 键切换到"对象选择工具"，框选球衣，如图 2-164 所示。在调整过程中，可按数字键 5 将图层不透明度降到 50%，以显示下方球衣的位置和大小，从而便于进行对位和调整大小的操作。

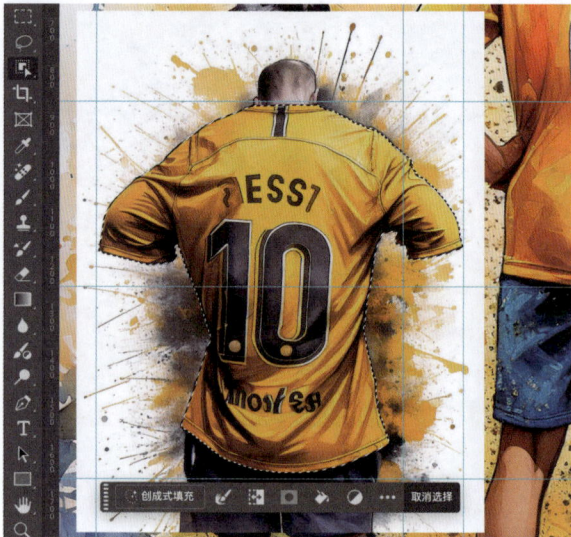

图2-164

24 将"10 号 - 球衣"图层栅格化，并为其添加图层蒙版。接着，按 B 键选择"画笔工具"，设置颜色为黑色，并通过按数字键 8 将不透明度降到 80%。在球衣的边缘区域进行绘制，以屏蔽并融合边缘，效果如图 2-165 所示。在绘制过程中，应根据实际画面情况，随时调整画笔的不透明度，或者按 X 键切换到白色以恢复部分画面。通过不断调整，可以使画面融合得更加自然。

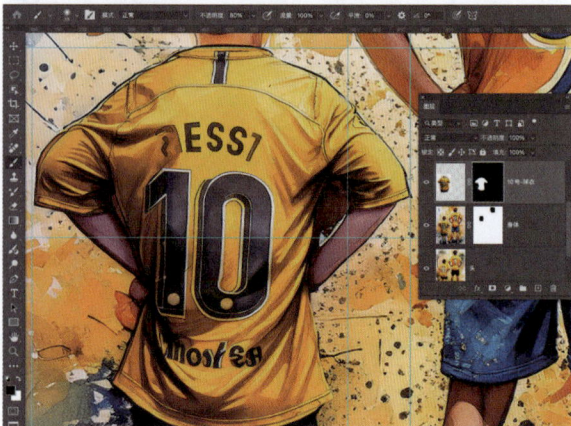

图2-165

㉕ 修复融合边缘，效果如图 2-166 所示。

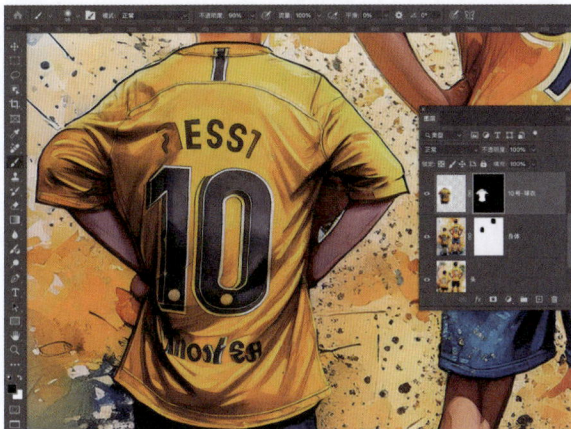

图2-166

㉖ 采用同样的方法，对位放置 9 号球衣，并借助"画笔工具"和图层蒙版来融合边缘。融合后的效果如图 2-167 所示。按快捷键 Ctrl+H 可隐藏或显示参考线。

图2-167

㉗ 按快捷键 Ctrl++ 放大画面，可以看到 9 号球衣在衣领处有空缺的区域。当然，作为手绘作品，可以不用修补，留作人工的痕迹也可以，不过这里还是将其修补。同时，下方最后一个文字 Z 多了一竖，如图 2-168 所示。

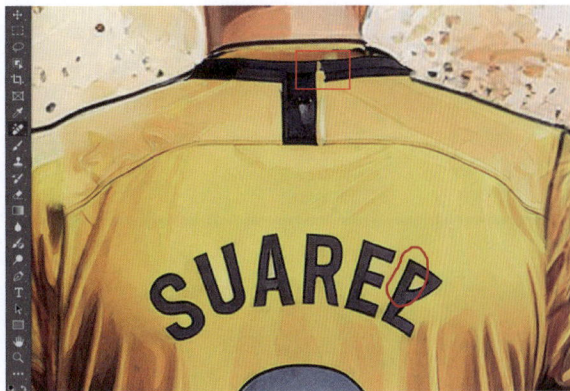

图2-168

㉘ 按快捷键 Ctrl+Shift+N 创建新图层，并重命名为"修复"。按 J 键，使用"移除工具"修补衣领处的空缺，移除 Z 字母上多出的竖线，修补效果如图 2-169 所示。

图2-169

㉙ 继续使用"移除工具"，将两件球衣下方赞助商的名字移除，移除后的整体效果如图 2-170 所示。

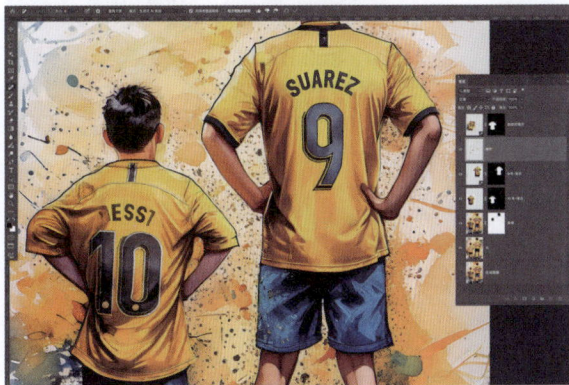

图2-170

30　按 L 键使用"套索工具"，圈选右侧头顶处头发与背景未融合的区域。在上下文任务栏中，单击"创成式填充"按钮，输入提示词"竖起的几根头发"，然后单击"生成"按钮，如图 2-171 所示。

图2-171

31　等待片刻，生成了一组新的头发。再次单击"生成"按钮，一共生成了两组变化图像（会消耗两个生成式积分）。如图 2-172 所示，通过"属性"面板可以看出有些图像质量比较差。挑选第一幅图像，如果需要高画质，可以单击"增强细节"按钮（会消耗一个生成式积分）。

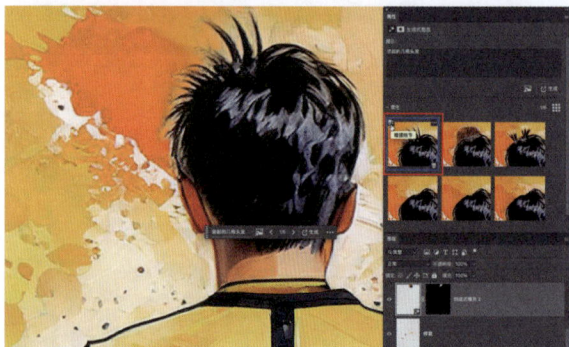

图2-172

32　按快捷键 Ctrl+Shift+N 创建新图层，并重命名为"头发"。按 J 键切换到"移除工具"，设置使用模式为生成式 AI 关闭，按【键缩小画笔大小，去除头发上的白边，如图 2-173 所示。绘制过程中要注意放大视图，随时调整画笔大小，在头发外边的白色区域绘制。

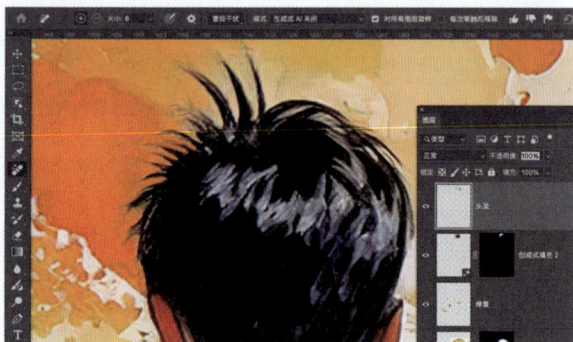

图2-173

33　按住空格键，拖曳鼠标指针移动画面到 10 号球衣处。按快捷键 Ctrl+Shift+N 创建新图层，并重命名为"球员名字"。按 B 键切换到"画笔工具"，按住 Alt 键在字母 E 左侧选取熟褐色，并设定前景色为熟褐色，如图 2-174 所示。

图2-174

34　按数字键 8 设定画笔不透明度为 80%，按【和】键调整画笔大小，使画笔大小与字母的粗细相当。在字母 E 左侧绘制字母 M。双击"球员名字"图层，弹出"图层样式"对话框，如图 2-175 所示。

图2-175

35 在"图层样式"对话框中，调整"下一个图层"内的黑白两个滑块：向右移动黑色滑块，向左移动白色滑块，然后按住 Alt 键分开白色滑块，左右拖动两个滑块，使字母 M 产生斑驳的效果，如图 2-176 所示。

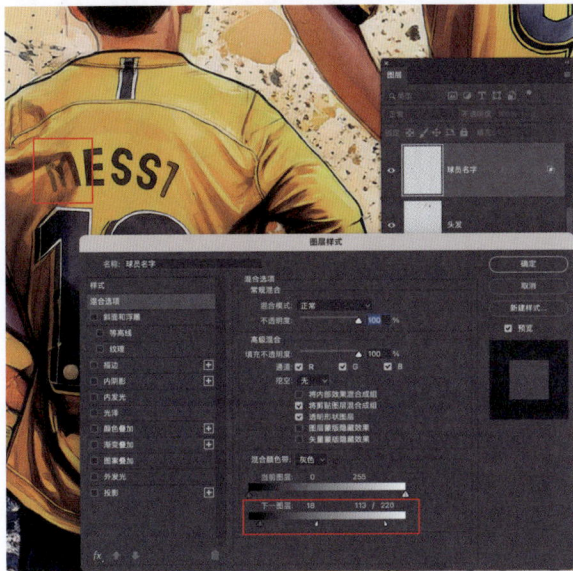

图2-176

36 切换到原照片文件，使用"对象选择工具"框选两件球衣下方的赞助商名字和标识，如图 2-177 所示。按快捷键 Ctrl+C 复制。

图2-177

37 回到合成文件中，按快捷键 Ctrl+V 粘贴复制的文字和标识到新图层，并重命名为"下方文字"。双击图层，弹出"图层样式"对话框，配合 Alt 键调整"当前图层"的黑白滑块。如有需要，可以创建图层蒙版，使用"画笔工具"绘制，以使文字和标识产生斑驳的效果，更好地融合在背景中，效果如图 2-178 所示。

图2-178

38 在"图层"面板中，按住 Alt 键单击底部的"生成图像"图层的眼睛标识，隐藏所有其他图层的，只显示"生成图像"图层。在"属性"面板中切换到第三幅变化图像，这是以绿色和黄色为主的画面，如图 2-179 所示。

图2-179

39 按快捷键 Ctrl+J 复制图层，再按快捷键 Ctrl+Shift+】将新复制的"生成图像 拷贝"图层放到所有图层的上方。按 V 键使用"移动工具"，调整画面的位置。当前的画面内容是使用原始照片作为参考构图来生成的，因此头部区域并不完整。可以使用"移除工具"分步移除画面中的人物，如图 2-180 所示。因为人物占据了很大的面积，所以移除效果并不是太好，如图 2-181 所示。

图2-180

图2-182

图2-181

图2-183

41 创建新图层，使用"移除工具"移除下方明显的
　瑕疵区域，如图 2-184 所示。

图2-184

40 按 L 键使用"套索工具"，将人物和透明区域
　一起选中。在上下文任务栏中，单击"创成式填
　充"按钮，不输入任何提示词，直接单击"生
　成"按钮，如图 2-182 所示。对画面进行生成式
　移除和扩展。移除效果如图 2-183 所示。

42 按住 Ctrl 键，同时选中"生成图像 拷贝"、remove、"图层 2"3 个图层，然后按快捷键 Ctrl+G 进行编组，并重命名为"背景"。将"背景"图层组的图层混合模式改为"变暗"，并添加蒙版，使用画笔减少身体区域的绿色，最终效果如图 2-185 所示。

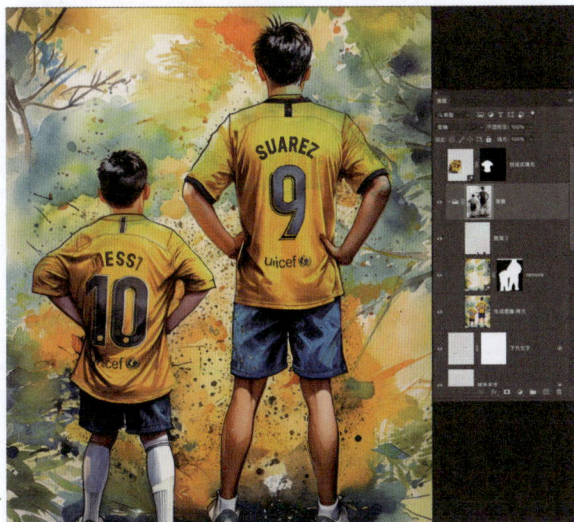

图2-185

原图与最终效果的对比如图 2-186 和图 2-187 所示。

图2-186

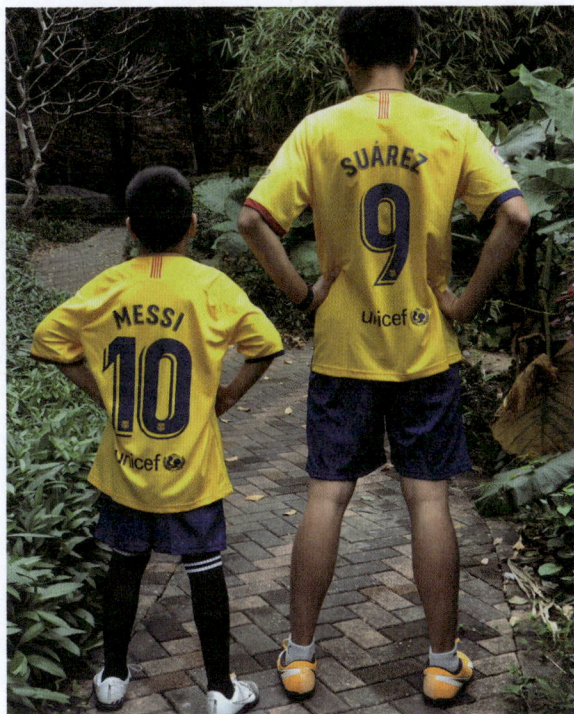

图2-187

3

创成式填充

创成式填充，也被称为"生成式填充"，是针对图像局部区域的生成式 AI 技术，主要用于对生成图像的补救和细化。在 Photoshop 这类图像处理软件中，除了使用提示词，还可以通过以下 3 种方法来引导和控制创成式填充的生成内容：选区形状、选区浓度、参考图像。在本章中，我们将深入探讨如何运用这 3 种方式来精确引导创成式填充的生成结果。

3.1 选区形状

选区形状对创成式填充生成的图像具有重要影响。在 Photoshop 中，用户可以灵活地创建各种选区形状，且可用的工具和命令相当丰富。除了"选框工具"和"套索工具"，基于图层的"画笔工具"和"钢笔工具"都可以轻松转换为选区。此外，蒙版、通道和图层信息也可被加载为选区。对于熟悉 Photoshop 的用户来说，几乎任何工具和菜单命令都可以作为创建选区的手段。接下来，将通过一个具体案例来全面探讨选区形状如何影响内容的生成，具体的操作步骤如下。

01 打开原图文件（3-1 选区形状 - 原图 .jpeg），如图 3-1 所示。按 L 键，使用"套索工具"，根据个人构思创建选区。在创建的 5 个选区内，分别生成一只坐着的金毛犬、一只趴着的狗、一个水壶、一个背包以及一件牛仔外套，如图 3-2 所示。通过创建不同形状的选区，并配合相应的提示词，可以生成不同形态的物体。注：选区外围的红色描边，是为了便于识别，实际制作中并没有额外的红色描边。

图3-1

图3-2

02 将图 3-2 中左上方选区的形状稍作调整：按 L 键使用"套索工具"，配合 Alt 键减去向右侧伸出的类似尾巴的区域，然后按住 Shift 键在左侧添加类似向左摆动的尾巴的选区。在上下文任务栏中，输入提示词"金毛犬"，单击"生成"按钮，调整后的效果如图 3-3 所示。生成的内容是站立的狗，但头基本都偏向了左侧，如图 3-4 所示。

图3-3

图3-4

03 保持选中生成式图层，在"属性"面板中更改提示词为"坐着的金毛犬，从背后的拍摄角度"，然后单击"生成"按钮。通过调整提示词配合选区，生成了坐着的、尾巴向左甩的金毛犬，如图 3-5 所示。若使用中文提示词生成的结果不尽如人意，建议尝试输入英文提示词。

04 在金毛犬的头顶额外生成了类似电线杆的物体，需要使用"移除工具"进行移除。首先，按快捷键 Ctrl+Shift+N 创建新图层。接着，按快捷键 Shift+J 直到选中"移除工具"，在上方工具属

性栏处选中"对所有图层取样"复选框，并取消选中"每次笔触后移除"复选框。然后，通过按【和】键调整画笔大小，开始涂抹以移除所有多余的物体，完成后的效果如图 3-6 所示。

图3-5

图3-6

05 涂抹完成后，按 Enter 键确认进行移除操作。如果一次涂抹移除后仍有零星的物体残留，可继续使用"移除工具"进行反复移除。最终移除效果如图 3-7 所示。"移除工具"就像一位出色的"救火队员"，能够快速完美地修补 AI 生成的瑕疵。

图3-7

06 采用相同的方法，结合选区形状和提示词来生成右下方趴着的金毛犬。首先，使用"套索工具"创建一个椭圆形的选区，同时要注意勾勒出尾巴的形状。接着，在上下文任务栏中单击"创成式填充"按钮，并输入提示词：lying golden retriever with shadow from back view。最后，单击"生成"按钮，即可生成一只趴着的金毛犬，如图 3-8 所示。所有的生成图像都非常不错，如图 3-9~图 3-12 所示。

图3-8

图3-9

图3-10

图3-11

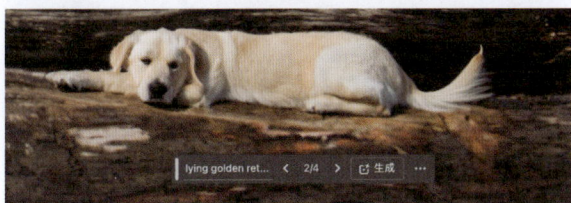

图3-12

07 按 Ctrl++ 放大视图，可以发现金毛犬的眼睛区域存在问题，出现了类似黑洞的区域，这使整个生成的图像显得不够真实，如图 3-13 所示。

图3-13

08 使用"套索工具"，配合 Shift 键圈选两只眼睛。在上下文任务栏中单击"创成式填充"按钮，输入提示词：dog's eye，然后单击"生成"按钮。在原有生成图像上，再次叠加生成 AI 图像来修补瑕疵，如图 3-14 所示。

图3-14

09 在生成的多幅变化图像中，挑选出自己满意的一幅图像，如图 3-15 所示。

图3-15

10 在右侧木头上，使用"套索工具"创建一个瘦长形的长方形选区。然后，在上下文任务栏中单击"创成式填充"按钮，输入提示词"运动水瓶"，在人物旁边生成一个运动水瓶，生成效果如图 3-16 所示。

图3-16

11 继续使用"套索工具"，创建更大面积的长方形选区，输入提示词：backpack，生成背包，效果如图 3-17 所示。

图3-17

12 采用相同的方法，创建一个扁平状的椭圆形选区，输入提示词"牛仔外套"，生成一件放在木头上的牛仔外套，效果如图 3-18 所示。

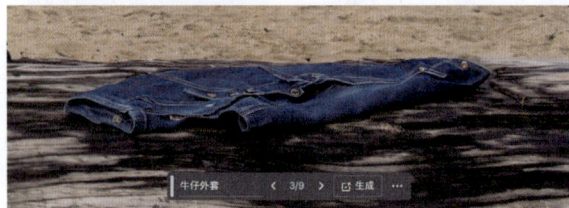

图3-18

生成的最终效果如图 3-19 所示。通过利用选区形状和提示词，结合创成式填充功能，我们在画面上成功生成了坐着和趴着的狗、运动水瓶、背包以及牛仔外套，从而丰富了整个画面。从技术角度来看，选区形状并不需要非常精确，但应大体符合构思中的最终姿态。同时，需要注意创建的选区应略大于实际要生成的内容。

图3-19

从前面的步骤中可以看出，我们可以通过使用提示词来控制生成 back view（从背后拍摄）的角度，从而使 AI 生成的图像与原画面的拍摄角度相吻合。接下来，将通过提示词来控制拍摄角度。在此，我们使用一张俯拍的图片（如图 2-20 所示，3-1 选区形状 02- 原图 .jpeg）。利用"套索工具"在人物的左侧创建一个选区，注意选区的形状需要与俯拍视角相符。在上下文任务栏中单击"创成式填充"按钮，输入提示词：running golden retriever with shadow from top view，随后单击"生成"按钮。

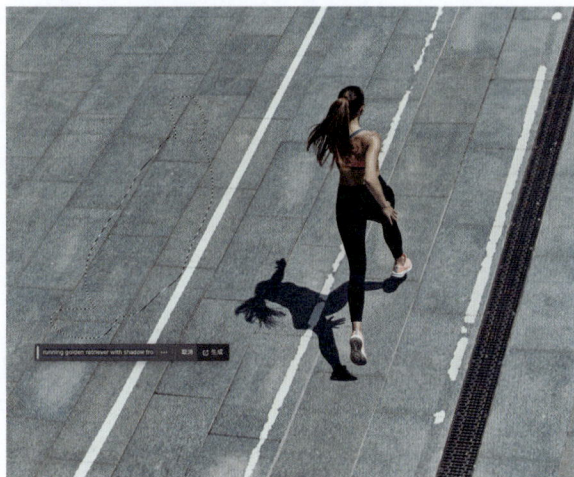

图3-20

生成的图像如图 2-21 所示。请注意，此处使用了 from top view 关键词来控制拍摄角度，并通过 with shadow 关键词来生成投影。

果。由于希望狗跑动的方向与人物保持一致，因此选择了如图 2-22 所示的图像。请注意，投影的位置和形状也与原画中的光影效果相吻合。

图 3-21

图 3-22

在生成的多幅变化图像中，都实现了俯拍的效

3.2　选区浓度

通常情况下，利用选区类工具所创建的选区都具备 100% 的浓度。然而，我们也可以借助快速蒙版、通道以及"选区画笔工具"来生成具有不同浓度的选区。当创成式填充与这些具有不同浓度的选区相结合时，我们能够自定义地创造出与背景相融合的独特效果。

接下来，将通过几个实际的应用案例来探讨如何创建带有特定浓度的选区，并了解如何有效地将这些选区与创成式填充技术结合运用。

3.2.1　漂浮在水里的汽车

01 首先，确保网络畅通，然后登录 Firefly 主页。在"文字生成图像"界面中，单击"生成"按钮以进入编辑界面。在界面下方的提示词框内输入 The wood bridge underwater。接着，在右侧模块中设定宽高比为 16:9。最后，单击"生成"按钮以生成图片，如图 3-23 所示。

图 3-23

02 进入 Photoshop，打开已生成的图片（文件名为 3-2-1 原图 .jpg）。按 L 键，切换至"套索工具"，随后在木桥区域勾勒出相应的选区。在上下文任务栏中，单击"创成式填充"按钮，并输入提示词"漂在水里的废弃跑车"。完成后，单击"生成"按钮，操作结果如图 3-24 所示。

图 3-24

03 生成的废弃跑车，从汽车形状来看非常不错，但是画面过于"清晰"，就像是直接从图库中拖出来的图片被放置在了画面上，没有体现出在水下

漂浮的视觉效果，如图 3-25 和图 3-26 所示。

图3-25

图3-26

04 若想让创成式填充一次性生成与背景完美融合的废弃跑车，就需要借助选区的浓度来引导 AI 工作。低浓度的选区能引导生成内容最大限度地融入场景，而高浓度的选区则使生成内容更加清晰。按 Q 键或在工具栏下方单击"快速蒙版"按钮，进入快速蒙版编辑模式。此时，画面可能看不出明显变化。接着，单击前景色图标，弹出"拾色器"对话框，在 HSB 颜色 B 文本框中输入 30%，以设定 30% 的灰度。如图 3-27 和图 3-28 所示。

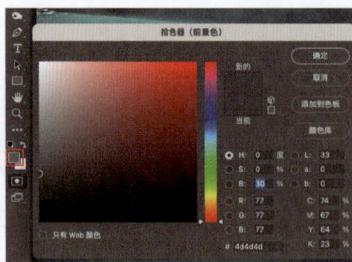

图3-27　　　　　图3-28

05 按 B 键切换到"画笔工具"，按【或】键

缩放画笔大小，在需要清晰的右侧部分使用 60% ～ 80% 的灰度进行绘制；在最右侧和左侧远端区域，降低灰度到 30% 左右进行绘制，以便让 AI 生成的图像与水下画面更好地融合，例如木桥部分，如图 3-29 所示。

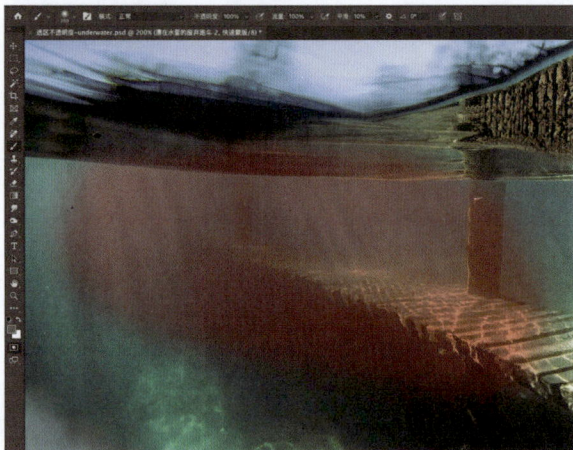

图3-29

06 绘制完成后，按 Q 键退出快速蒙版编辑状态。此时，绘制的图像已转换为选区。根据绘制时使用的灰度及颜色，生成的选区会带有羽化效果并呈现不同的浓度。请注意，低于 50% 浓度的选区在画面中不会显示，因此肉眼所能看到的选区与实际覆盖面积可能有所不同。在上下文任务栏中单击"创成式填充"按钮，输入提示词"漂在水里的废弃跑车"，然后单击"生成"按钮，如图 3-30 所示。

图3-30

07 借助选区的形状和浓度，使用创成式填充再次生成的废弃汽车就与水下的画面融合在一起，同时也与木桥完美地融合在一起，如图 3-31 所示。

图3-31

3.2.2　跃出海面的鱼

创建具有不同浓度的选区，并利用创成式填充技术生成跃出海面的鱼，具体的操作步骤如下。

01 打开"3-2-2原图.jpg"文件，直接使用"套索工具"创建选区，然后单击"创成式填充"按钮，输入提示词：fish，在海面上生成一条鱼。此时，生成的图像是完全与海面背景"格格不入"的一条鱼，如图3-32所示。

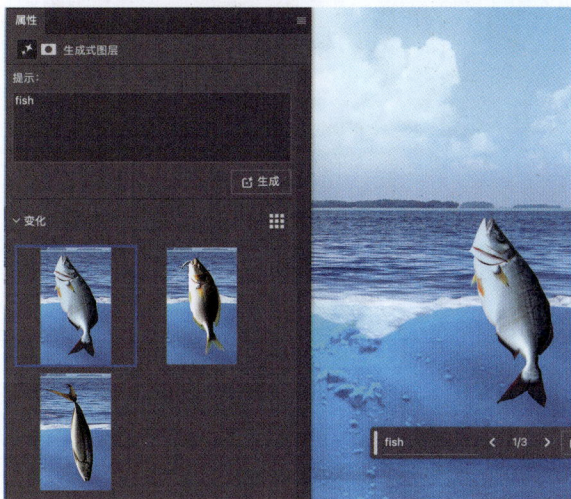

图3-32

02 重新创建选区。按Q键进入快速蒙版编辑状态。接着，按B键切换到"画笔工具"，并设定前景色为30%的灰度。然后，通过按】键来放大画笔大小。在绘制时，在海面以上区域按数字键8，选用80%的不透明度进行绘制；在白色浪花区域按数字键5，调整为50%的不透明度来绘制；而在海面以下区域，则按数字键3，使用30%的不透明度绘制。最终，这些绘制的内容将组合成一条鱼的外形，如图3-33所示。

图3-33

03 绘制完成后，按Q键退出快速蒙版编辑状态。在上下文任务栏中单击"创成式填充"按钮，输入提示词"金枪鱼"，然后再单击"生成"按钮，即可生成一条跃出海面的金枪鱼，如图3-34所示。

图3-34

3.2.3　趴在门洞的狗

01 我们要在图片的门洞内添加一条狗（3-2-3原图.jpg）。如果直接使用"套索工具"创建选区，并借助"创成式填充"进行生成，就会得到一条非常清晰但与背景毫不相干的狗，如图3-35所示。

02 按Q键进入快速蒙版编辑状态，设定前景色为30%的灰度，并调整画笔大小和不透明度。在门洞深处的暗部区域，使用较低的不透明度进行涂抹；而在靠近街道明亮的台阶区域，则使用较高的不透明度进行涂抹，如图 3-36 所示。

图3-35

图3-36

03 涂抹完成后，按 Q 键退出快速蒙版编辑模式，此时会根据涂抹区域自动创建选区。在上下文任务栏中单击"创成式填充"按钮，输入提示词：running gold retriever，如图 3-37 所示。

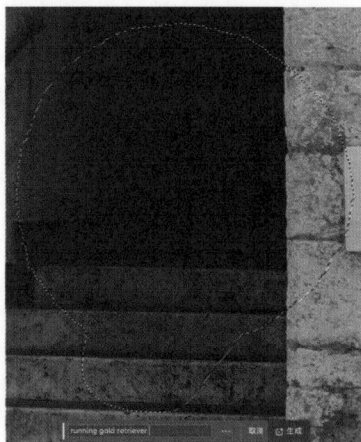

图3-37

04 利用选区的浓度变化配合提示词，生成了趴在楼道里的狗。狗的前半部分清晰可见，后半部分则隐藏在暗部的黑色门洞里，如图 3-38 所示。

图3-38

05 选择第一幅变化图像，按快捷键 Ctrl++，放大视图，可以清楚地看到狗狗的眼睛并不真实，像是两个小黑洞，如图 3-39 所示。

图3-39

06 按 L 键使用"套索工具"，圈选两只眼睛。在上下文任务栏中单击"创成式填充"按钮，输入提示词：golden retriever's eye，单击"生成"按钮，重新为狗狗生成眼睛，如图 3-40 所示。

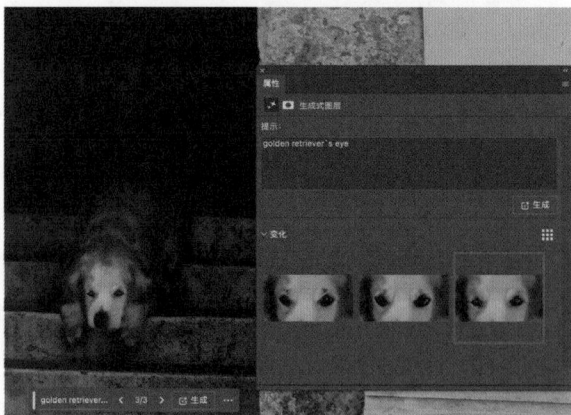

图3-40

完成后的画面效果如图 3-41 所示。

图3-41

3.2.4 卡通人物

在本例中，巧妙地利用选区的浓度，引导 AI 参照背景中的人物生成卡通效果。随后，通过综合运用蒙版、"画笔工具"以及图层功能，精心合成了最终的图像。如图 3-42 所示，左侧展示的是原图，而右侧则呈现出经过合成的精美卡通效果。

图3-42

01 打开原图（3-2-4 原图 .jpg）。按快捷键 Ctrl+A

全选整个画面，在上下文任务栏中单击"创成式填充"按钮，输入提示词：Disney cartoon style drawing，单击"生成"按钮，如图 3-43 所示。生成后得到与原画面内容完全不相干的卡通涂鸦效果，如图 3-44 所示。删除该生成式图层，重新制作选区。

图3-43

图3-44

02 按 L 键使用"套索工具"，沿人物外形勾勒出选区，并对选区进行羽化设置，如图 3-45 所示。

图3-45

03 执行"窗口"→"通道"命令，调出"通道"面板，在面板底部单击"将通道作为选区载入"按钮新建通道，设置前景色为 30% 的灰色，如图 3-46 所示。

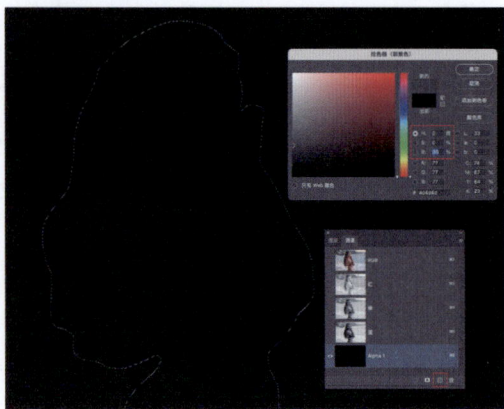

图3-46

04 按快捷键 Alt+Del 或执行"编辑"→"填充"命令，填充前景色到选区中，如图 3-47 所示。

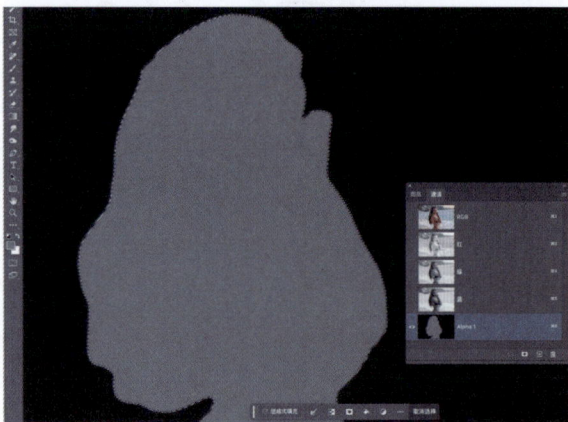

图3-47

05 按快捷键 Ctrl+2 或在"通道"面板单击 RGB 通道，返回 RGB 色彩。按住 Ctrl 键单击新建的通道 Alpha 1，加载通道信息为选区，如图 3-48 所示。按住 Ctrl 键单击 Alpha 1 通道缩略图，加载其存储内容为选区。

06 Photoshop 弹出提示框，警告："任何像素都不大于 50% 选择，选区边将不可见。"虽然此时在画面中看不到有任何选区存在，但实际上已经建立了一个 30% 浓度的选区，如图 3-49 所示。

07 在上下文任务栏中，单击"创成式填充"按钮，在提示框中输入：Disney cartoon style drawing，然后单击"生成"按钮，如图 3-50 所示。

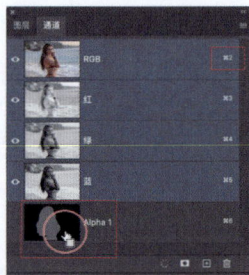

图3-48

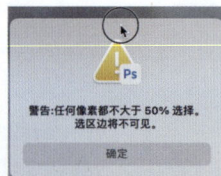

图3-49

图3-50

08 创成式填充根据选区浓度和提示词，生成了迪士尼风格的卡通人像，如图 3-51 所示。借助选区浓度成功地将卡通风格应用到了人物上。然而，在一些细节方面，如手部、手表、肩膀以及眼睛等处，仍存在明显的缺陷，需要进一步修复。

图3-51

09 按快捷键 Ctrl+J 复制生成式图层，然后右击，在弹出的快捷菜单中选择"栅格化图层"选项，将其转换为普通图层，以降低文件大小并提高运行速度，如图 3-52 所示。

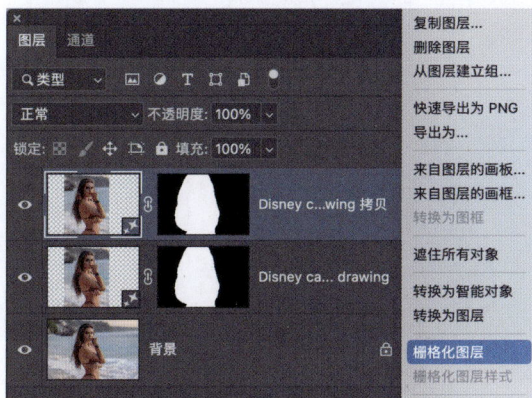

图3-52

10 选中图层蒙版，并隐藏下方的生成式图层。按 B 键切换到"画笔工具"，按【和】键调整画笔大小，按 D 键设定前景色为黑色。接着，通过按数字键快速设定画笔的不透明度，例如，按下 8 键可以将不透明度设为 80%。之后，在手表区域绘制以屏蔽 AI 生成的图像，从而显示原图中手表的细节，如图 3-53 所示。

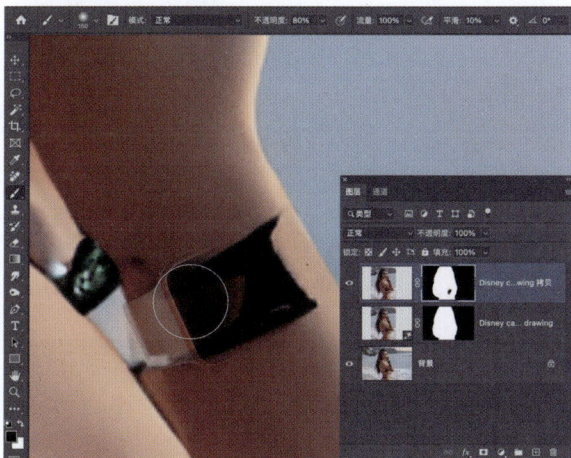

图3-53

11 按数字键 3 设定画笔不透明度为 30%，接着按 X 键切换前景色为白色，并在表盘上绘制，以重新显示部分由 AI 生成的卡通效果，使手表表盘呈现手绘的风格，如图 3-54 所示。

12 采用相同的方法，使用"画笔工具"在蒙版上进行绘制，以纠正眼睛区域的瑕疵。在绘制过程

中，注意放大视图，并随时通过按数字键来调整画笔的不透明度，同时按 X 键切换前景色，直至绘制出满意的结果，如图 3-55 所示。

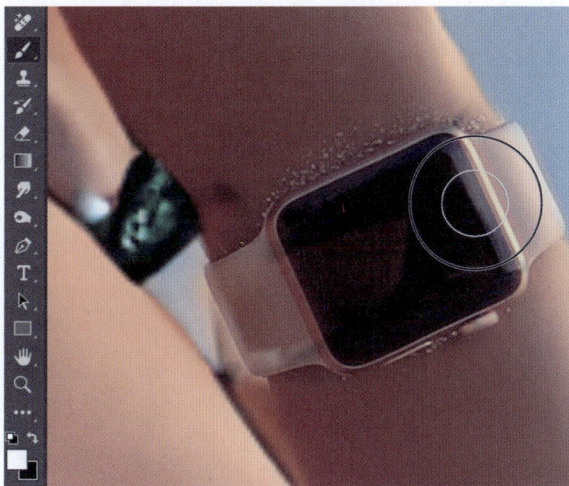

图3-54

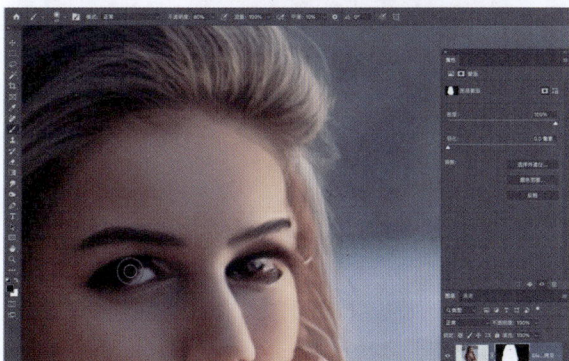

图3-55

13 在此步骤中，既要恢复出眼睛原有的内容，同时也要注意与卡通效果的融合。在边缘处，放大视图、降低画笔的不透明度，并调整画笔大小，以使过渡更加自然，如图 3-56 所示。

图3-56

14 使用"移除工具"来修复画面上的瑕疵区域。首先，按快捷键 Ctrl+Shift+N 创建新图层。接着，按 J 键切换到"移除工具"，并在上方属性栏中进行设置，将模式设为"关闭生成式 AI"，确保选中"对所有图层取样"复选框，以便在新建图层上进行移除操作。按【和】键来调整画笔大小，然后在左侧头发处涂抹以移除有瑕疵的区域，如图 3-57 所示。涂抹后的效果如图 3-58 所示。采用相同的方法，可以继续修复画面上的其他瑕疵。最终效果如图 3-59 所示。

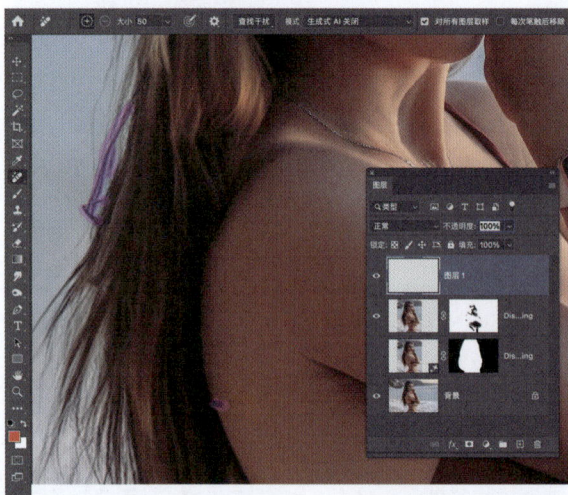

图3-57

图3-58

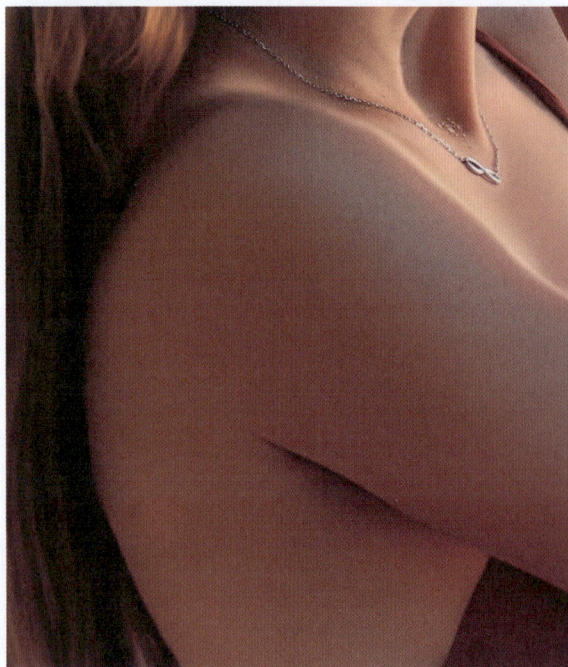

图3-59

3.2.5 水粉画效果

在本例中，我们将继续使用相同的方法，利用选区浓度和提示词来制作出水粉画的效果。我们会复制多个图层，并通过图层混合模式和蒙版来进行图像合成。在最终阶段，我们将运用"调整预设"功能进行快速的调色处理。如图 3-60 所示，这是最终合成的水粉画效果。在此过程中，使用了两个调整预设："创意 - 图像色彩"和"人像 - 阳光"，以实现快速调色。具体的操作步骤如下。

图3-60

01 打开原图（文件名为 3-2-5 原图 .jpg），如图 3-61 所示。接着，在"通道"面板中新建一个通道，设置前景色为 30% 的灰度，然后按快捷键 Alt（Windows 系统）+Delete，将新建通道填充为该灰度色，如图 3-62 所示。

图3-61

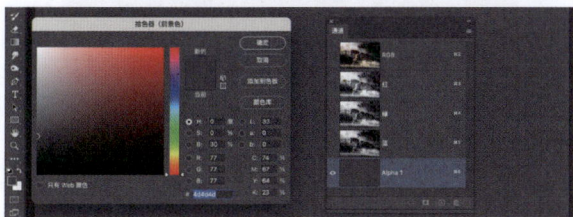

图3-62

02 按 Ctrl 键单击新建通道以加载选区。接着，按快捷键 Ctrl+2 返回 RGB 模式。在界面上方的任务栏中，单击"创成式填充"按钮，在提示词框中输入：Gouache painting，然后单击"生成"按钮。稍等片刻，系统将生成水粉画效果，如图 3-63 所示。

图3-63

03 复制图层以进行合成。在本例中，复制了 3 个相同的图层。其中，"暗部区域"图层设置为"线性加深"模式，并在该图层的蒙版上进行绘制，以增强暗部区域的效果，如图 3-64 所示。顶层的图层命名为 Horse，采用"变暗"模式，并在其图层蒙版上进行绘制，从而使马的色彩更为鲜艳亮丽，效果如图 3-65 所示。请注意，具体使用哪种设置应根据个人的构思和审美判断来决定。

图3-64

图3-65

04 在绘制过程中，针对一些具有清晰细节的主体区域，如人物和马，应按【键来缩小画笔大小，并将画笔的不透明度提高到大约 70%。随后，沿着这些主体的外形进行细致绘制，如图 3-66 所示。

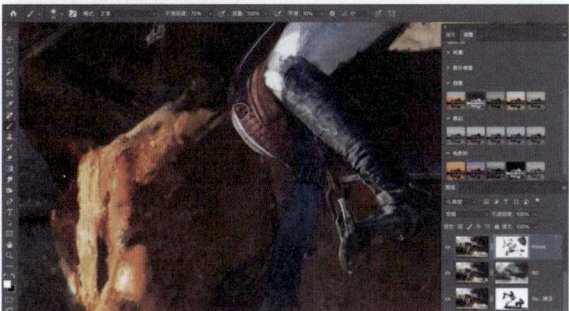

图3-66

05 在处理背景区域时，应按【键来放大画笔，同时将画笔的不透明度降低到大约 30%。在背景区域进行绘制时，要注意在恢复细节的同时，尽量保留更多的水粉画效果，如图 3-67 所示。

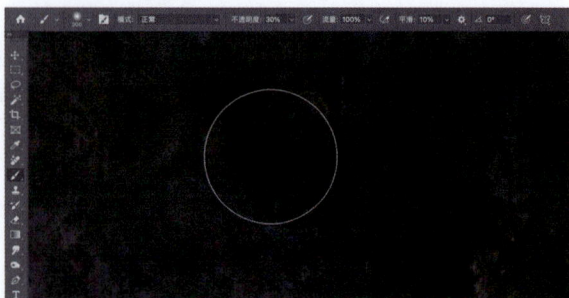

图3-67

06 完成合成后，借助"调整预设"功能，快速进行调色处理，以实现最终的水粉画效果。在此过程中，使用了"调整预设"组合——"创意 - 凸显色彩"与"电影的 - 忧郁蓝"，所得效果如图 3-68 所示。另外，单独使用"调整预设"中的"创意 - 凸显色彩"时，效果如图 3-69 所示。

图3-68

图3-69

07 创建肖像油画效果。首先，准备好肖像原图（文件名为 3-2-5 肖像原图 .jpeg），如图 3-70 所示。接着，创建一个浓度为 30% 的选区，并配合使用提示词：oil painting，以生成油画效果。随后，通过运用图层混合模式及图层蒙版来进行精细合成。最终完成的肖像油画效果如图 3-71 所示。

图3-70

图3-71

08 采用相同的方法，创建街景的粉笔画效果。首先，创建一个浓度为 30% ~ 50% 的选区。接着，在"创成式填充"功能中使用提示词：colored-chalk drawing，以生成粉笔画的效果。之后，借助图层蒙版和图层混合模式对局部细节进行精修。最后，应用"电影的 - 分离色调"与"创意 - 正片负冲"调整预设来完成调色工作。图 3-72 展示的是原图（文件名为 3-2-5 汽车原图 .jpg），而经过处理后的最终效果如图 3-73 所示。

图 3-72

图 3-73

09 采用相同的方法，创建夜景的水粉效果。首先，创建一个浓度约为 30% 的选区。接着，在"创成式填充"功能中使用提示词：watercolor drawing，以快速生成水彩效果。随后，复制多个图层，并应用不同的图层混合模式，旨在提亮或加重特定区域。此外，还需要借助图层蒙版进行精细的调整和修饰。图 3-74 展示的是原图（文件名为 3-2-5 街景原图 .jpg），而经过上述处理后的最终效果如图 3-75 所示。

图 3-74

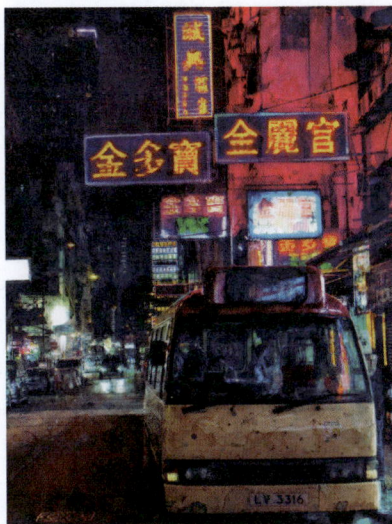

图 3-75

3.2.6　选区画笔工具

除了快速蒙版和通道功能，Photoshop 还全新引入了"选区画笔工具"。该工具堪称"画笔工具"与快速蒙版的融合升级版，不仅使用更为便捷，而且效率显著提高。接下来，将通过一个简单案例来探讨"选区画笔工具 + 创成式填充"的组合应用。具体的操作步骤如下。

01 打开一张拍摄于沙滩的照片（文件名为 3-2-6 原图 .jpg），随后按快捷键 Ctrl+Shift+N 创建新图层。接着，选用"画笔工具"并将前景色设定为灰色，在沙滩区域手写几个英文字母，效果如图 3-76 所示。

图 3-76

02 按 L 键切换至"选区画笔工具"，随后在上方属性栏中将不透明度设置为 30%，如图 3-77 所示。请注意，务必先设置"选区画笔工具"的不透明度，再进行选区的绘制。

图3-77

03 按【或】键来调整画笔大小，然后沿着文字外围圈选整个手写文字部分。绘制完毕后，在界面上方的任务栏中会显示"创成式填充"按钮，如图3-78所示。这表明此时已成功创建了一个浓度为30%的选区。

图3-78

04 单击"创成式填充"按钮，在提示词框中输入：writing in the sand，随后单击"生成"按钮，如图3-79所示。

图3-79

05 根据浓度为30%的选区，创成式填充成功生成了仿佛手写在沙滩上的文字效果。图3-80展示的是原图，而图3-81则呈现了生成后的效果。

图3-80

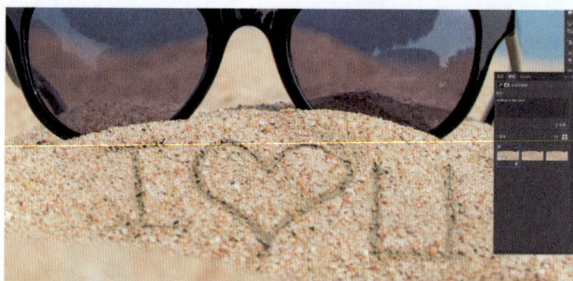

图3-81

通过上述案例，我们不难发现，"选区画笔工具"实际上是快速蒙版和"画笔工具"的有机融合，这为我们迅速创建具备不同浓度的选区提供了极大的便利。当这一工具与创成式填充相结合时，更能够迅速生成与背景协调一致的内容。接下来，将利用"选区画笔工具"和创成式填充来在山顶上生成火焰效果，通过该例，大家可以更深入地体会到"选区画笔工具"在创造具有半透明融合效果图像中的助力作用。具体的操作步骤如下。

01 打开一张山峰风景照片（3-2-6 山峰原图 .jpg），如图 3-82 所示。接着，使用"裁剪工具"进行生成式扩展，向上方扩展以增添更多图像。然后，创建一个新图层，并选用"画笔工具"将前景色设定为灰色，开始绘制火焰或烟花的形状。最终效果如图 3-83 所示。

图3-82

图3-83

02 按 L 键使用"选区画笔工具",并将不透明度设置为 30%。随后,沿着手绘的火焰轮廓进行绘制,确保覆盖整个火焰形状,如图 3-84 所示。请注意,此时已经成功创建了选区。若需要取消并重新绘制,应按快捷键 Ctrl+D 来取消当前选区。

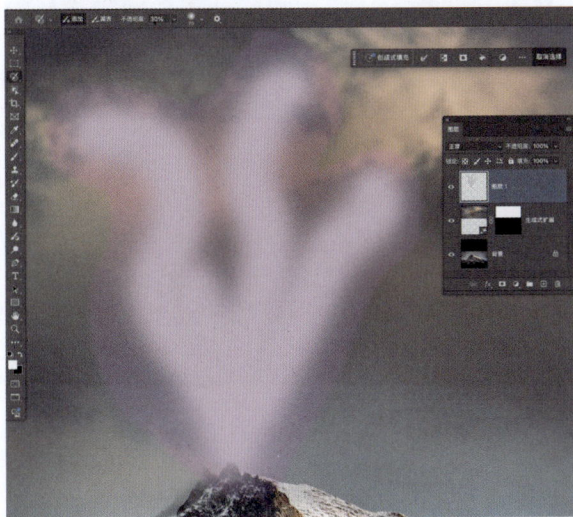

图3-84

03 在界面上方的任务栏中单击"创成式填充"按钮,然后输入提示词:smoke,接着单击"生成"按钮。生成后的效果如图 3-85 所示。若输入提示词为:fire,则生成效果如图 3-86 所示;若输入提示词为:fireworks,生成效果如图 3-87 所示。

图3-85

04 采用相同的方法,首先在新建图层上使用"画笔工具"手写"山"字,效果如图 3-88 所示。

图3-86

图3-87

图3-88

05 利用"选区画笔工具",将不透明度设定为 30%,以创建一个不透明度为 30% 的选区。之后,单击"创成式填充"按钮,并输入提示词"刻在岩石上的经文",从而生成仿佛镌刻在岩石上的经文效果，如图 3-89 所示。

图3-89

06 为岩石上的经文应用图层样式中的"斜面和浮
雕"效果，以增添立体感。通过对比可以看出
生成前后的显著差异，图 3-90 展示的是原图，
而图 3-91 则呈现了生成后的"山顶上的火焰"
效果。

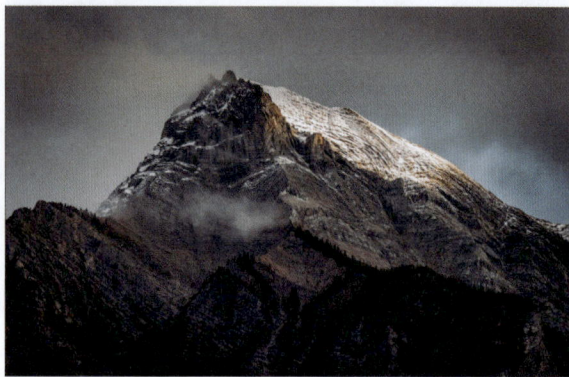

图3-91

我们采用了 3 种不同的方法来创建具有不同浓度
的选区，它们分别利用了快速蒙版、通道以及"选区
画笔工具"。通过精准地控制这些选区的浓度，并结
合创成式填充功能，可以实现自定义形状或内容与背
景之间多层次的融合效果。经过实践对比，"选区画
笔工具"展现出了其高效与灵活性，尤其在创建局部
区域的不同浓度选区时表现尤为出色。

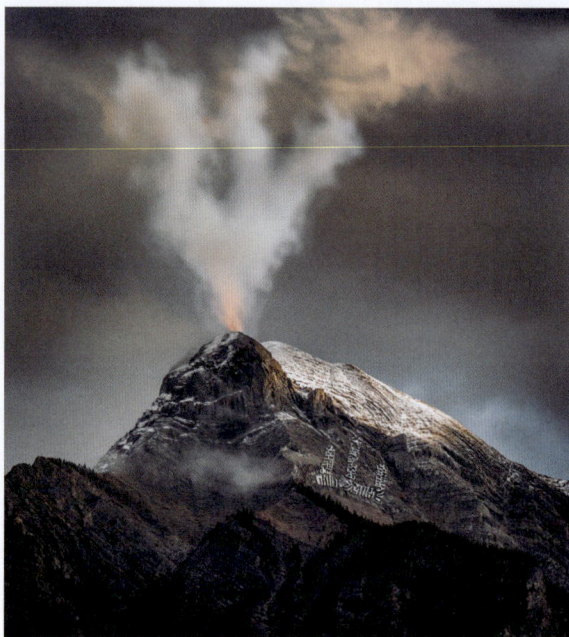

图3-90

3.3　参考图像

创成式填充功能新增了"参考图像"选项，此功能能够引导创成式填充生成与所选参考图像相似的内容。
若未输入提示词，系统则会根据选区周围的环境进行智能填充。值得注意的是，虽然参考图像功能强大且富有
创意，但目前其生成的精确度尚未达到百分之百。因此，这一功能虽极具潜力，但仍待进一步完善。展望未
来，随着 Firefly 和 Photoshop 的不断更新与迭代，我们有理由期待其性能将得到逐步提升。接下来，将通过
几个实际案例来深入探讨"参考图像"功能的使用方法。

3.3.1　替换背影

01 打开一张背影照片（3-3-1 背影原图 .jpg），如图 3-92 所示。使用"套索工具"圈选上半身区域，注意选
区范围要略大于躯干的实际形状。接着，在界面上方的任务栏中单击"创成式填充"按钮，此时无须输入
任何提示词。然后，单击"参考图像"按钮，上传一张卫衣的图片（3-3-1 参考图卫衣背面 .png），如图
3-93 所示。请确保上传的卫衣图片同样是背影照，即展示的是卫衣的背面。为了提高效果，建议使用已去
除背景的 png 文件或白色背景的 jpg 文件作为参考图像。

图3-92

图3-93

02 稍等片刻，创成式填充便会将卫衣"穿"在画面中的人物身上，从而替换了原本的皮夹克，效果如图 3-94 所示。

图3-94

03 由于卫衣本身细节不多，所以生成的图像并未出现明显瑕疵。但在脖子和头盔部分，与原图存在一些差异。为解决这个问题，选择"创成式填充 2"的图层蒙版，并利用"画笔工具"，将前景色设置为黑色，以恢复原图脖子和头盔区域的图像。恢复后的效果如图 3-95 所示。原图与生成修复后的效果对比，如图 3-96 所示。

图3-95

3.3.2　替换服装

01 打开一张模特正面的照片（3-3-2 替换服装原图 .jpg），如图 3-97 所示。接下来，使用"套索工具"圈选模特的上身部分，注意在圈选时避免包含双手区域。然后，在界面上方的任务栏中单击"创成式填充"按钮，此时无须输入任何提示词。接着单击"参考图像"按钮，上传一张白底的牛仔衣照片（3-3-2 参考图牛仔衣 .jpeg）。在上传的同时，选中"删除背景"复选框。最后，单击"生成"按钮以完成操作，生成后的效果及其相关设置如图 3-98 所示。

图3-97

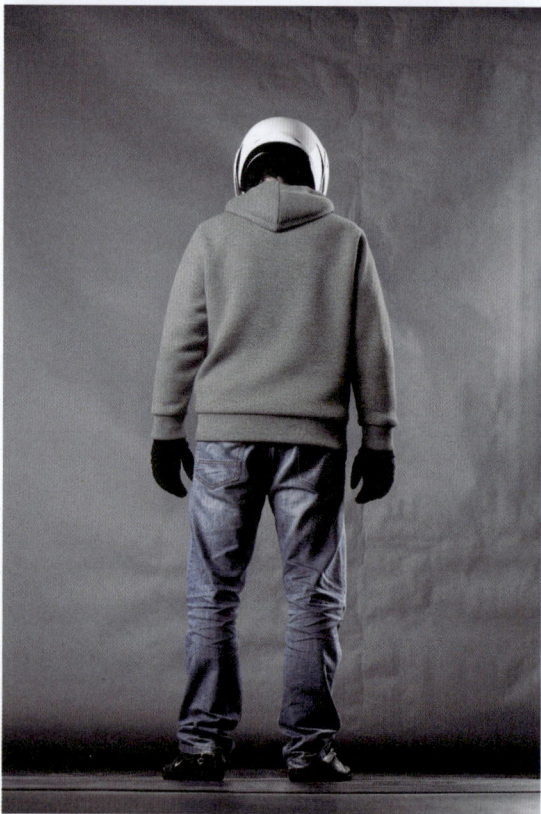

图3-96

图3-98

02 放大视图后，可以观察到牛仔衣上存在多处瑕疵，这些瑕疵主要分布在肩膀、领子以及扣子等部位，如图3-99所示。

图3-99

03 新建图层，然后利用"移除工具"对瑕疵进行修复处理。修复完成后的效果如图3-100所示。

图3-100

04 最终效果如图3-101所示。借助参考图像功能，可以迅速将特定内容放置到背景、物体或人物上，并确保其与当前画面内容相匹配。然而，需要注意的是，在操作过程中可能会出现较多的瑕疵，因此需要根据实际需求进行相应的修复处理。

图3-101

3.3.3 不同参考图像的生成对比

参考图像的画质与内容会对生成结果产生直接影响，同时，选区形状和提示词的选择也扮演着重要角色。接下来，将打开一组包含4个连续动作的照片（3-3-3 女孩原图 .jpg），如图3-102所示。我们将尝试使用不同质量的图片作为参考图像，以便对比生成效果，从而帮助大家更深入地了解如何有针对性地运用参考图像。

图3-102

01 采用牛仔衣的产品照片作为参考图像（3-3-3 参考图牛仔衣 .jpeg），如图 3-103 所示。虽然这张照片非常写实，但作为参考图像会显得较为复杂，并且由于拍摄角度的存在，产品摆放时产生的褶皱等因素，都可能对最终生成的结果产生影响。

图3-103

02 使用"套索工具"圈选图 3-102 中最右侧模特的上半身，注意在圈选过程中应避免选中手和手腕部分。确保选区紧密贴合模特的身体轮廓。接着，在上下文任务栏中单击"创成式填充"按钮，此时无须输入任何提示词。然后单击"参考图像"按钮，上传牛仔衣的照片，并选中"删除背景"复选框。最后，单击"生成"按钮以完成操作，如图 3-104 所示。

03 稍等片刻后，我们发现生成的牛仔衣内容在形体结构上出现了问题。由于选区过于贴近模特的身体边缘，生成的牛仔衣看起来过于紧身，如图 3-105 所示。反过来思考，如果想要生成紧身的运动 T 恤效果，那么，选区确实需要更贴近身体边缘。

图3-104

图3-105

04 使用"套索工具",创建一个离身体较远且更大的选区,从而为 AI 提供更多的发挥空间。接下来,在创成式填充功能中,选择牛仔衣的照片作为参考图像,并且无须输入任何提示词,直接单击"生成"按钮,如图 3-106 所示。

图3-106

05 扩大选区范围后,重新生成的牛仔衣效果呈现出更为自然逼真的外观,并且与模特的肢体动作更加协调匹配,如图 3-107 所示。

图3-107

06 然而,如果将视图放大至300%并仔细观察,会发现生成的牛仔衣仍存在不少问题,例如纽扣的形状和排列不够规整,服装纹理也存在一些瑕

疵,如图 3-108 所示。因此,需要对这些问题进行修复处理。

图3-108

07 按快捷键 Ctrl+1 将视图显示比例调整为100%,此时可以观察到,如果对输出尺寸的要求不高,或者仅用于内部小样查看,那么当前的生成效果尚可接受。然而,若需要高品质的大尺寸输出,这种效果就会显得不够真实,如图 3-109 所示。

图3-109

08 打开一张模特穿着牛仔短裙的照片（3-3-3 牛仔裙原图 .jpg），如图 3-110 所示。首先，利用"对象选择工具"精确选中牛仔短裙，接着按快捷键 Ctrl+J 将选中的牛仔短裙复制到新图层。随后，运用"移除工具"或"仿制图章工具"对短裙上一些明显的瑕疵进行修复。修复完成后，将牛仔裙图层保存为带有透明背景的 png 格式文件（3-3-3 参考图牛仔裙 .png）。如图 3-111 所示，可以清晰地看到，经过处理的牛仔裙画面质量上乘且构图简洁。

图3-110

图3-111

09 使用"套索工具"在图 3-102 中的第 3 幅模特图像上圈选黄色裙子的区域，注意选区要略微贴近黄色裙子的外侧边缘。接下来，在上下文任务栏中单击"创成式填充"按钮，此时无须输入任何提示词。随后，单击"参考图像"按钮，上传

之前准备好的牛仔裙图片，然后单击"生成"按钮。稍等片刻，生成的牛仔裙效果如图 3-112 所示。可以明显观察到，生成的牛仔裙与模特的身体匹配度非常高，并且呈现出了清晰的质感。然而，如果仔细与图 3-110 对比，会发现生成的牛仔裙款式与原图并不完全相同，只能说是相似款式。

图3-112

10 将视图放大至 300% 后，可以观察到牛仔裙上存在一些瑕疵，例如纽扣部分，如图 3-113 所示。

图3-113

11 新建图层，然后利用"移除工具"和"仿制图章工具"对牛仔裙上的瑕疵进行修复。对于纽扣部分，采用创成式填充功能，并输入提示词"纽扣"进行再次生成，最终的修复效果如图3-114所示。

图3-114

12 按快捷键 Ctrl+1 将视图显示比例调整为 100%，对比两个更换完服装后的画面，如图3-115所示。可以明显看出，牛仔裙的画面质量更为出色，因此在实际操作中应尽量使用简洁且高品质的参考图像。从"穿衣"匹配身体的效果来看，生成的图像都相当不错。如果没有 AI 技术的辅助，仅依靠传统的 Photoshop 后期合成，这将是一项颇具挑战的任务，尤其是对素材的要求会非常高。

图3-115

13 打开一个卫衣的矢量文件（3-3-3 卫衣矢量图 .ai）。将该文件转存为具有透明背景的卫衣 png 格式文件，如图3-116 所示（保存后的文件名为 3-3-3 参考图卫衣 .png）。

图3-116

14 使用图 3-102 中左侧第二张模特的照片。利用"套索工具"在模特的上身区域绘制并创建选区，注意选区要稍微远离身体一些，并且选区范围要稍大一些。接着，在上下文任务栏中单击"创成式填充"按钮，此时无须输入任何提示词。单击"参考图像"按钮，上传卫衣的 png 文件。最后，单击"生成"按钮并稍等片刻，生成的图像如图3-117 所示。可以看到，手绘的矢量卫衣已经成功地"穿"在了模特身上。

图3-117

⑮ 若要真实的卫衣，可在 Firefly 中生成。在 Firefly 中，用卫衣图片做参考构图，将强度值设为最大。输入提示词："浅蓝色的运动卫衣，紧身纯棉材质，全部细节，只有产品，放在白色背景上"，使用"照片"和"产品照片"，生成内容，如图 3-118 所示。

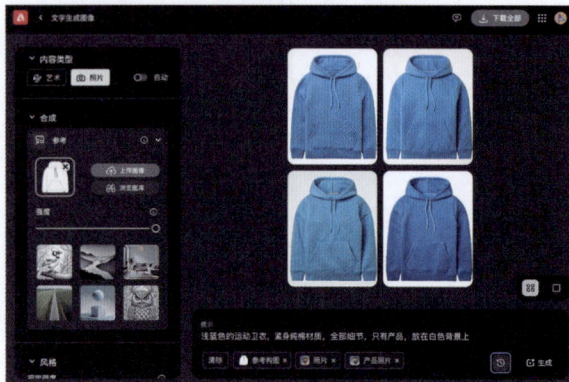

图3-118

⑯ 在 Photoshop 的创成式填充中，更改参考图像为刚生成的蓝色卫衣图片（3-3-3 参考图卫衣蓝色 .png），再次生成后，得到真实的卫衣，如图 3-119 所示。

图3-119

⑰ 我们还可以利用提示词来调整生成的效果。在"属性"面板中输入提示词："黑色运动卫衣，红色线条"。同时，将参考图像设置为矢量风格的线稿图。单击"生成"按钮后，得到了一组带有涂色风格的图像，如图 3-120 所示。然而，需要注意的是，生成的 3 幅图像与我们所输入的提示词存在些许差异。根据个人经验，建议先使用 Firefly 对线稿图进行渲染，然后再将其作为参考图像使用。这种方法可以更有效地控制生成的图像，使其更符合我们的预期。

图3-120

⑱ 使用左侧第一张模特的照片。选择一张黄色带帽子的卫衣作为参考图像（3-3-3 参考图卫衣黄色帽子 .png），如图 3-121 所示。

图3-121

19 使用"套索工具",在模特的上身及头发区域创建选区。在此过程中,请确保选中头发区域,同时避免选中面部。接下来,在上下文任务栏中,单击"创成式填充"按钮,然后单击"参考图像"按钮,上传黄色卫衣的图像文件。最后,单击"生成"按钮,效果如图 3-122 所示。

图3-122

20 等待片刻,模特身上出现了黄色卫衣并戴着帽子。如图 3-123 所示。在耳朵、头发等区域,还需要进行修复。

图3-123

21 更换一张稍微侧面角度的黑色卫衣照片作为参考图像(3-3-3 参考图黑色卫衣 .png),如图 3-124 所示。采用相同的选区,在更换参考图像后,再次执行生成操作,得到穿着黑色卫衣的模特图像,如图 3-125 所示。从图中可以看出,卫衣与模特的身体形态匹配得相当好。然而,在细节方面仍存在一些问题,这时可以利用"移除工具"或结合图层蒙版与"画笔工具"进行进一步的修复处理。

图3-124

图3-125

22 创建不包含头部的选区,可以生成模特不戴帽子的图像,如图 3-126 所示。

图3-126

做出如下总结。

1. 生成的图像可以与周边背景画面实现完美匹配。即便是在处理难度较高的人物"穿衣"生成效果时，衣服也能与人体姿态完美契合。

2. 虽然生成的图像在样式上与参考图像相似，但二者之间必然存在一定差异。

3. 生成的图像可能存在缺陷和瑕疵，因此需要放大视图进行仔细检查，并根据实际需求进行相应的修复处理。

4. 建议使用简洁、高品质的画面作为参考图像，且画面中最好不要有明显的透视效果。如果是产品照片，应尽量展示其全貌。

创成式填充的参考图像功能可以快速实现以往难以达成的效果，然而，它可能并不完全满足高品质、大尺寸的印刷输出要求。相对而言，该功能更适合用于样稿讨论、故事板展示等环节。

生成前后的效果对比如图 3-127 所示。通过这样一组采用不同参考图像生成的对比图，可以对该功能

图3-127

3.4　个性化卡通武士头像

　　当前，Photoshop 中的生成式 AI 在生成人像（尤其是精准生成）方面仍存在显著不足，而这种问题在其他 AI 平台上也或多或少有所体现。然而，随着 AI 技术的迅猛发展和持续迭代，许多问题都随着时间的推移而逐步得到解决。例如，在 Firefly 中，可以利用参考构图和样式参考功能，结合个人照片和提示词，通过 AI 生成独具个性的 AI 照片。随后，这些照片可以导入 Photoshop 进行精细化的加工。

　　以下是一个具体案例：首先，使用作者本人的一张照片作为原始素材，如图 3-128 所示。接着，在 Lenoard.AI 平台上，根据这张照片生成了卡通人像，效果如图 3-129 所示。然后，利用 Photoshop 的生成式扩展、创成式填充以及修复细节等功能，为卡通人像添加了古代武士的发型和盔甲，最终效果如图 3-130 所示。最后，借助已经完成的古代武士头像，在 Firefly 中进一步生成了更多令人惊叹的效果，如图 3-131 所示。通过这套流程，我们成功生成了多个卡通和艺术风格的头像。接下来，将一起探讨如何生成和制作出更具个性化的头像。具体的操作步骤如下。

图3-128

图3-129

图3-130

图3-131

01 进入 Lenoard.ai 主页，在提示词区域输入以下内容：a Chinese young man, full of black-and-white beard, energetic, realistic, cinematic, in Pixar style。接着，选择使用 Image2Image 功能（与参考构图方式类似），并导入图 3-94 所示的照片。通过这种方式，系统会根据个人照片生成具有 Pixar 风格的影视级卡通头像。相关设置如图 3-132 所示。请注意，在生成该内容时，Firefly 平台尚未推出"参考构图"功能。

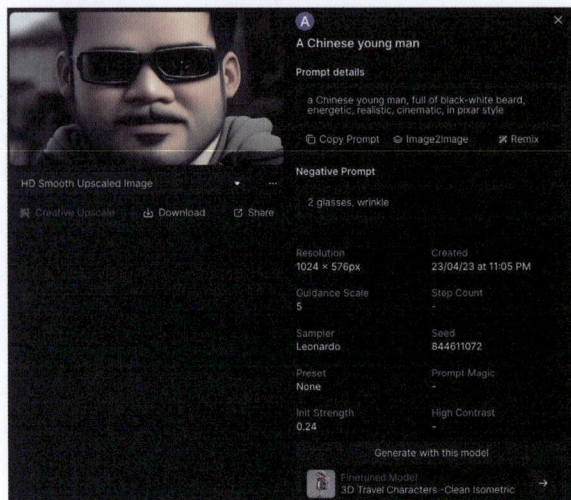

图3-132

02 在 Photoshop 中打开新生成的卡通头像（3-4AI
生成头像 .jpg）。按快捷键 Ctrl+Alt+C，或者执
行 "图像" → "画布大小" 命令，以从中心向四
周扩展画布，从而加大整个画布的尺寸。接着，
按 M 键切换到 "矩形选框工具"，框选包含透
明区域和小部分画面内容的区域。选区创建完成
后，可进行 "羽化选区" 操作，注意只需少量
羽化即可。羽化选区有助于 AI 生成的内容与背
景更自然地融合。保持选区处于激活状态，在上
下文任务栏中单击 "创成式填充" 按钮，无须输
入任何提示词，直接单击 "生成" 按钮，进行生
成式扩展，如图 3-133 所示。另外，也可以使用
"裁切工具"，结合 "生成式扩展" 功能进行填
充。显然，使用生成式扩展的方式会更加高效
快捷。

图3-133

03 扩展后，AI 补全了人物的头发和肩膀区域。在
"属性" 面板中，通过反复单击 "生成" 按钮，
可以生成多幅变化图像。从这些生成的图像中，
可以看到每个效果都非常出色，展现了不同的

风格和造型，如图 3-134 和图 3-135 所示。请注
意，每次生成都会消耗一个生成式积分。

图3-134

图3-135

04 经过仔细挑选，选择第 5 幅变化图像，其发型具
有鲜明的亚洲人风格，如图 3-136 所示。

图3-136

05 按快捷键 Ctrl+J 复制生成式图层，然后右击该图层，在弹出的快捷菜单中选择"栅格化图层"选项，以将复制的生成式图层栅格化为普通图层，从而减小文档大小，如图 3-137 所示。

图3-137

06 放大视图后仔细观察，可以非常清晰地看到墨镜上存在瑕疵，这需要进行移除修复处理，如图 3-138 所示。

图3-138

07 按快捷键 Ctrl+Shift+N 创建一个空白图层。接着，按 J 键切换到"修复画笔工具"，在工具属性栏上方，将模式设置为"生成式 AI 关闭"，并选中"对所有图层取样"复选框，同时取消选中"每次笔触后移除"复选框，如图 3-139 所示。

图3-139

08 按快捷键 Ctrl++ 放大视图，然后按【和】键来调整"修复画笔工具"的画笔大小，接着在画面右侧墨镜处涂抹，以去除多余的镜架和白色线条，如图 3-140 所示。

图3-140

09 修复后，可以看到镜架已经恢复了正常的结构。接下来，继续使用"修复画笔工具"，通过按【和】键来调整画笔的大小，并在画面右侧镜架上断开的白色区域进行涂抹修复，如图 3-141 所示。移除完成后，效果如图 3-142 所示。移除工具的工作原理是根据所涂抹区域周边的内容进行匹配后再移除，因此，它不仅具备移除功能，还拥有"塑形"的能力。这个看似不起眼的小工具，实则是一个具有革命性的 AI 工具。

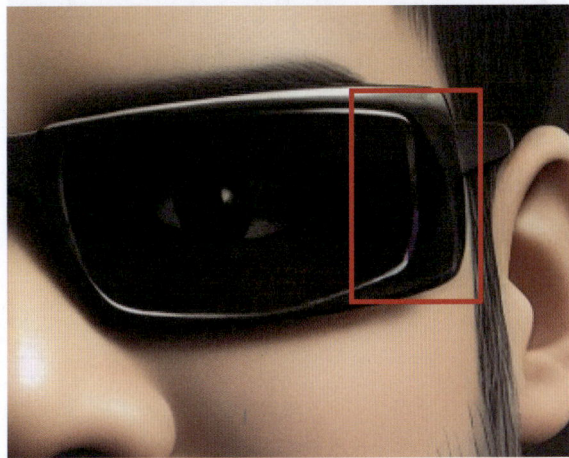

图3-141

图3-142

10 使用相同的方法，利用"修复画笔工具"将画面左侧的墨镜边缘拉直。在此过程中，需要注意调整画笔的大小，尽量使涂抹区域略大于瑕疵区域即可，避免涂抹过多不必要的区域，如图 3-143 和图 3-144 所示。

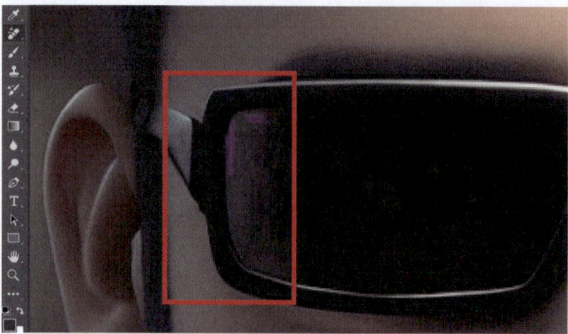

图3-143

图3-144

11 移除前后的效果对比如图 3-145 所示。AI 生成的图片有时难免会出现一些结构性的错误，此时可以借助 Photoshop 来使画面内容看起来更加自然逼真。在进行修复的过程中，确保结构的准确性是首要原则。

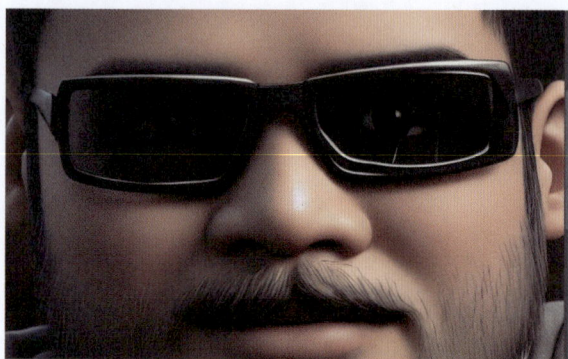

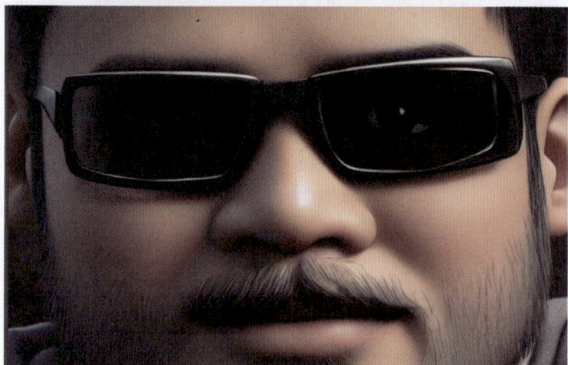

图3-145

12 接下来，将借助创成式填充功能来修复脖子附近的瑕疵。原画面中，脖子区域看起来像是贴上了一个不自然的色块。为了修复这一问题，首先按 L 键切换到"套索工具"，然后圈选出脖子附近的区域。接着，在上下文任务栏中单击"创成式填充"按钮，并输入提示词"衬衫"和"领带"，之后单击"生成"按钮，如图 3-146 所示。

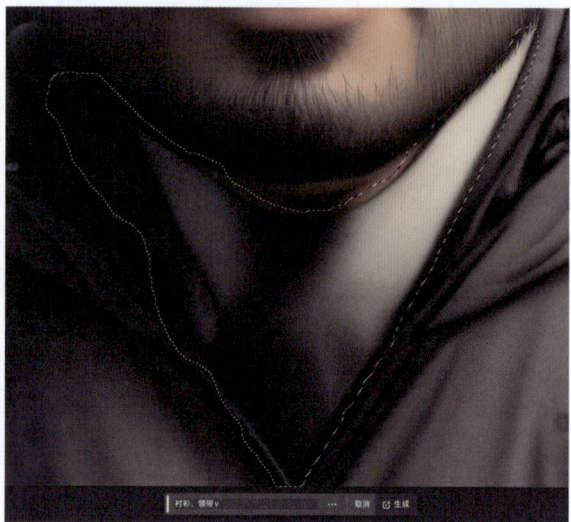

图3-146

13 AI 在选定区域内生成了系着领带的衬衫，使整
个人物的着装显得更加真实，如图 3-147 所示。
在输入提示词时，建议尽量使用名词和形容词，
例如"领带"和"衬衫"。当然，也可以输入更
具体的描述，如"系着领带的衬衫"。修复后的
最终效果如图 3-148 所示。

图3-147

图3-148

14 接下来，将尝试制作具有中国传统士兵风格的卡
通头像。首先，返回最初的生成式图层，即进
行生成式扩展后得到的那个图层，如图 3-149 所
示。在操作过程中，确保仅保留"眼镜修复"
图层和生成式图层的显示，同时隐藏其他所有
图层。

图3-149

15 按 L 键切换到"套索工具"，然后在头顶头
发区域绘制一个选区，注意在头顶上方稍微多
绘制一些区域以留出空间。接着，在上下文任
务栏中单击"创成式填充"按钮，并输入提示
词：flowing hair，之后单击"生成"按钮，如图
3-150 所示。

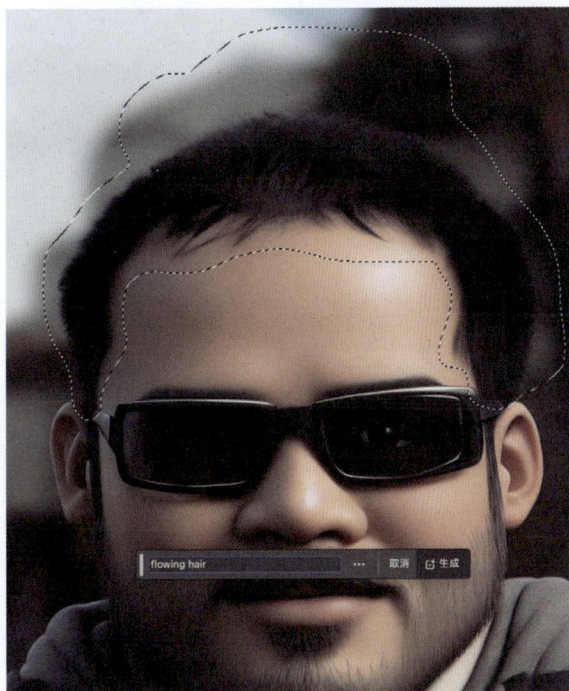
图3-150

16 经过反复生成多幅变化图像后，从中挑选了第
6 幅，这个发型具有古人的特色，如图 3-151 所
示。在"属性"面板中，可以看到其他一些发型
偏向新潮时尚，显得有些奇怪，并不符合设计
构思。

图3-151

17 如果将提示词修改为：asian hair，则生成的图像会更加贴近亚洲人的发型特点。如图 3-152 所示，这样的修改有助于我们获得更符合预期的效果。同时，也可以尝试结合不同的提示词和选区形状来生成自己期望的效果，以满足个性化的设计需求。

图3-152

18 按快捷键 Ctrl+Alt+Shift+E，将所有可见图层复制到一个新的图层中，然后删除其他图层。接下来，按快捷键 Ctrl+Shift+S 将文件另存为新文件，以便重新开始制作。请注意，此步骤并非必需，仅为了保持"图层"面板的整洁。之后，按 W 键切换到"对象选择工具"，在人物上单击以自动选中整个人物，如图 3-153 所示。

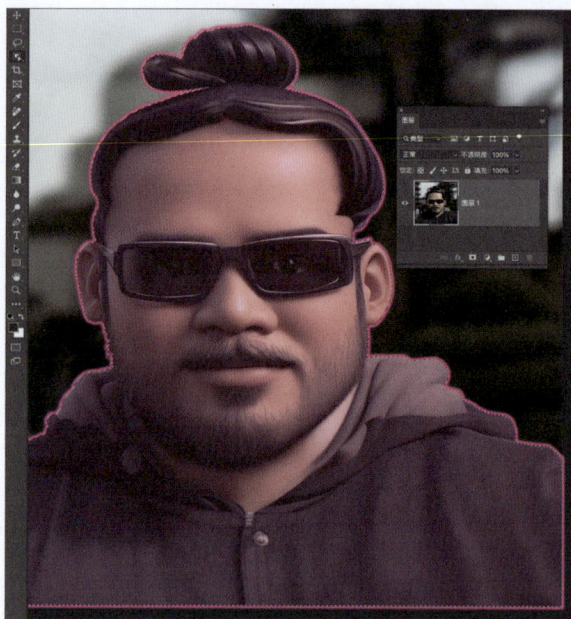

图3-153

19 按 L 键切换到"套索工具"，然后按住 Alt 键，在选区中减去除人物头顶竖起的小辫子以外的区域，以确保只选中小辫子部分，如图 3-154 所示。接下来，按快捷键 Ctrl+J 将选中的小辫子复制到一个新的图层中。

图3-154

20 隐藏新复制的图层。然后，返回包含人物的"图层 1"，按快捷键 Ctrl+Shift+D 重新激活之前的选区。接着，执行"选择"→"修改"→"扩展"命令，将选区扩展设定为 5 像素，以扩大选区的范围。在上下文任务栏中单击"创成式填充"按钮，此时不输入任何提示词，直接单

击"生成"按钮，进行内容的移除操作，如图
3-155所示。借助AI进行移除后的效果，如图
3-156所示。

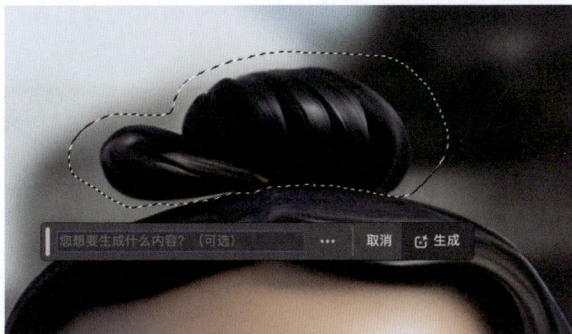

图3-155

图3-156

21 重新开启并选中之前复制生成的"小辫子"图
层，然后按快捷键Ctrl+T调出自由变换框，通过
旋转和拖放来调整小辫子的位置，如图3-157所
示。完成变换后的效果如图3-158所示。

图3-157

图3-158

22 按L键切换到"套索工具"，圈选出上衣区域。
在上下文任务栏中单击"创成式填充"按钮，并
输入提示词：China Qin Dynasty grey Armor，随
后单击"生成"按钮，如图3-159所示。这一步
的目的是利用创成式填充功能来生成古代盔甲的
图案。在此过程中，注意选区的范围应略大于上
衣的实际面积，以确保生成的盔甲图案能够完全
覆盖上衣部分。

图3-159

23 在反复生成多幅变化图像后，从中挑选出符合个
人构思要求的盔甲图案。在尝试不同的生成效果
时，可以对提示词进行相应的调整，以创造出更
多样化的视觉效果，如图3-160所示。

24 此处挑选了黄色盔甲的图像，但发现脖子区域存
在瑕疵。为了修复这一区域，使用"套索工具"
圈选出瑕疵部分。接着，在上下文任务栏中单击
"创成式填充"按钮，此时不需要输入任何提示

词，直接单击"生成"按钮，如图 3-161 所示。借助 AI 技术修补后的效果如图 3-162 所示，瑕疵已被成功去除。

25 在人物的额头与头发交界处的阴影部分，有一块不自然的投影。为了修复这个问题，按 J 键切换到"移除工具"，并对该区域进行涂抹以移除不自然的投影，如图 3-163 和图 3-164 所示。最终效果如图 3-165 所示。

图 3-160

图 3-161

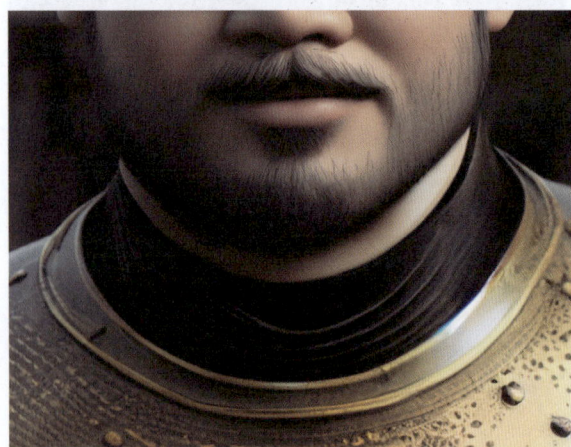

图 3-162

图 3-163

图 3-164

图 3-165

26 通过创建不同的选区形状，并使用提示词：fashion hairstyle，可以生成多样化的图像。如图3-166所示，这些不同的选区和提示词组合产生了独特且时尚的发型设计。

图3-166

27 我们还可以继续使用经过后期修复的武士卡通头像作为参考构图和样式构图，并结合新的提示词，在Firefly或Photoshop中继续创作出更多新颖有趣的内容。在Firefly中，选择一张黄色石头材质的图片作为样式参考（3-4材质.jpeg），如图3-167所示。同时，将图3-164的武士卡通头像作为参考构图，配合提示词：A terracotta warrior，并设置"艺术"风格和"工作室灯光"效果，从而生成兵马俑武士头像。相关的设置和最终的生成效果如图3-168所示。

图3-167

图3-168

28 通过更换或删除样式参考，同时保留图3-165作为参考构图，并结合不同的提示词和效果设置，可以迅速生成各种有趣的图像。例如，图3-169展示了素描效果，图3-170呈现了折纸效果，图3-171则为斯巴达勇士效果，而图3-172则展现了篮球运动员的效果。这些多样化的效果充分展示了创作的灵活性和趣味性。

提示词：A ancient warrior

图3-169

提示词：A ancient warrior made of colors, origami

图3-170

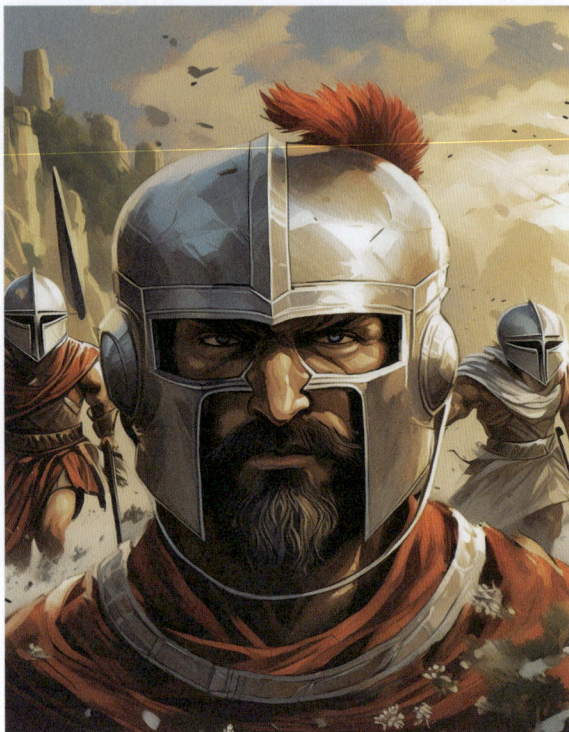

提示词：正面，斯巴达人；历史上最可怕的战士 _ 战争

图3-171

提示词：正面，篮球运动球员：历史上天赋最高的球员 _ 世界篮球大赛

图3-172

29 如果在提示词中大胆融入动物元素，便有可能创造出科幻电影般的特效画面。例如，使用提示词：A gorilla terracotta warrior wearing armor, semi-profile，即可生成大猩猩武士的效果。相关的参数设置及其呈现效果如图 3-173 所示。

图3-173

30 修改提示词，将"大猩猩"分别替换为"老鹰""熊猫"和"老虎"，并将"勇士"改为"警察"。新的提示词为：A eagle (panda/tiger) wearing a police uniform, semi-profile。随后，将风格设置为卡通，重新生成后即可得到具有动画电影风格的动物特效头像。如图 3-174 所示，这是 3 种不同动物风格的人物特效头像。请注意，画面上的瑕疵需要在 Photoshop 中进行修复。

图3-174

31 在 Photoshop 中，使用"移除工具"等来消除明显的瑕疵，并通过 Camera RAW 滤镜提亮眼睛部分，从而使眼神显得更为犀利。处理后的效果如图 3-175 所示。

图3-175

32 调整提示词为"漫天大雪下的中国古代武士，脸上有虎纹，背景有战马，夜晚"，设置散景效果、电影风格。将强度参数值调整到50%，可以生成大雪天中，脸上纹有虎纹的中国古代勇士的效果，如图3-176所示。

图3-176

3.5　古罗马洞穴婚纱照

在本节中，将综合运用"对象选择工具"、创成式填充、"移除工具"等AI功能，以迅速修复背景，合成婚纱照，并生成新的元素，从而丰富画面内容，营造出古罗马时期洞穴的视觉效果。如图3-177和图3-178所示，这两张为原始图片；而经过合成并添加新元素后的画面，如图3-179所示。具体的操作步骤如下。

图3-177

图3-178

图3-179

01 首先，打开洞穴图片（3-5原图01.jpg），然后按L键使用"套索工具"圈选出如图3-180所示画面中的人物部分。接着，在上下文任务栏中单击"创成式填充"选项，再单击"生成"按钮，以借助AI技术进行移除操作。

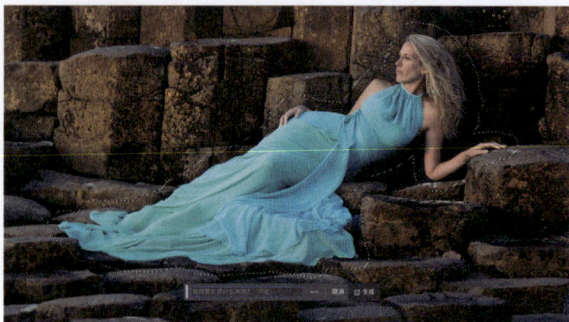

图3-180

02 在生成的图像中，挑选出满意的效果。创成式填充功能成功地移除了人物，并生成了新的内容以匹配背景上的石头。如图 3-181 所示，这一操作的效果显著。若没有创成式填充的帮助，将很难实现人物的移除和背景的完美修补。

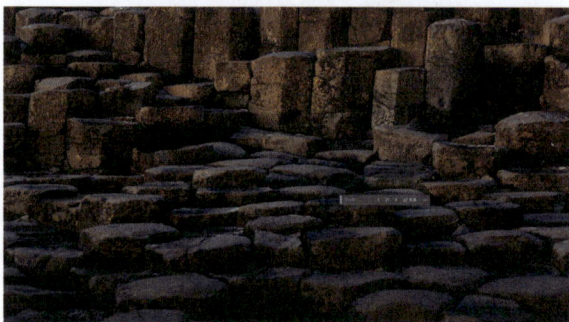

图3-181

03 打开一张婚纱照（3-5 原图 02.jpeg），按 W 键切换到"对象选择工具"。接着，单击画面中穿白色婚纱的女主人公，以快速创建选区。之后按快捷键 Ctrl+C 复制所选内容，如图 3-182 所示。这一过程完成了对女主人公的选取和复制操作。

图3-182

04 切换回背景为洞穴石头的文件后，按快捷键 Ctrl+V 进行粘贴操作，然后按快捷键 Ctrl+T 执行"自由变换"命令来缩放并调整女主人公的大小和位置，以确保其与背景相协调，调整后的效果如图 3-183 所示。

图3-183

05 接下来，将借助 AI 功能来融合人物边缘与背景。首先，放大视图并平移至底部的婚纱区域。然后，按 L 键使用"套索工具"，沿着婚纱边缘仔细绘制选区，确保选区同时覆盖少量的婚纱边缘和背景部分。完成选区创建后，在上下文任务栏中单击"创成式填充"按钮，并输入提示词：dress shadow，接着单击"生成"按钮，如图 3-184 所示。也可以选择不输入任何提示词，直接执行创成式填充操作。

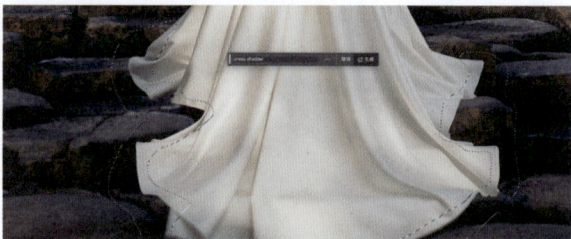

图3-184

06 稍等片刻，系统会生成 3 幅变化图像，我们需要从中挑选出与背景融合效果最佳的一幅。在这里，选择了第三幅变化图像，如图 3-185 所示。

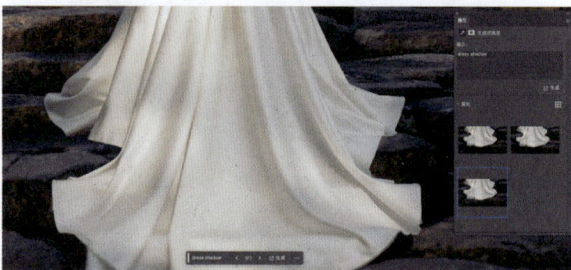

图3-185

07 继续使用"套索工具"，圈选出婚纱内部光线过亮的区域，如图 3-186 所示。由于婚纱的光影效果受到原图内容的影响，与当前背景不相匹配，因此需要借助 AI 技术来移除这些光影效果。

图3-186

08 在生成的图像中，需要仔细挑选一幅成功移除了横向光斑的图像，如图 3-187 所示。在此过程中，需要特别注意 AI 生成的图像可能会改变婚纱裙褶的形状，因此，应选择那些既移除了光斑又保持了婚纱原有形状的图像。

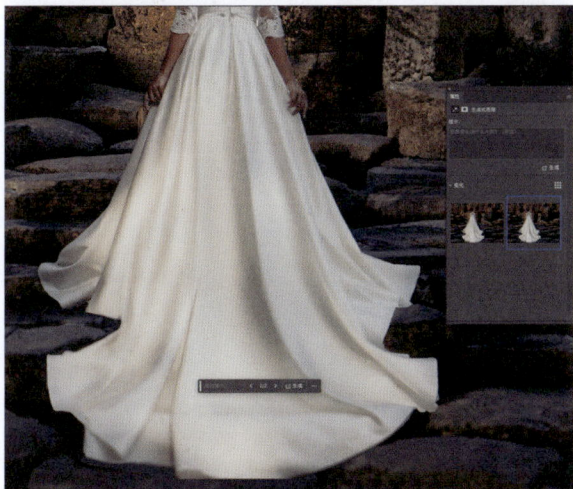

图3-187

09 按 J 键切换到"移除工具"，然后在人物边缘进行涂抹。在此过程中，注意随时放大视图，并按【和】键来调整画笔的大小，以确保涂抹的精确性。"移除工具"能够有效地去除边缘锐利的白边，并与背景实现自然融合，如图 3-188 所示。

图3-188

10 如果在同一个区域多次反复使用"移除工具"，会降低该区域画面的质量，会让画面变得模糊。尽量调整好画笔大小，使用一到两次涂抹来移除锐利边缘。继续使用"移除工具"修复婚纱边缘，如图 3-189 所示。移除后的效果如图 3-190 所示。

图3-189

图3-190

11 按 L 键切换到"套索工具"，然后沿着女主人公的头发边缘仔细绘制选区。在绘制过程中，确保选区同时覆盖部分头发和背景区域。完成选区后，在上下文任务栏中单击"创成式填充"按钮，接着再单击"生成"按钮，以借助 AI 技术实现头发边缘与背景的完美融合，如图 3-191 所示。AI 生成的图像如图 3-192 所示。

图3-191

图3-192

12 接下来，将使用创成式填充功能，通过文本生成图像的方式，在女主人公和场景中添加多个新物件，以丰富整个画面的视觉效果。首先，按 L 键使用"套索工具"，圈选出女主人公头发上方的区域。然后，在上下文任务栏中单击"创成式填充"按钮，并输入提升词：crown。接着，单击"生成"按钮，借助 AI 技术生成一顶皇冠，如图 3-193 所示。

图3-193

13 在生成的皇冠中，需要仔细挑选出与女主人公最为匹配的一顶，如图 3-194 所示。在此过程中，需要特别注意皇冠的外形与选区的形状紧密相关。因此，在创建选区时，不能随意进行，而应根据自己设定的皇冠形状来精确绘制选区。

图3-194

14 AI 生成的皇冠偏向黄色调，但我们的构思是让女主人公戴上一顶银质的皇冠。为了实现这一效果，可以在"图层"面板中单击"添加调整图层"按钮，然后选择添加"色相/饱和度"调整图层。接着，按住 Alt 键在"图层"面板的调整图层边缘上单击，或者直接按快捷键 Ctrl+Alt+G，以创建剪贴蒙版。这样，调整图层就只会影响皇冠所在的图层，而不会影响其他图层。在"属性"面板中，可以通过降低饱和度来让皇冠呈现银质的效果，如图 3-195 所示。

图3-195

15 借助 AI 文本生成图像功能，在石头上创建古罗马文字的碑文。使用"套索工具"圈选一块石头，在上下文任务栏中单击"创成式填充"按钮，输入提示词：Ancient Roman words engraved on stone，单击"生成"按钮，即可生成刻在石头上的古罗马碑文，如图 3-196 所示。

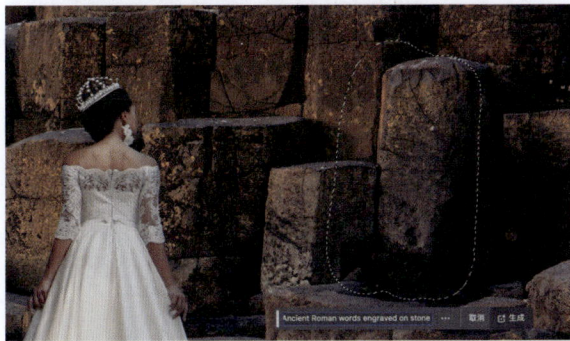

图3-196

16 生成碑文后，在另一块石头上创建匹配该石头的选区，使用同样的提示词，生成不同样式的碑文。如图 3-197 所示，可借助 AI 技术生成多个

碑文。如生成的图像需要处理与背景石头的融合，可借助图层混合样式、图层蒙版等进行深入处理。

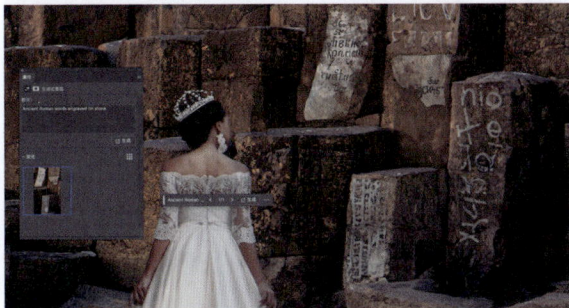

图3-197

17 使用"套索工具"，在一块石头的顶部创建碗状的选区。在上下文任务栏中单击"创成式填充"按钮，输入提示词：Ancient Roman bowl of fruits，然后单击"生成"按钮，即可使用 AI 技术生成装满水果的碗，如图 3-198 所示。

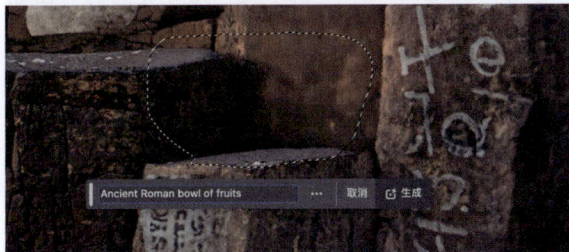

图3-198

18 在生成的图像中，挑选与背景及古罗马风格相匹配的碗，如图 3-199 所示。其中一幅图像虽然看起来不错，但是呈现了类似青花瓷的效果，这与背景和提示词并不匹配。

图3-199

19 在不同石头的顶部，使用"套索工具"创建相应的选区，然后使用同样的提示词（也可使用中文

提示词）来生成与背景相匹配的不同形状的器皿，如图 3-200 所示。

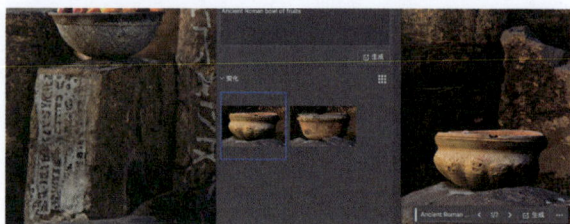

图3-200

20 在装满水果的器皿旁，使用"套索工具"创建一个类似宝剑的选区。接着，在上下文任务栏中单击"创成式填充"按钮，输入提示词"插在石头上的古罗马长剑"，然后单击"生成"按钮，如图 3-201 所示。

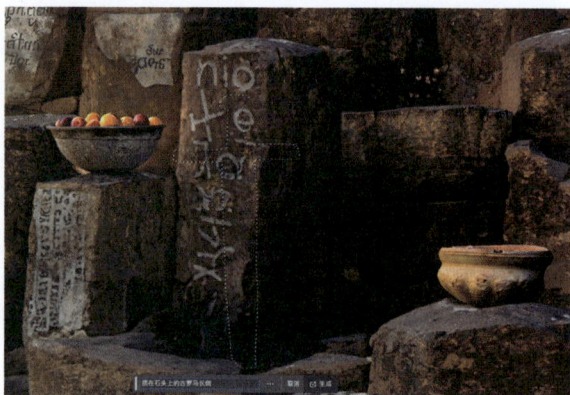

图3-201

21 AI 生成的古罗马长剑不仅形状准确，剑身上还呈现出斑驳的年代感，同时也展现出了插在石头上的逼真样式。在这里，特别挑选了一把剑柄为深色的长剑，如图 3-202 所示。

图3-202

22 在长剑的左下方石头上生成新的器皿，以丰富画面内容。首先，使用"套索工具"创建碗状选区，接着在上下文任务栏中单击"创成式填充"按钮，然后输入提示词：Ancient Roman bowl，并单击"生成"按钮。如图 3-203 所示，可根据需要在不同石头上生成多个碗状器皿。

图3-203

23 在左侧大石头的空白处，沿着石头表面形状创建选区。然后，在上下文任务栏中单击"创成式填充"按钮，输入提示词：Ancient Roman totem，接着单击"生成"按钮。如图 3-204 所示，可借助 AI 生成类似图腾的内容。

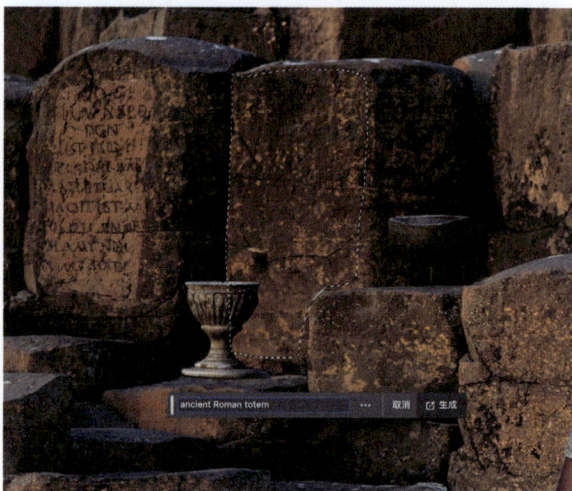

图3-204

24 AI 生成了具有人像浮雕效果的图像，利用该图像可以让整个画面更加多样化，如图 3-205 所示。

图3-205

25 在长剑倚靠的石头上方，使用"套索工具"创建一个类似椭圆形的选区。接着，在上下文任务栏中单击"创成式填充"按钮，输入提示词：black cat，然后单击"生成"按钮。如图3-206所示，可借助AI生成一只趴在石头上的黑猫。在此过程中，请注意选区的形状要与黑猫趴着的姿态相匹配。

图3-206

26 在AI生成的变化图像中挑选满意的图像。如图3-207所示，图中是一只趴在石头上、小心谨慎地注视下方的黑猫。

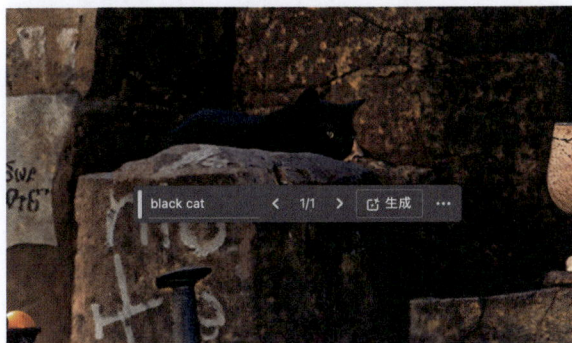

图3-207

27 使用同样的方法，创建与期望的猫姿态相匹配的选区，然后更改提示词为white Persian cat，在右下方的器皿后面生成一只白色波斯猫，如图3-208所示。

图3-208

28 添加"色相/饱和度"调整图层，然后按快捷键Ctrl+Alt+G创建剪贴蒙版，以确保调整图层仅影响白猫所在的图层。接着，在"属性"面板中降低饱和度，以减少白猫颈部和腹部的黄色反光，如图3-209所示。

图3-209

29 下面使用传统方法将素材图片中的头盔和甲胄摆放到石头上。首先，打开头盔图片，然后使用"对象选择工具"依次选中甲胄，并按快捷键Ctrl+C复制甲胄图像，如图3-210所示。

图3-210

30 按快捷键 Ctrl+V 粘贴，将甲胄放入到洞穴文件中，然后按快捷键 Ctrl+T 调整到合适的位置上。同理，将头盔也复制粘贴到洞穴文件中，如图 2-211 所示。

图3-211

31 在头盔图层上方添加一个"曝光度"调整图层，然后按快捷键 Ctrl+Alt+G 创建剪贴蒙版。接着，在"属性"面板中减小曝光度和位移的参数，以去除头盔上的高光区域，如图 3-212 所示。

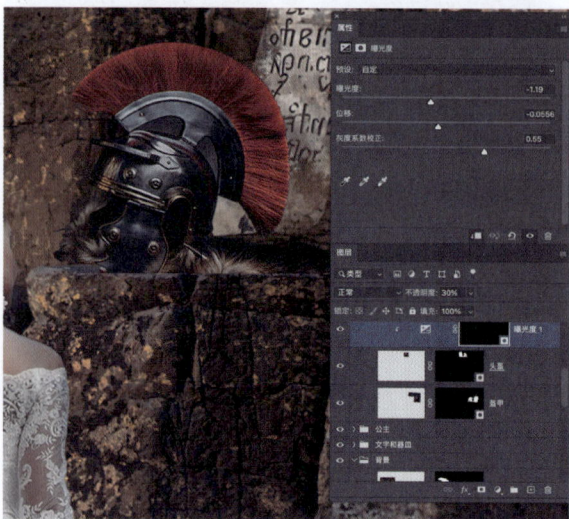

图3-212

32 按 L 键切换到"套索工具"，圈选头盔顶部以及与背景相交的区域。在上下文任务栏中单击"创成式填充"按钮，然后再单击"生成"按钮。如图 3-213 所示，可借助 AI 融合头盔边缘与背景相交的区域。

图3-213

33 挑选出满意的生成图像，如图 3-214 所示。通过使用创成式填充，能够快速完成头盔与背景的融合处理，不仅处理速度快，而且效果也令人满意。然而，需要再次提醒的是，生成的图像往往会改变边缘形状，因此在操作完成后，应放大视图进行仔细检查，以确保新生成的图像符合要求。

图3-214

34 使用同样的方法，先利用"套索工具"圈选出甲胄底部与背景相交的区域。然后，在上下文任务栏中单击"创成式填充"按钮，接着再单击"生成"按钮，如图 3-215 所示。生成的图像成功地将甲胄底部与石头融合在了一起，效果十分自然，如图3-216所示。

图3-215

图3-216

35 使用"套索工具"圈选画面左侧石头区域，确保选区形状类似于瀑布。接着，在上下文任务栏中单击"创成式填充"按钮，输入提示词：waterfall，然后再单击"生成"按钮，如图3-217所示。

36 在生成的图像中，仔细挑选出形态最为契合石头走势的瀑布。如图3-218所示，选区的形状对生

成的图像具有直接影响，因此，可以通过调整选区的形状来生成符合自己期望的瀑布。

图3-217

图3-218

37 使用"套索工具"在瀑布前面的石头上创建一个选区，确保选区的形状类似树枝。然后，在上下文任务栏中单击"创成式填充"按钮，输入提示词"树枝"，再单击"生成"按钮。如图3-219所示，这样就可以在选定的区域内生成树枝效果。生成的图像如图3-220所示。

图3-219

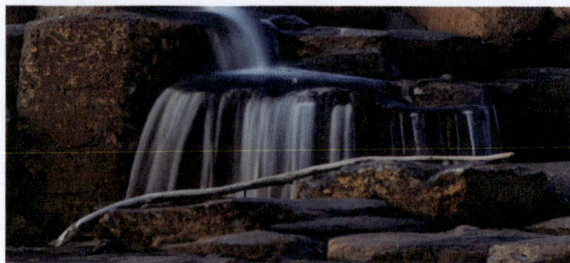

图3-220

38 在人物下方的区域创建一个小水坑。首先，使用"套索工具"创建一个选区。然后，在上下文任务栏中单击"创成式填充"按钮，输入提示词：water，再单击"生成"按钮。如图 3-221 所示，这样就可以在选定区域内生成水坑效果。创成式填充在人物下方成功生成了小水坑，效果如图3-222 所示。

图3-221

图3-222

39 在"调整"面板中添加"人像 - 明亮"和"电影 - 忧郁蓝"调整预设，调整后的最终效果如图3-223 所示。

图3-223

4

AI 移除修复

在目前众多的 AI 功能中，AI 移除修复技术因其稳定性和实用性而备受推崇。借助 Photoshop 强大的后期处理能力，AI 移除修复的流程已经非常成熟，且效果稳定。这项技术能够轻松移除画面中的多余人物或物体，并能修复复杂的场景。

整个工作流程大致如下：首先，利用创成式填充功能移除大面积且背景复杂的元素；其次，使用"移除工具"进行细节修复；最后，配合"仿制图章工具"恢复画面中缺失的材质。在这个过程中，可能会多次使用创成式填充，同时还会利用"对象选择工具"等来创建选区。根据实际情况，还可能会用到其他相关工具和命令。

基于两种移除方式的使用经验，我们得出以下对比结论，以帮助大家在学习和使用过程中更好地选择合适的方法：对于大面积的移除任务，建议使用 AI 生成式移除，即创成式填充；而对于小范围或局部的移除需求，"移除工具"则更为适用。

在背景单一的情况下，"移除工具"的表现尤为出色，因为其无须网络支持，作为本地工具，响应速度更快。然而，在使用创成式填充进行大面积图像移除时，需要特别注意可能出现的画质模糊问题。

创成式填充是在原始画面内容的基础上生成新图像，这有时会产生一些难以察觉的细微新元素。因此，在完成后务必认真仔细检查移除结果。此外，"移除工具"还具有一项独特功能，即能够拉直线条，这在处理包含线段透视的内容（如栅栏、桥梁、地面等）时非常有用，可起到恢复和校正的作用。

关于积分消耗方面，每次使用创成式填充都会消耗 1 个生成式积分。若"移除工具"开启了"生成式 AI"模式，则每次移除也会消耗 1 个生成式积分。在本书的所有案例中，除非特别说明，否则"移除工具"均默认关闭"生成式 AI"模式，并选中"对齐所有图层"复选框，同时取消选中"每次笔触后移除"复选框，如图 4-1所示。

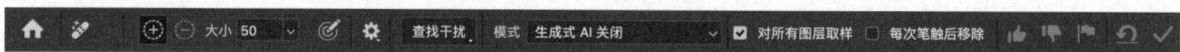

图4-1

基于以上内容，我们推荐采用创成式填充来进行大面积画面的生成式移除，随后利用"移除工具"对局部细节进行精细调整。接下来，将通过具体案例来深入探讨移除修复工作的实施方法。

4.1 移除工具

"移除工具"的推出堪称一场小型技术革新。以往那些难以处理的画面移除和修复任务，如今在"移除工具"的帮助下变得轻而易举，特别是在处理栏杆、形状边缘等的修复和校正方面表现尤为出色。为了更好地掌握"移除工具"的使用方法，首先需要了解其几个关键的属性设置。

4.1.1 每次笔触后移除

按 J 键（或连续按快捷键 Shift+J）以切换到"移除工具"。在工具属性栏的上方，取消选中"每次笔触后移除"复选框。取消选中该复选框后，即可分多次使用"移除工具"进行绘制和涂抹操作。此外，按住 Shift 键并在两点上单击，可以方便地绘制直线。笔者建议始终取消选中"每次笔触后移除"复选框，以获得更灵活的操作体验。下面以案例的形式进行深入的阐述，具体的操作步骤如下。

01 打开一张机场候机厅的照片（4-1-1 候机楼原图 .jpg）。按快捷键 Ctrl+Shift+N 创建新图层，然后按 J 键切换到"移除工具"，取消选中"每次笔触后移除"复选框，并选中"对齐所有图层"复选框。选中"对齐所有图层"复选框可使"移除工具"在新建图层上进行绘制，以保护原图不被更改。按【和】键调整画笔大小，使笔头略大于窗户框架。在垂直方向的窗户框架处单击，按住 Shift 键，再在窗户框架的另一端单击，绘制直线以覆盖垂直方向的框架。在绘制过程中，应注意随时调整画笔大小，确保完全覆盖框架。同时，要注意涂抹地面右侧框架的投影。如图4-2所示，紫色覆盖的区域即为"移除工具"绘制的区域。

图4-2

02 按Enter键执行移除操作，移除效果如图4-3所示。仔细查看后，可发现在原有框架处存在细微的垂直线条，此时可缩小笔头，继续涂抹以进行移除。

图4-3

03 采用相同的方法，配合Shift键移除横向的框架。最后，继续使用"移除工具"对瑕疵内容进行修复，以确保细节上的完美。如图4-4所示，为移除前后的效果对比。本例操作相对简单，其重点在于取消选中"移除工具"的"每次笔触后移除"复选框，这样才能配合Shift键绘制直线。另外，务必将移除等修复工作放在新建图层内进行（注意选中"对齐所有图层"复选框），以便随时进行调整。

图4-4

4.1.2 查找干扰：电线电缆

在Photoshop 2025中，新增了"查找干扰"功能，可以通过该功能自动去除图像中的电线电缆，或者一键选中除主体人物外的其他人物以便进行后续处理。此功能极大地简化了移除场景中繁杂电线电缆的操作，然而，值得注意的是，移除过程可能需要耗费一定时间，并且在移除后，还需要投入相当精力来修复可能产生的新瑕疵。具体的操作步骤如下。

01 打开一张乡间房子的照片（4-1-2电线原图.jpg），照片上可见电线，但背景相对较为简洁，如图4-5所示。

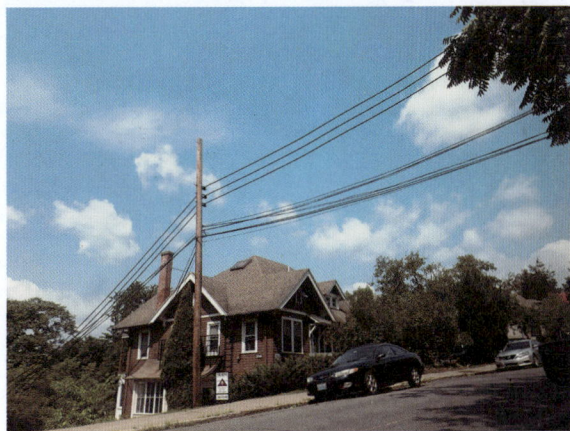

图4-5

02 按快捷键 Ctrl+Shift+N 新建图层，并将其重命名为"生成式 AI 关闭"。接着，按 J 键切换至"移除工具"，在属性栏中单击"查找干扰"按钮，随后单击"电线和电缆"按钮，如图 4-6 所示。此时，可以看到系统提示："当前使用一键式移除功能，并未启用生成式 AI"。

图4-6

03 经过较长时间的等待后，画面中的电线被移除了，效果如图 4-7 所示。从远处看，效果尚佳，但仔细观察会发现画面中又出现了一些瑕疵。在进行修复时，务必放大视图，以便仔细检查新生成的区域。

图4-7

04 保持选中"生成式 AI 关闭"图层，确保属性栏的模式设置为"生成式 AI 关闭"。接着，按【或】键来调整画笔大小，同时配合 Shift 键涂抹电线杆，如图 4-8 所示。

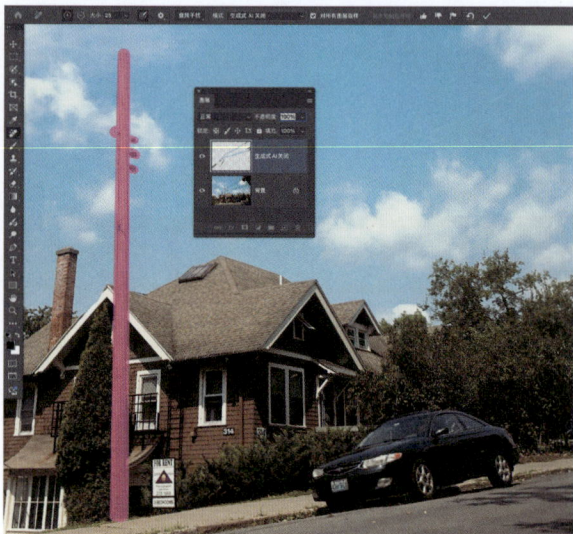

图4-8

05 按 Enter 键执行移除操作后，按快捷键 Ctrl++ 放大视图并平移到房子区域，可以直观地看到房顶以及外立面上新出现的瑕疵，如图 4-9 所示。另外，还有一些细小的瑕疵，需要通过与原图的对比分析才能发现，例如白色窗框处的结构发生了变化，以及画质模糊的区域等。这些瑕疵和缺陷，稍后会一并进行修复。

图4-9

06 按住空格键，拖曳鼠标指针，平移视图至画面右下角。此时，可以看到一个多余的后视镜及其投影，如图4-10所示。接下来，将移除这个后视镜及其投影。

图4-10

07 使用"移除工具"，在"生成式AI关闭"模式下，移除后视镜及其投影区域，如图4-11所示。

图4-11

08 按Enter键执行移除操作。移除后的画面如图4-12所示，移除了后视镜，但是路边汽车的后半部分变得模糊不清。

图4-12

09 按快捷键Ctrl+Z撤销移除操作。新建图层，并将其重命名为"生成式AI开启"。接着，在"移除工具"上方的属性栏里设置模式为"生成式AI开启"。随后，在画面中涂抹后视镜及其投影，如图4-13所示。最后，按Enter键，借助生成式AI技术来移除后视镜。生成的效果还是非常不错的，如图4-14所示。不过，车后面的路基画面变得模糊不清，而且生成的图像被放置在了普通图层中。

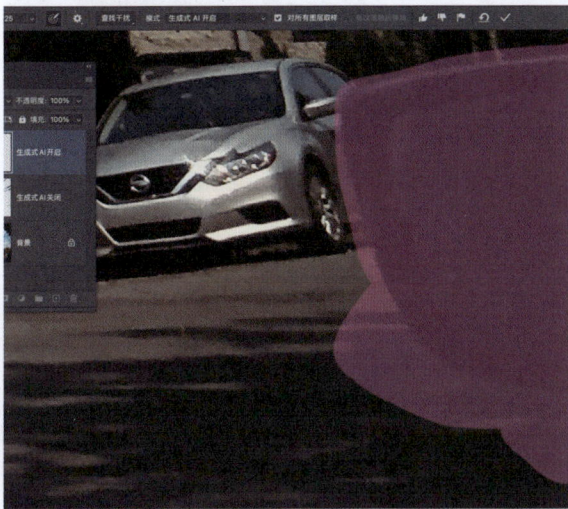

图4-13

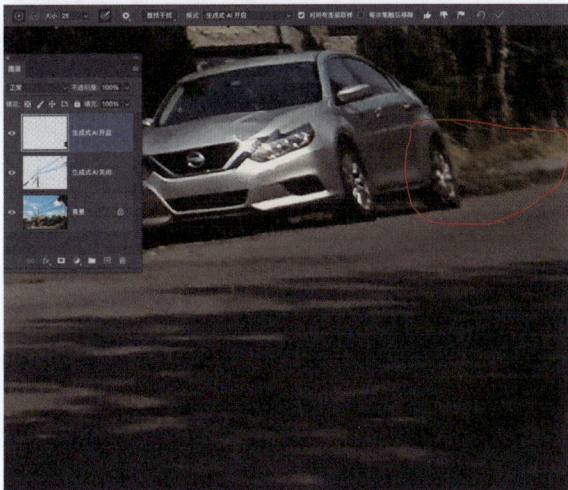

图4-14

10 隐藏"生成式AI开启"图层。按快捷键Shift+L切换到"套索工具"，圈选后视镜。在上下文任务栏中单击"生成式填充"按钮，如图4-15所示。不输入任何提示词，直接单击"生成"按钮。

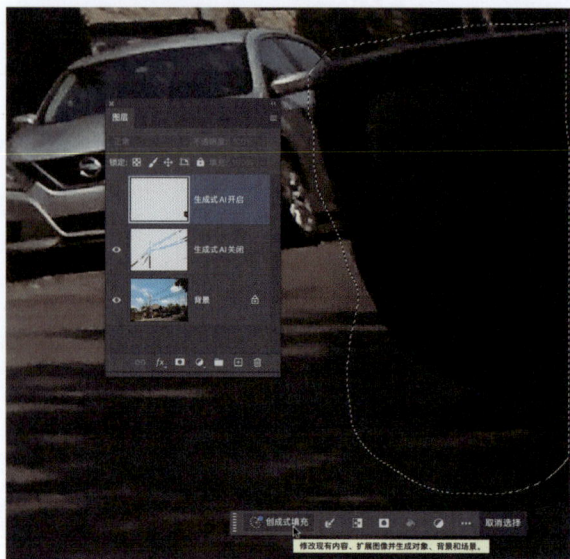

图4-15

11 等待片刻，即可看到使用生成式填充成功移除了后视镜。在"属性"面板中，可以看到有 3 幅变化图像可供选择，这相比仅使用"移除工具"（开启生成式 AI）更具优势。此外，留意车辆后面的路基画面，效果非常出色，如图 4-16 所示。两种 AI 移除的效果对比，如图 4-17 所示。左侧画面为使用生成式填充的移除结果，右侧画面为使用"移除工具"（开启生成式 AI）的移除结果。

图4-16

图4-17

12 放大并平移视图至画面左侧的房顶处。使用"移除工具"，并在属性栏中设置模式为"生成式 AI 关闭"。然后，按快捷键 Ctrl+Shift+N 创建新图层，并将其重命名为"修复瑕疵"。最后，在房顶右侧空缺处进行涂抹，如图 4-18 所示。

图4-18

13 按 Enter 键执行移除操作。移除后的效果如图 4-19 所示。"移除工具"修补了空缺区域，这为继续深入修复提供了便利。

图4-19

14 按【键缩小画笔大小，然后耐心地分阶段修补房顶的边缘。接着，借助"移除工具"拉直房顶边缘。再按【键放大画笔大小，对房屋侧面未对齐的边缘进行涂抹修复。最终的修复结果和涂抹区域如图 4-20 所示。

图4-20

⑮ 按 Enter 键执行移除操作后，侧面边缘得以对齐。接下来，可以继续使用"移除工具"对边缘进行进一步修复，如图 4-21 所示。

图4-21

⑯ 房顶左侧缺失的内容较多，针对大面积的修复，使用生成式填充效果会更好。按 L 键切换到"套索工具"，圈选空缺区域。在上下文任务栏中单击"生成式填充"按钮，不输入任何提示词，直接单击"生成"按钮，如图 4-22 所示。在生成的图像中选择第二幅，如图 4-23 所示。接着，创建新图层，并使用"移除工具"修复房顶边缘的形状，最终的修复结果如图 4-24 所示。

图4-22

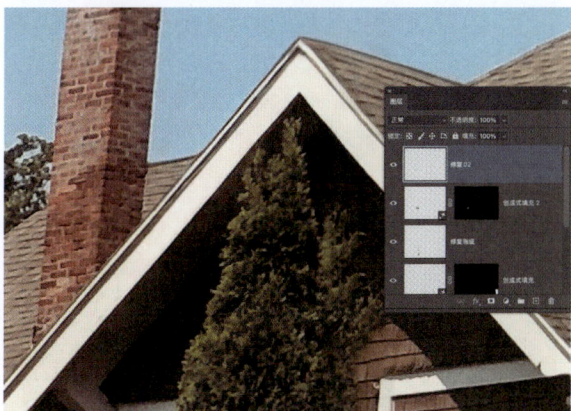

图4-23

图4-24

⑰ 平移视图至房子外立面阳台处。接下来，使用"移除工具"涂抹白色线段下方的区域，以修复下方缺失的部分。如图 4-25 所示为涂抹区域，而图 4-26 展示了修复后的画面。

图4-25

图4-26

18 阳台侧面和下方有些区域的画面模糊，这是由于
移除电线杆所导致的，虽然不易被察觉，但仍需
进行修复，如图 4-27 所示。接下来，使用"移
除工具"涂抹画面模糊的区域，如图 4-28 所
示。按 Enter 键执行移除操作后，根据当前画面
周边的内容，系统会重新生成新的内容。这些新
内容有效地改善了原有画质，如图 4-29 所示。

图4-27

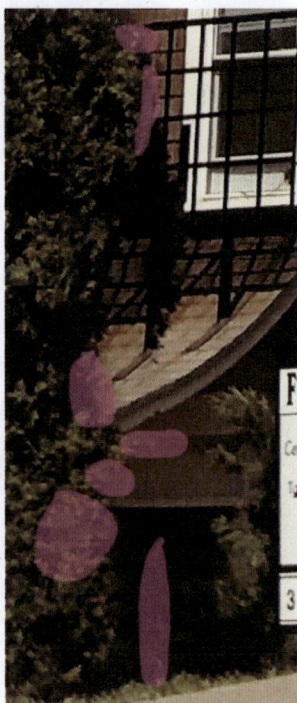

图4-28

19 平移画面至房子左侧的外立面，可以观察到一
些电线的投影以及左上方窗户底部存在的结构
错误，如图 4-30 所示。接下来，使用"移除工
具"并调整画笔大小，对瑕疵区域进行涂抹修
复，如图 4-31 所示。在此过程中，仔细观察并

留意细节，例如画面下方窗户内的电线投影，也
需要进行移除修复。

图4-29

图4-30

图4-31

图4-32

20 按 Enter 键执行移除操作。移除后的效果如图 4-32 所示，可以观察到仍有几处明显的瑕疵。对于窗户下方的结构错误，按 S 键切换至"仿制图章工具"，并按 Alt 键选取附近的样本，然后在多出的线段上进行绘制以覆盖错误部分。对于其余瑕疵，则使用"移除工具"进行进一步的移除修复或拉直边缘，最终的修复效果如图 4-33 所示。房子外立面和房顶修复前后的对比效果如图 4-34 所示。左侧画面展示的是修复前的状态，而右侧画面则展示了修复后的效果。图 4-35 所示为原图。移除电线并修复画面后的效果如图 4-36 所示。通过对比移除电线前后的差异，可以明显看到改善。在修复过程中，务必注意放大视图，以便仔细比对差异，找出瑕疵和有问题的内容。例如，天空中有很细微的移除痕迹，房屋外立面上残留的电线投影，以及画质模糊的树枝等，这些都需要进行进一步的修复处理。整个修复流程中，使用的工具组合包括生成式填充、移除工具和仿制图章工具。

图4-33

图4-34

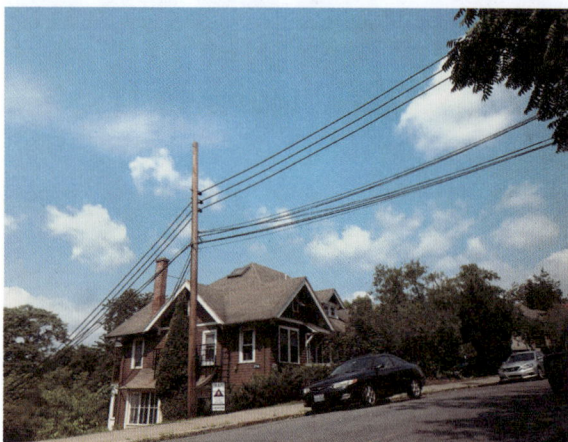

图4-35

图4-36

4.1.3　移除复杂电线

接下来，将使用"移除工具"来消除画面中的复杂繁多电线，以展示一键式移除的便捷效果，并探讨后续的修复工作流程。具体的操作步骤如下。

01 打开名为"4-1-3 复杂电线原图 .jpg"的街景照片，其画面如图 4-37 所示。在这张照片中，街道上电线纵横交错，手动移除这些电线相当困难。

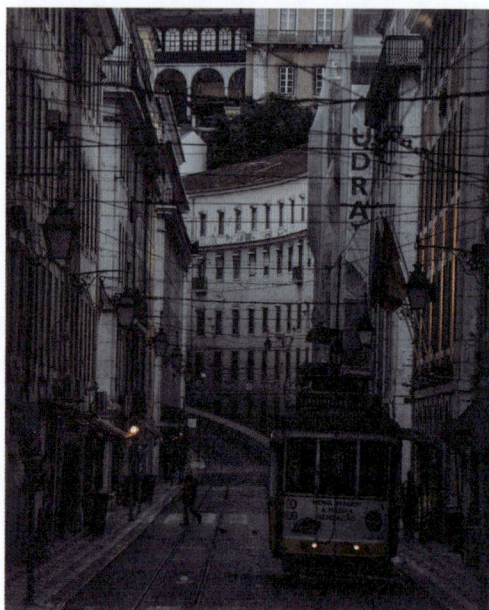

图4-37

02 创建新图层。接下来，使用"移除工具"，在上方属性栏中单击"查找干扰"按钮后，再单击"电线电缆"按钮。稍等片刻，即可一键移除画面中复杂繁多的电线电缆，效果如图 4-38 所示。虽然移除后画面中仍存在一些瑕疵，但不可否认，一键式移除功能已为我们解决了大问题。接下来，只需进行细节修复即可。

图 4-38

03 放大视图并平移至画面右上角区域，可见仍残留了一些电线的投影。同时，画面右下角的路灯也缺失了部分支架，如图 4-39 中红色圈内所示。

图 4-39

04 若要修复右下角的路灯支架，首先返回到"背

景"图层，也就是原始画面，如图 4-40 所示。

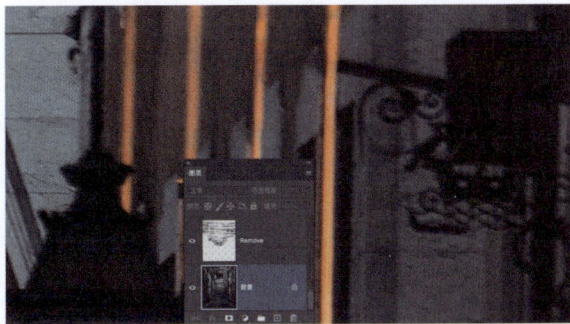

图 4-40

05 选中"背景"图层，并隐藏其他图层。接着，使用"对象选择工具"和"套索工具"选中原有的支架图像。之后按快捷键 Ctrl+J 将其复制到新图层，并将新图层重命名为"路灯 02 画右"，如图 4-41 所示。

图 4-41

06 显示所有图层，即可看到已恢复的支架图像。但需要注意，画面中仍有两处内容丢失，如图 4-42 所示。

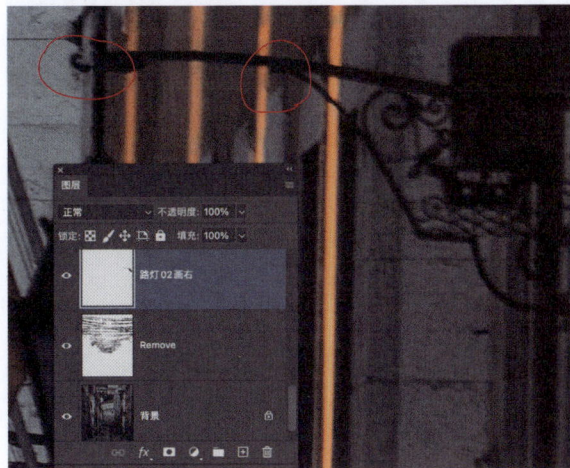

图 4-42

07 利用"移除工具"和"画笔工具"，对两处缺失的内容进行修补，修补效果如图 4-43 所示。

图4-43

08 创建新图层后，使用"移除工具"，并将模式设置为"生成式 AI 关闭"。在此过程中，要注意调整画笔的大小，以便移除电线投影。移除电线投影及修补支架的最终效果如图 4-44 所示。

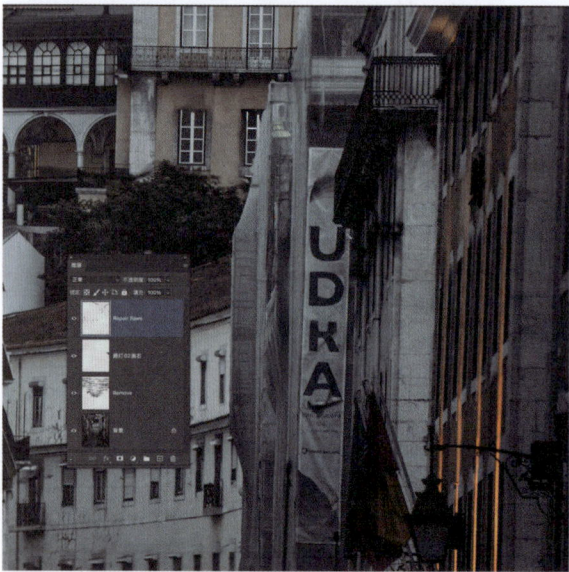

图4-44

09 采用相同的方法，对画面左侧的路灯以及建筑外立面上的瑕疵进行修补。图 4-45 展示了修复前的画面状况，而图 4-46 则呈现了修复后的完整画面。移除修复的前后对比图：图 4-47 展示的是原图，而图 4-48 呈现了移除修复后的画面效果。通过"查找干扰"功能中的一键式"电线电缆"移除功能，尽管无法做到尽善尽美，但能够迅速清除画面中复杂繁多的电线，为后续修复工作提供了便利。否则，若要手动移除如此多的电线，几乎是不可能完成的任务。

图4-45

图4-46

图4-47

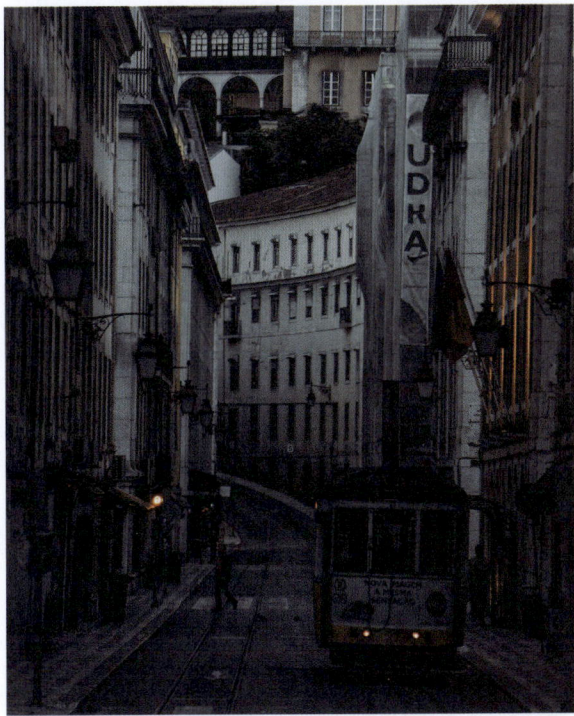

图4-48

一键式移除电线电缆功能，在背景相对简洁的画面中表现尤为出色，能够轻松应对复杂的电线移除任务。然而，在背景本身错综复杂的情况下，如繁忙的街景，移除密布的电线则可能需要更为烦琐的后期修复工作。

尽管如此，与传统的手动移除方式相比，一键式移除无疑为我们带来了前所未有的便利。在过去，手动移除大量电线不仅耗时耗力，而且效果往往难以保证。如今，我们可以结合多种工具来完成最终的后期处理，通常包括一键式移除、专门的移除工具、创成式填充以及仿制图章工具等，从而更高效地达到预期效果。

4.2 创成式填充和移除工具

本节将对创成式填充和移除工具（在"生成式 AI 关闭"状态下）的功能特点进行对比分析，旨在明确两者各自不同的使用场景和生成特点，并寻求技术上的互补方案。通过深入理解和掌握，我们最终能够熟练运用"创成式填充 + 移除工具 + 仿制图章工具"的组合技巧。接下来，将从使用过程和生成结果两个方面，详细对比分析创成式填充和"移除工具"的特点。

※ 在使用过程中，创成式填充需要网络支持，而"移除工具"（在"生成式 AI 关闭"状态下）则无须网络支持。此外，创成式填充需要先创建选区才能使用，而"移除工具"则无法应用于智能对象类图层，包括生成式图层。在使用"移除工具"时，务必在新建的空白图层上进行操作。

※ 在使用创成式填充时，有时可能会遇到"违反了用户准则"的提示，导致无法生成填充内容，如图 4-49 所示。如果确定要移除的内容并未违反用户准则，此时可以尝试输入提示词 remove 或英文句号"."，然后再次单击"生成"按钮，如图 4-50 和图 4-51 所示。通常情况下，这样做可以让 AI 正常生成内容。

图4-49

图4-50

图4-51

※ 画面质量问题。在使用 AI 生成图像时，尤其是大面积的图像，需要特别注意画面的清晰度以及其与周边内容的匹配度。如果发现新生成的画面较为模糊，与周边内容存在明显反差，那么就需要采取措施来提升画质或恢

复材质。具体做法可以是缩小范围后使用创成式填充进行再次生成，也可以利用"仿制图章工具"将清晰的材质复制到模糊的画面上。例如，当遇到选区内图像非常模糊的情况，如图 4-52 所示，可以通过创成式填充再次生成以提高画质，改善后的画面效果如图 4-53 所示。

图4-52

图4-53

※ 改变原有内容的问题。使用创成式填充进行移除操作后，原有图像一定会发生变化。因此，每次生成后，务必记得放大视图仔细检查细节，尤其是边缘区域，以确保新生成的画面满足制作要求。针对改变原有图像的问题，在开始规划制作手段时，就应充分考虑并预见这一情况。当图像发生变化时，需要采取相应措施进行有针对性的修复。

4.2.1　移除栅栏和标牌

移除栅栏和标牌的具体操作步骤如下。

01 打开一张泰山顶上的拱北石照片（4-2-1 拱北石原图 .jpg），如图 4-54 所示。接下来，计划移除景点前大量的铁栏杆和左侧的标牌。

图4-54

02 图 4-55 所示的画面展示了使用创成式填充进行一次性移除的效果。单论移除后的效果，确实相当出色，但是拱北石作为众所周知的景点，其下方石头的形状也是标志性的。然而，生成的图像改变了下方石头的形状和堆放结构，这就相当于改变了景点的整体结构，从而让画面显得不够真实。

图4-55

03 相对于整个画面而言，铁栏杆所占区域较为细小。因此，选择使用"移除工具"来进行移除和修复操作。首先新建一个图层，然后调整画笔的大小，并适当调整视图，以便手动涂抹掉栏杆，如图 4-56 所示。需要注意的是，这个过程需要一定的耐心和时间。

图4-56

04 使用"移除工具"进行移除操作，可以保留下方石头的原貌和堆放结构。在移除栏杆后，还需要综合运用"创成式填充＋移除工具＋仿制图章工具"对细节进行进一步的修复。如有需要，可以执行"天空替换"命令将天空替换为日出时的景象。如图 4-57 所示为原图，图 4-58 展示了移除铁栏杆和左侧标牌，并进行天空替换后的画面效果。

后的效果如图 4-60 所示。

图4-57

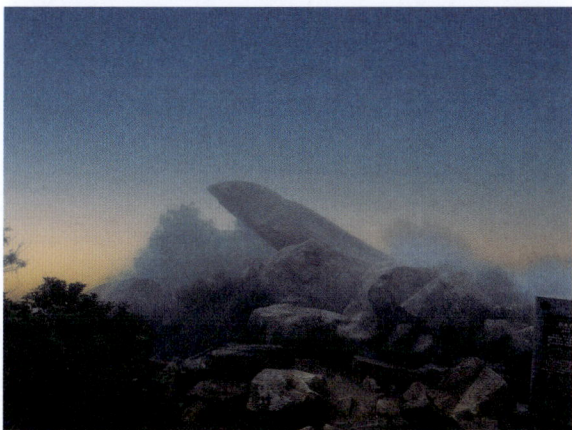

图4-58

4.2.2　生成式 AI 移除

生成式 AI 移除的具体操作步骤如下。

01 如果背景相对单一简洁，那么也可以考虑使用"移除工具"进行生成式移除。如图 4-59 所示（4-2-2 原图 .jpeg），该图中需要移除画面右侧拿网球拍的女孩。通过使用"移除工具"，并在属性栏中将模式设置为"生成式 AI 开启"，然后涂抹女孩并按 Enter 键，即可移除女孩，移除

图4-59

图4-60

02 创建新图层后，继续使用"移除工具"，并在属性栏中将模式设置为"生成式 AI 关闭"，以便修补画面。如图 4-61 所示，利用"移除工具"涂抹场地内断开的白线部分。完成涂抹后，按 Enter 键执行移除操作，移除后的效果如图 4-62 所示。

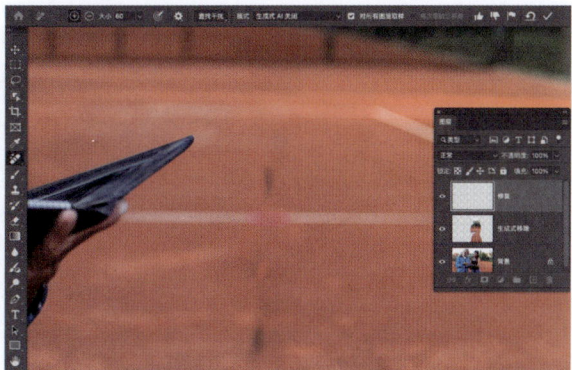

图4-61

图4-62

移除前后的效果对比，如图 4-63 所示。可以看出，针对背景较为单一简洁的场景，即使使用"移除工具"的"生成式 AI 开启"模式，也一样可以进行生成式移除，然后再通过修复细节，最终得到完美的画面。

图4-63

4.2.3　AI 生成改变原图

创成式填充与生成式 AI 在每次生成过程中，都会在一定程度上改变周边图像。因此，在每次生成完成后，都需要强调一点：务必放大视图进行细致观察，并与原图像进行详尽对比，以便准确识别出生成前后的所有差异。只有当生成图像满足制作要求，且所有改变均处于可接受范围内时，方可采纳并应用。若改变超出可接受范围，则需要采取修复措施或探索其他解决方案。接下来，将选取几个人像作为实例，共同探讨这些改变所带来的具体影响及其相应的处理方式。

在人物面部区域使用 AI 生成式移除技术，可能会引发诸多问题，尤其是在大面积（相对于面部区域而言）应用时。因此，在面部，特别是五官区域，需要谨慎使用 AI 技术。如图 4-64 所示，左侧画面展示的是原图（4-2-3 投影原图 .jpg）。在选中面部阴影区域并输入提示词：remove shadow 后，生成了右侧的画面内容。可以清晰地观察到，虽然阴影被迅速移除，但人物的眼睛和眉毛都发生了显著变化。尽管从移除阴影和与周边图像的匹配度来看，生成的图像相当出色，但生成后的结果却像是换了一个人。如果我们的目标是保留原图的内容，那么就需要采用传统的方法来移除投影。

图4-64

使用创成式填充移除眼镜上的反光，如图 4-65 所示。左侧为原图（4-2-3 移除光斑原图 .jpg），我们使用"套索工具"圈选出眼镜上的反光区域。然后，应用创成式填充，并输入提示词"移除光照"，生成了右侧的图像。可以看到，眼镜上的反光光斑已被成功移除。仔细观察后还会发现，生成的图像对眉毛和眼睛做了细微的改变。但整体来看，这些改变并不明显，且在可接受的范围内。此外，我们还可以用同样的方法圈选嘴巴区域，并使用创成式填充，输入提示词"微笑"，让 AI 生成微笑的嘴巴；或者用同样的方法，输入提示词：black hair，将头发颜色改为黑色。这些生成的内容效果都不错，但具体是否使用，还需根据实际要求来决定。

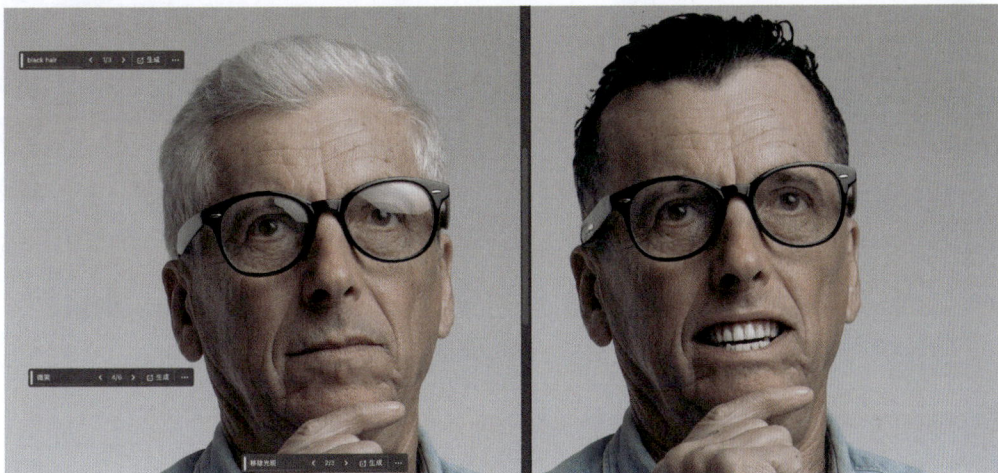

图4-65

使用创成式填充来让人物闭上眼睛和睁开眼睛。如图 4-66 所示，我们利用创成式填充功能，通过选定区域并配合提示词："闭上眼睛"，借助 AI 技术使画面中的人物闭上眼睛。图中左侧为原图（4-2-3 闭上眼睛 - 原图 .jpg），而右侧则展示了生成后的闭眼画面。同样地，通过选定区域并输入提示词"睁开眼睛"，也可以让人物睁开眼睛，效果如图 4-67 所示。在该图中，左侧为原图（4-2-3 睁开眼睛 - 原图 .jpg），右侧则是生成后的睁眼画面。在创建选区时，务必确保整个眼部区域被选中，同时避免选中眉毛、鼻子等其他区域。无论是闭眼还是睁眼的生成内容，其本质都是根据当前画面重新生成新的眼睛以进行匹配。值得注意的是，新生成的眼睛能够完美地与原图的光影效果相协调。然而，核心问题在于眼睛的形状和结构是否符合自己的设计制作要求。例如，在睁眼的画面中，仔细观察可以发现眼珠类似于黑色的围棋子，缺乏虹膜等结构。若打算使用该效果，可能需要重新生成或从其他图片中克隆眼珠（请注意，生成的画面中可能会存在细小的瑕疵，特别是在瞳孔、眼窝等区域。这些瑕疵可以通过"移除工具"和"仿制图章工具"进行修复。但在此处，主要关注创成式填充的生成结果，因此不进行修复操作）。

图4-66

图4-67

4.3　移除涂抹式泥膜

　　在本节中，将结合使用创成式填充与"移除工具"，借助 AI 技术来清除面部涂抹的泥膜，并对细节进行修复。随后，将扩展并更换背景，最后运用"液化"滤镜来调整脸型，以确保其与原图中的人物脸型相契合。图4-68 所示为原图（4-3 移除泥膜 - 原图 .jpg），图 4-69 展示了完成后的画面效果。在整个过程中，我们主要采用了以下工具和命令组合：创成式填充、"移除工具"、生成式扩展以及液化。值得注意的是，创成式填充和"移除工具"在操作过程中可能会多次使用。接下来，讲述如何有效去除面部的涂抹式泥膜，具体的操作步骤如下。

图4-68

图4-69

01　按 Shift+L 键切换到"套索工具"，然后圈选涂抹在面部的泥膜。注意，选区应略大于泥膜区域，并尽量贴着泥膜边缘勾勒选区。创建选区完成后，在上下文任务栏中单击"创成式填充"按钮，此时无须输入提示词，直接单击"生成"按钮即可，如图 4-70 所示。

02　移除结果如图 4-71 所示。大部分泥膜已被移除，但同时又生成了新的泥膜。接下来，继续使用"套索工具"圈选新生成的泥膜，并在创成式填充中输入提示词：remove mask，尝试用该提示词引导移除操作，效果如图 4-72 所示。注意，每次使用 AI 进行移除操作时，结果都可能有所不同。因此，需要根据实际情况来决定是否继续使用创成式填充。

03 再次使用创成式填充进行移除操作后，面部仅剩下极少量的绿色线条，如图 4-73 所示。对于局部小范围的移除任务，使用"移除工具"会更加高效。

图4-70

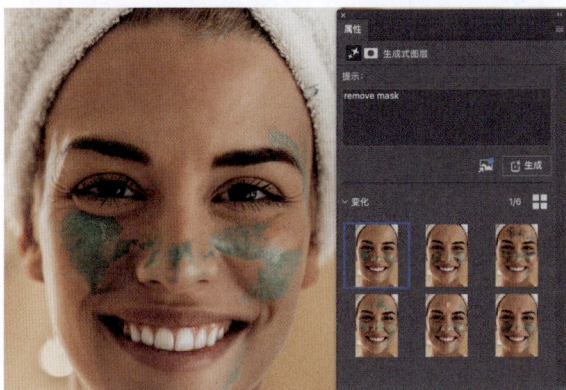

图4-73

04 按快捷键 Ctrl+Shift+N 创建新图层，并将其重命名为"修复"。接下来，按快捷键 Shift+J 切换到"移除工具"，用以移除新生成的绿色线段。移除完成后，进一步修复面部及背景上的瑕疵，包括背景上的光斑和鼻头上的高光等，图 4-74 中红色圈内所示的区域。最终移除和修复后的效果如图 4-75 所示。

图4-71

图4-72

图4-74

图4-75

05 画面左侧的酒窝存在缺失和瑕疵，使用"移除工具"难以修复。此时，可以使用"套索工具"圈选该区域，然后在上下文任务栏中单击"创成式填充"按钮，输入提示词"微笑的酒窝"，并单击"生成"按钮，如图 4-76 所示。这样就可以再次生成新的酒窝，效果如图 4-77 所示。

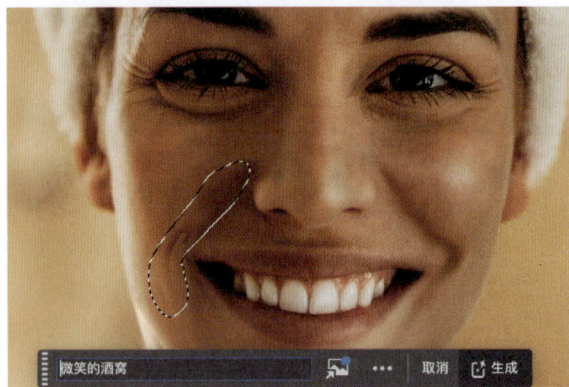

图4-76

图4-77

06 使用"裁切工具"，向头顶上方和画面右侧进行生成式扩展，以补齐头顶和胳膊缺失的内容。扩展后的效果如图 4-78 所示。

图4-78

07 在上下文任务栏中单击"选择主体"按钮，再单击"更换背景"按钮。或者使用传统方法：用"套索工具"圈选背景及一小部分人物边缘，单击"创成式填充"按钮，输入提示词"五星酒店豪华摩登卧房"，然后单击"生成"按钮，如图 4-79 所示。

图4-79

08 更换背景后，生成了酒店卧房的效果，如图 4-80 所示。由于生成了大面积的内容，可能会产生较多的问题，因此一定要注意对比前后差异并进行修复（红色圈内为待修复的区域）。

图4-80

09 在人物头顶上方有一盏灯，看起来比较突兀。使用"套索工具"选中头顶背后区域，外围选区按照长方形形状绘制，以去除头顶内容。接着，在上下文任务栏中单击"创成式填充"按钮，输入提示词"复古油画"，然后单击"生成"按钮，如图 4-81 所示。此时生成了挂在墙上的油画，效果相当不错，如图 4-82 所示。不过，在画框及浴巾边缘存在一些小瑕疵，我们将在最后一起进行修复。

图4-81

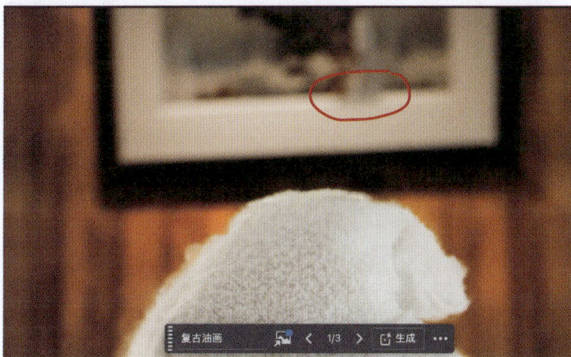

图4-82

10 放大视图并平移到抬起的胳膊处，使用"套索工具"圈选有明显白边的区域，如图 4-83 所示。

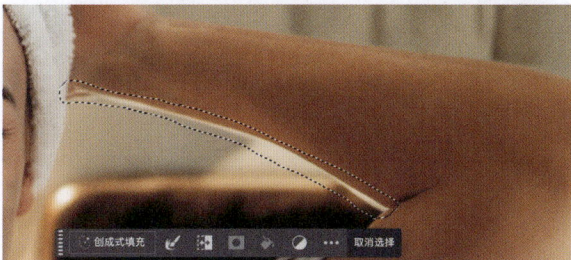

图4-83

11 在上下文任务栏中单击"创成式填充"按钮，无须输入任何提示词，直接单击"生成"按钮。生成后的效果如图 4-84 所示，已成功移除了生成式扩展产生的白边。

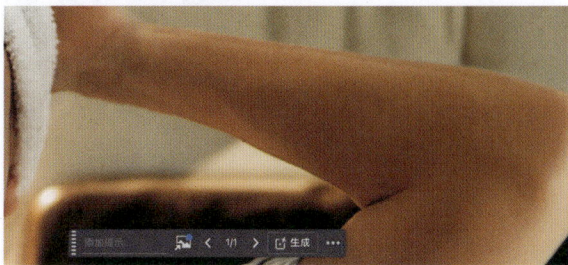

图4-84

12 创建新图层，然后使用"移除工具"和"仿制图章工具"对前面红色圈起的区域进行修复。修复后的效果如图 4-85 所示，这一步操作需要耐心和专注。

图4-85

13 在"图层"面板中，按住 Alt 键单击"背景"图层的眼睛图标，以隐藏其他所有图层，从而回到原图状态。接着，按快捷键 Ctrl+R 打开标尺，将鼠标指针移至标尺处，按住鼠标左键向下拖曳出水平参考线，并将其放置在下巴最下方处。采用相同方法，在下巴处再创建一条参考线，以框住整个下巴部分，如图 4-86 所示。

14 在"图层"面板中，按住 Alt 键单击"背景"图层左侧的眼睛图标，以显示其他所有图层。接着，按快捷键 Ctrl+Alt+Shift+E 复制所有可见图层到新图层中，然后再按快捷键 Ctrl+Shift+】将新复制的图层放置到所有图层的上方，并将其重命名为"脸型"。之后，右击该图层，在弹出的快捷菜单中选择"转换为智能对象"选项，如图 4-87 所示。

图4-86

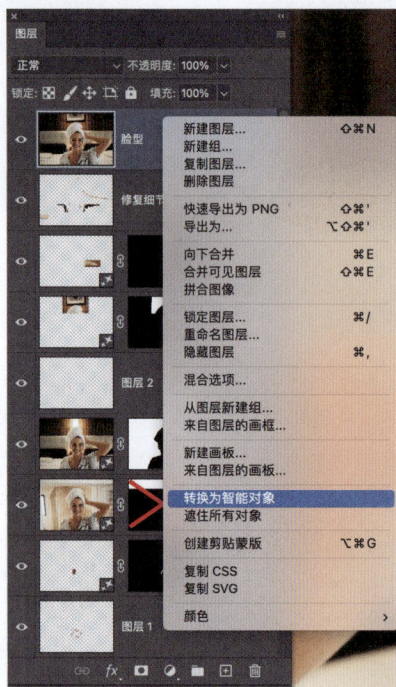

图4-87

15 执行"滤镜"→"液化"命令，弹出"液化"对话框。首先，在右侧参数属性栏的"视图选项"下，选中"显示参考线"复选框，以便在预览画面中显示前面创建的参考线。接着，在右侧"脸部形状"下，根据参考线来调整下巴高度和下颌

参数，如图 4-88 所示。

图4-88

16 在左侧工具栏最上方，选择"向前变形工具"，然后按【和】键调整笔刷大小，以便调整下巴的弧度，如图 4-89 所示。此外，还可以使用此工具调整酒窝的弧度。

图4-89

17 校正完成后，确认并关闭"液化"对话框。如果画面上还存在瑕疵，可以创建新图层，并使用"移除工具"和"仿制图章工具"进行进一步修复，如图 4-90 所示。原图（画面左侧）、移除泥膜（画面中间）、液化矫正（画面右侧）3 个阶段的效果对比，如图 4-91 所示。

图4-90

图4-91

在制作过程中，笔者积累了一些经验和心得，现在分享给大家。

1. 建议使用 Photoshop 正式版作为首选工具，尤其是在处理大尺寸文件时，它会表现得更加稳定和流畅。

2. 每次使用生成功能时，周边图像往往会发生改变或产生新的瑕疵。特别是在生成背景时，一定要仔细观察边缘等细节的变化。

3. 当在大尺寸、高精度的文件中或相对大面积的区域内使用创成式填充进行生成时，生成的图像有时会出现画面模糊的现象。因此，在生成完成后，务必放大画面以检查其质量。如果发现画面模糊，可以使用 Photoshop 或其他 AI 平台进行锐化处理。

4. 移除工作通常比较烦琐，因此在制作过程中应特别注意图层的管理和移除的顺序。

采用相同的方法，也可以移除脸上的口罩。这一

过程主要依靠创成式填充进行 AI 生成，但后续的修复和面部校正工作同样关键。图 4-92 所示为戴口罩的原图（4-3 移除口罩原图 .jpg）；图 4-93 展示了使用创成式填充移除口罩后的效果；在图 4-94 中，可以看到使用创成式填充重新生成的牙齿和耳环；最后，图 4-95 呈现了修复和矫正细节，并借助调整预设进行调色处理后的最终效果。

图4-92

图4-93

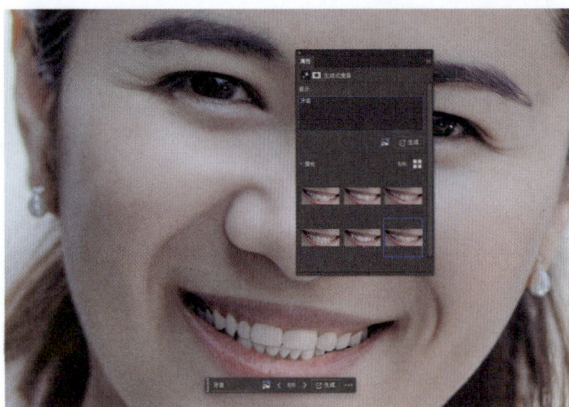

图4-94

图4-95

4.4　移除景点照片里的众多游客

在本节中，将一张景点照片中的众多游客去除，仅保留主体人物和牌坊。原图如图 4-96 所示（4-4 移除游客原图 .jpg）。移除并修复后的照片效果，如图 4-97 所示。若尝试一次性圈选所有游客进行移除，效果往往不理想，推测这可能是因为信息量过大，导致 AI 处理能力不足。因此，采用创成式填充技术，从左至右逐步移除游客，随后再利用"移除工具"进行精细的修饰处理。具体的操作步骤如下。

图4-96

图4-97

01 首先，使用"套索工具"圈选左侧的游客群体，注意要同时选中游客及其投影。接着，在上下文任务栏中，单击"创成式填充"按钮，随后单击"生成"按钮，如图4-98所示，生成后的效果如图4-99所示。

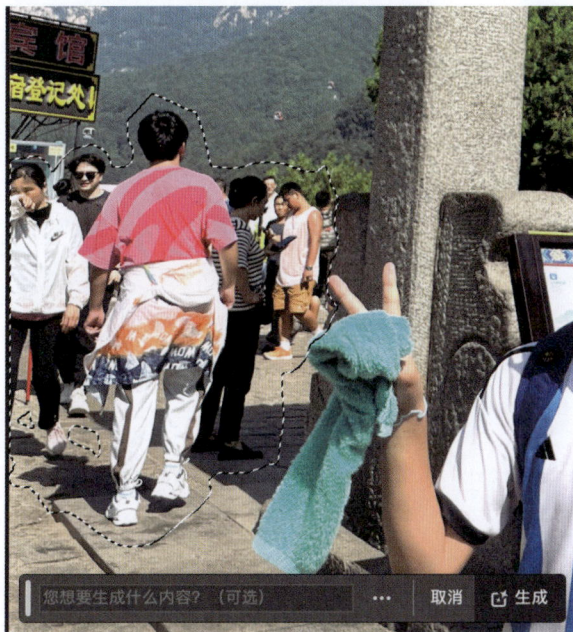

图4-98

图4-99

02 使用"套索工具"和"对象选择工具"，选中主体人物右侧的游客。接着，在上下文任务栏中单击"创成式填充"按钮，再单击"生成"按钮，如图4-100所示。生成后的移除效果如图4-101所示，虽然整体效果不错，但也产生了一些新的瑕疵。我们暂时不对其进行处理，留待最后统一进行修复。

图4-100　　　　　　　　图4-101

03 使用相同的方法创建选区，如图4-102所示。随后，利用创成式填充技术移除人物面部一侧的标识牌，移除后的效果如图4-103所示。

图4-102　　　　　　　　图4-103

04 借助创成式填充将画面中的游客全部移除完毕后，放大视图以仔细检查移除效果。经过细致的观察，可以发现某些细节方面仍需进一步精修，如图4-104所示的画面中，红色框内标注了需要修复的区域。接下来，按快捷键Ctrl+Shift+N创建一个新图层。随后，通过按快捷键Shift+J快速切换到"移除工具"，并利用【和】键灵活调整画笔的大小，以便精确地修复瑕疵及边缘区域。经过这一系列的精细调整，最终得到了如图4-105所示的精修后画面。值得一提的是，"移除工具"不仅有效地修复了瑕疵，还成功融合了背景（尤其是人物边缘），甚至能够微调牌坊的形状，从而达到更加完美的整体视觉效果。

图4-104

图4-105

05 使用"对象选择工具"和"移除工具"来快速克隆并移动球衣上的五角星。由于球衣的内容位于背景图层上，因此，需要在"图层"面板中选中"背景"图层。接下来，放大视图至球队标志处，按 W 键快速切换到"对象选择工具"，并在左侧的五角星处拖曳鼠标指针以框选五角星。在创建选区后，若发现选区并未完全包含五角星的所有内容，则可在上下文任务栏中扩展选区。扩展的数值建议设定为 2 ～ 4，如图 4-106 所示。扩展后的选区效果如图 4-107 所示。

图4-106

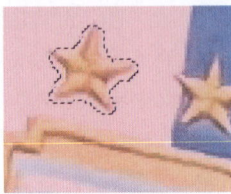

图4-107

06 首先，按快捷键 Ctrl+J 复制选区内容到新图层。接着，按快捷键 Ctrl+Shift+】将复制的图层移动到所有图层的上方，并将其重命名为"星星"。最后，按 V 键切换到"移动工具"，将五角星移动到新的位置，如图 4-108 所示。

图4-108

07 首先，按 J 键切换到"移除工具"。接着，使用该工具涂抹五角星右侧边缘的白色边缘区域，以消除不需要的白边，如图 4-109 所示。完成绘制后，按 Enter 键以执行移除和融合操作。融合后的效果如图 4-110 所示，可以清晰地看到，"移除工具"非常成功地消除了白边，这为合成工作带来了极大的便利。

图4-109　　　　图4-110

最终效果如图 4-111 所示。与不具备 AI 能力的 Photoshop 相比，若想实现这样的移除和修复效果几乎是不可能的。而具备 AI 功能的 Photoshop 则展现出两大明显优势：其一，操作快速，整个移除过程不仅非常迅速而且简洁，并无复杂的技术难点；其二，精修功能强大，"移除工具"不仅能修复牌坊边缘的形状，还能完美融合人物边缘与背景，呈现更加自然和专业的视觉效果。

图4-111

在复杂背景中移除众多游客时，建议分步骤进行，通过缩小范围并使用创成式填充来逐步移除游客。在本例中，采取了从左到右分 3 次移除背景内游客的策略。若尝试一次性使用创成式填充或"移除工具"的"生成式 AI 开启"模式进行移除，如图 4-112 所示，生成的效果往往不佳，这会给后续的修复工作带来极大困难。

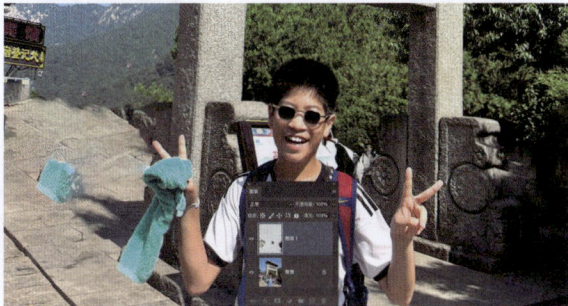

图4-112

案例分析

室内环境的处理相对会更为复杂，因此也需要分区域并逐步使用创成式填充来进行移除操作。以移除电影院内的观众为例，如图 4-113 所示，其中左侧展示的是原图（4-4 影院原图 .jpg）。在处理时，从左下方开始，分 4 次按照一排排的观众顺序，逐步运用创成式填充进行移除。移除完成后，还需继续使用"创成式填充 + 移除工具 + 仿制图章工具"的组合来修复座椅，以确保座椅呈现更加真实的视觉效果。最后，要特别注意男女主人公的边缘部分是否需要进一步的修复。图 4-113 右侧所示的画面为最终的完成效果。

图4-113

快速移除广场上大量的游客的方法如下：1. 圈选所有游客及其投影，然后使用创成式填充进行一次性移除；2. 创建新图层，利用"移除工具"对细节进行修复处理；3. 添加模糊效果，以降低背景的关注度。移除的难点主要在于恢复背景上的建筑外立面，要尽量保持与原图建筑的一致性。移除前后的效果对比，如图 4-114 所示。在左侧原图（4-4 地标原图 .jpg）中，虽然闲杂人等也不少，但为什么可以选择一次性移除呢？主要原因在于，尽管人数众多，但他们基本上处于同一高度上，没有太多的纵深和透视变化，因此出现的问题相对较少，修复起来的难度也较小。

图4-114

移除桥上的人群，可以先使用创成式填充进行一次性移除。随后，利用"移除工具"和"仿制图章工具"来修复并拉直栏杆。为了让画面更加真实，最后需要通过"材质"面板或"仿制图章工具"恢复材质。如图4-115 所示，左侧展示的是原图（4-4 栏杆 - 原图 .jpg），而右侧则是经过移除和修复后的画面。此过程中的难点主要在于如何使用"移除工具"有效地拉直栏杆。需要注意的是，反复使用"移除工具"可能会导致画面模糊。因此，在移除过程中，应尽可能涂抹空缺处以及栏杆外侧。如果移除效果不理想，可以按快捷键 Ctrl+Z 撤销操作，然后重新调整画笔大小并选定绘制区域后再次尝试移除。此外，"移除工作"还可以尝试使用"消失点"滤镜配合"仿制图章工具"等方法，大家可以根据实际情况进行尝试。

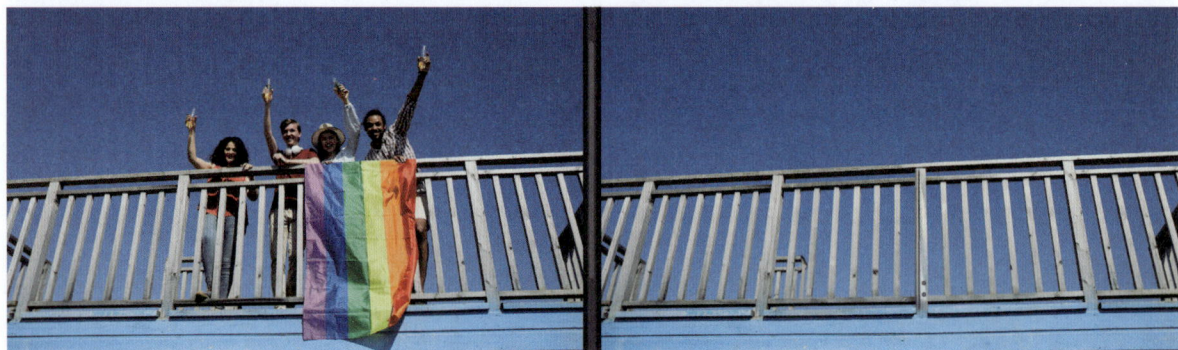

图4-115

移除广场上的游客时，我们采取分区域的策略，从左到右逐步进行小范围的移除操作。针对与主体人物，即红色背包女孩相重叠的游客，使用"移除工具"并缩小画笔大小进行精细移除，以获得更佳的效果。对于两旁及远处的建筑，我们则运用创成式填充或"移除工具"来恢复其细节。在此过程中，重点关注左右两侧建筑物以及正对面远景处的建筑，力求保持与原图的一致性。同时，我们在广场两侧空白处创建选区，并输入提示词"广场上飞翔的鸽子"或"鸽子群"，借助 AI 技术生成鸽子图像，以丰富广场的画面内容。最后，对整个画面进行快速调色处理。如图 4-116 所示，左侧展示的是原图（4-4 广场 - 原图 .jpg），而右侧则是经过上述处理后的最终效果。

在移除修复过程中，也可以采用一些巧妙的方法来节省时间。如图 4-117 所示，左侧画面为原图（4-4 闲聊者 - 原图 .jpg），而右侧展示了移除后的效果。在移除了原图左下角闲聊的人群后，创建一个选区，并使用创成式填充功能。通过输入提示词"植物"或 plant，生成了一盆植物来遮挡画面中模糊的区域以及建筑结构中扭曲变形的部分。这种方法可以避免花费过多时间去进行精细的修复。当然，具体采用何种处理方式还需根据最终的要求来决定。

图4-116

图4-117

　　移除照片后面的人，可参考以下案例。如图 4-118 所示，左侧为原图（4-4 移除人物 - 原图 .jpg），右侧展示了移除后面排队男人的效果。由于原图背景采用了虚焦散景效果，因此移除修复的难度相对较低。在移除男人后，注意观察，生成的内容成功地补全了原图中右侧女孩被遮挡的身体和腿部区域，效果相当不错。然而，若仔细审视最后面男子的画面，我们会发现 AI 虽然生成并修补了其上半身，但并未对腿部区域进行修补。无论是选择补上腿部内容，还是决定继续移除该男子，操作难度都不大。这个案例再次提醒我们，在使用 AI 生成内容后，必须反复查看并仔细分析画面内容，确保其合理性。

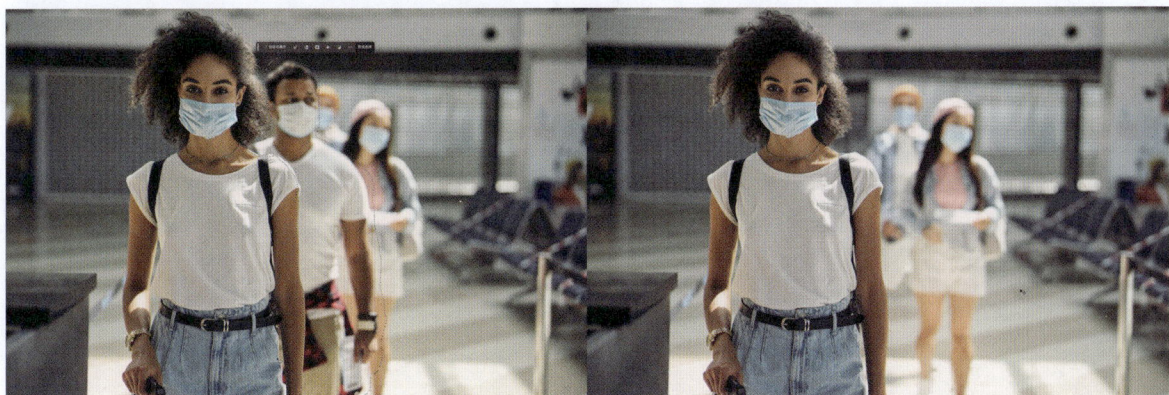

图4-118

5

生成式扩展与拼接

生成式扩展和拼接是 AI 技术中的核心功能之一，其实用性不容小觑。在前面的章节中，已经初步探讨了其应用方式。本章将深入介绍生成式扩展和拼接的具体使用技巧及技术要点。

使用方法

※ 可以直接使用"裁切工具"的生成式扩展功能，一步到位地完成生成式扩展操作。

※ 先对画布进行扩展，随后创建选区，并运用创成式填充来实现生成式扩展与拼接。注意，在创建选区时，应确保选区同时覆盖扩展区域及部分原有画面内容。

注意事项

※ 原图四周边界的内容对生成的内容具有直接影响。因此，在必要时，应对原图四周边界附近的图像进行调整后再进行扩展。

※ 扩展操作完成后，务必仔细检查画面的质量，以确保其满足使用要求。

※ 同时，关注文件尺寸的大小。扩展操作可能会导致文件大小显著增加。在必要时，可以删除不必要的内容，或者在保证使用需求的前提下，适当降低图像的尺寸。

5.1　原画内容的影响

生成式扩展功能会依据当前画面内容、选定的区域以及提示词的综合指导来生成新的画面。因此，在使用此功能前，需要对当前画面进行细致的分析，并去除那些可能会影响生成结果的不必要内容。这样做可以确保生成的画面更加精准、符合我们的预期需求。具体的操作步骤如下。

01 如图 5-1 所示（5-1 独木舟原图 .jpg），计划向右侧扩展画面。经过仔细观察，可以发现原图右上角存在蓝色暗角。若不进行修复而直接进行生成式扩展，往往会导致如图 5-2 所示的问题，画面右上角会生成蓝灰色天空。因此，在进行扩展前，务必先对原图进行必要的修复处理。

图5-1

图5-2

02 可以使用"移除工具"轻松移除原图右上角的蓝色内容，之后再进行画面扩展。此处，选择执行"天空替换"命令，将原有天空替换为日出时分的景色，效果如图 5-3 所示。

图5-3

03 使用"裁切工具"向右进行生成式扩展。扩展完成后，可以观察到天空部分已根据之前替换的日出景色进行了相应的扩展。同时，在下方也生成了一座山。与原图进行对比，可以发现右侧海平面原本就存在一些小山的图像，如图 5-4 所示。如果希望避免生成这座山，可以在进行扩展之前先在原图中对其进行修复处理。

04 使用生成式扩展功能，将图 5-5 所示的画面（5-1

海边老人原图 .jpeg）向右侧扩展。扩展后的画面右侧出现了多余的人物和座椅，如图 5-6 所示。这种现象的原因在于，原图右侧座椅上存在投影。在进行生成式扩展时，AI 识别到该投影，并错误地推断出右侧有人物或其他物体存在，从而"自作聪明"地生成了新的人物。然而，这些生成的人物的画质却相当差。

图5-4

图5-5

图5-6

05 按快捷键 Ctrl+Z 撤销刚才的操作。接着，按 L 键切换到"套索工具"，圈选出画面右侧下方的

投影区域。在上下文任务栏中单击"创成式填充"按钮，然后再单击"生成"按钮，如图 5-7 所示。通过这种方法，可以利用创成式填充功能快速移除投影。

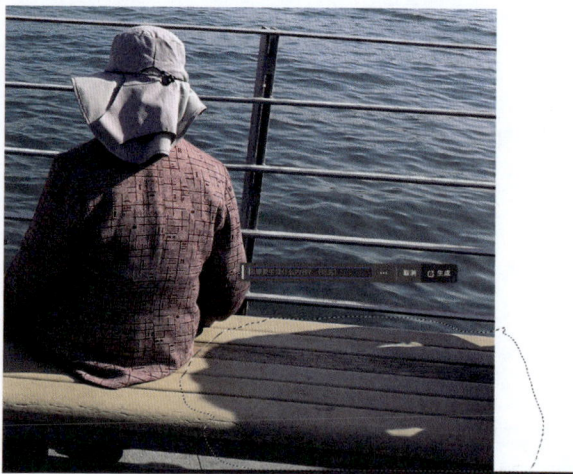

图5-7

06 移除投影后，画面可能会新生成一些瑕疵。此时，可以创建一个新图层，并使用"移除工具"继续进行移除和修复工作。修复时并不需要做到完美无缺，只要确保不影响后续的扩展操作即可，如图 5-8 所示。扩展完成后，还可以对整个画面进行精修。再次使用生成式扩展功能后，画面内容已不再包含多余的人物和座椅等元素。整体上，新生成的画面与原有画面保持了高度的一致性，如图 5-9 所示。

图5-8

图5-9

图5-10

原图会直接影响扩展后的画面内容。通过修复或创建得到合适的内容来引导 AI 生成符合设计要求的内容。尤其要留意四周边缘区域的画面内容、色调等。

07 对画面的瑕疵进行修复，效果如图 5-10 所示。

5.2 扩展老虎捕猎画面

接下来，将借助生成式扩展功能向右扩展画面，并运用创成式填充技术来生成逃命的两只羚羊、溅起的水花以及水中的倒影。之后，会使用"移除工具"和"仿制图章工具"来移除瑕疵并修复细节，以呈现完美的画面效果，最终完成的画面如图 5-11 所示。具体的操作步骤如下。

图5-11

01 打开老虎的原图（5-2 老虎 - 原图 .jpg）。按 C 键切换到"裁切工具"，然后向右和向下扩展画布。在调整好画布大小之后，进入上下文任务栏，单击"生成式扩展"按钮，接着单击"生成"按钮，如图 5-12 所示。

图5-12

02 扩展后的图像堪称完美。由于原图的背景采用了

虚化模糊效果，因此成功规避了最令人头疼的画质问题，如图 5-13 所示。

图5-13

03 按 L 键，使用"套索工具"在刚刚生成的水面上圈选以创建选区。接着，在上下文任务栏中单击"创成式填充"按钮，并输入关键词：escaping Antelope（逃跑的羚羊），然后单击"生成"按钮，如图 5-14 所示。

图5-14

04 生成图像后，在"属性"面板中反复单击"生成"按钮，以生成多幅图像。然后，从这些图像中选取各方面都与整体画面相匹配的图像，如图5-15 所示。所选图像无论在身体比例还是姿态上，都与逃跑的羚羊高度吻合。

图5-15

05 生成的图像虽然令人满意，但位置偏右，我们希望羚羊能更靠近老虎。为此，按 V 键切换到"移动工具"，在画面上按住鼠标左键向左拖动已生成的羚羊，将其移动到更合适的位置。然而，移动后我们发现羚羊与周边画面的协调性出现了问题。这是因为每次生成的图像都是根据周边环境进行匹配的，改变了位置就会导致生成图像的周边区域与新环境不吻合。为了解决这个问题，在上下文任务栏中单击"生成"按钮，重新生成与新环境相匹配的图像，如图 5-16 所示。在新位置上重新生成图像后，与背景画面的融合问题得到了解决。然而，羚羊的样貌和姿态都发生了变化。虽然新的姿态也很好看，但与之前那种仓皇落水、奋力挣扎的姿态相比，显然缺乏了一种紧迫感，如图5-17 所示。

图5-16

图5-17

06 在"属性"面板中找回之前的图像。接下来，按快捷键 Ctrl+J 复制羚羊所在的生成式图层，然后右击并在弹出的快捷菜单中选择"栅格化图层"选项，以此将生成式图层转换为普通图层。之后，按 W 键切换到"对象选择工具"，并在上方的工具属性栏中选中"对所有图层取样"复选框，接着框选逃跑的羚羊，如图 5-18 所示。

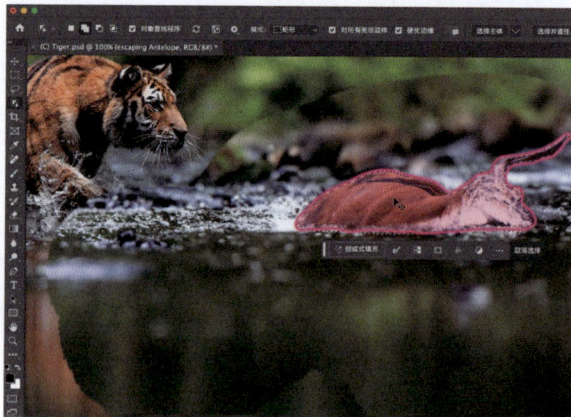

图5-18

07 按快捷键 Ctrl+Shift+I 进行反选，从而选中羚羊外围的图像。接着，在"图层"面板中，选中新复制的图层的蒙版缩略图。然后，按 B 键切换到"画笔工具"，按 D 键设置前景色为黑色。通过按【和】键来调整画笔的大小，并放大视图。在蒙版内，使用黑色画笔屏蔽掉羚羊周边与背景不协调的图像，如图 5-19 所示。在绘制过程中，可以通过按数字键 3 ～ 8 来调整画笔的不透明度。根据需要，还可以按 X 键切换前景色到白色，以确保与背景的融合更加自然。在此过程中，需要特别注意保留羚羊周边溅起的水花，尤其是羚羊的左侧和下方区域的水花。

图5-19

08 在"图层"面板中，选中名为 escaping Antelope 的生成式图层，然后按快捷键 Ctrl+J 复制该图层。接着，在"属性"面板中挑选另外一幅逃跑的羚羊的图像，其逃跑的姿态与现有画面非常匹配。然而，与画面中的老虎和第一只羚羊相比，这只新选的羚羊个头显得过大。为了解决这个问题，按快捷键 Ctrl+T 激活自由变换框，对新的羚羊图像进行缩小并向右移动，调整至合适的大小和位置，如图 5-20 所示。经过缩小并移动调整后的画面效果，如图 5-21 所示。这样的处理使两只羚羊呈现一前一后拼命逃生的紧张感。

图5-20

图5-21

09 执行"自由变换"命令移动位置后，AI 生成的内容与原画面背景的融合可能会出现错位和差异，因此需要再次进行融合处理。与前面使用图层蒙版修复羚羊的方法不同，这次将采用创成式填充来融合画面。首先，按住 Ctrl 键并单击该图层的缩略图，以加载该图层的整个区域到选区。然后，按 W 键切换到"对象选择工具"，并按住 Alt 键框选羚羊图像，从而将羚羊图像从当前选区中排除。这样创建的选区就仅限于羚羊周边的图像。接着，在上下文任务栏中单击"创成式填充"按钮，并单击"生成"按钮，以进行融合

处理，如图 5-22 所示。

图5-22

10 使用创成式填充再次生成周边图像后，可以明显看到，新生成的图像不仅与背景的融合更加自然，而且在羚羊的尾部与前一只羚羊之间的空隙处还生成了水花，这使整个画面看起来更加逼真自然。图 5-23 展示了生成前的画面效果，而图 5-24 则展示了生成后的画面效果。

图5-23

图5-24

11 当前羚羊的头部看起来更像是小牛犊的脑袋，因此需要借助 AI 来校正羚羊的头部。首先，使用"套索工具"圈选头部区域，注意在圈选时要保留头部下方的水花。接着，在上下文任务栏中单击"创成式填充"按钮，输入提示词"羚羊脑袋"，然后再单击"生成"按钮，如图 5-25 所示。

图5-25

12　重新生成后的图像更加贴近真实羚羊的头部特征。从中挑选了与身体姿态及逃跑忙乱场景相匹配的图像，如图 5-26 所示。

图5-26

13　生成的羚羊头部在眼睛区域存在一些缺陷，看起来像一个黑洞。尽管眼睛区域相对较小并不十分显眼，但总会让人觉得有些奇怪。为了修复这个问题，按 L 键使用"套索工具圈"选眼睛区域。接着，在上下文任务栏中单击"创成式填充"按钮，输入提示词"羚羊眼睛"，然后单击"生成"按钮，如图 5-27 所示。

图5-27

14　通过反复单击"生成"按钮，可以从多幅生成的图像中挑选出与羚羊头部相匹配的眼睛，如图

5-28 所示。

图5-28

15　接下来，要在水面上为两只羚羊添加投影，以增强画面的真实感和逼真度。首先，按 L 键使用"套索工具"，圈选两只羚羊下方水面的区域。然后，在上下文任务栏中单击"创成式填充"按钮，输入提示词：reflection，并单击"生成"按钮，如图 5-29 所示。

图5-29

16　创成式填充功能在水面上成功生成了倒影的图像。我们从中挑选出了最满意的图像，如图 5-30 所示。利用 AI 技术制作投影，不仅效果出色，还大大节省了合成所需的时间。

图5-30

17　完成生成后，需要使用"移除工具"来修整一些细节，主要集中在左侧羚羊的角和右侧羚羊的背部。首先，按快捷键 Ctrl+Shift+N 创建一个新图层。然后，按 J 键切换到"移除工具"，并通过

按【和】键来调整画笔的大小。接着，调整视图以便更好地观察细节，并对瑕疵进行修复，如图5-31所示。

图5-31

18 在修复过程中，务必保持细心，随时根据需要调整画笔大小和视图，如图 5-32 所示。

图5-32

19 执行"窗口"→"调整"命令，调出"调整"面板。在该面板中选择"创意-凸显色彩"预设，以提升画面的色泽度，从而增强整个画面的视觉冲击力，如图5-33所示。

图5-33

20 调整预设的推出极大地提升了调色的速度和效果。它不仅实现了一键调色，还使后期的深入和反复调整变得随心所欲。接下来，继续添加"人像-较暗"预设，以加重画面中的暗部区域，从而拉大明暗区域的对比度，为画面增添神秘感。在"图层"面板中，选中"人像-较暗"图层组，并按数字键7将图层的不透明度设定为70%，如图 5-34 所示。

图5-34

最终效果如图 5-35 所示。在此过程中，借助生成式扩展向右拓展了画面；利用"创成式填充"功能生成了两只逃跑的羚羊及其倒影；使用"移除工具"对细节进行了修复；最后，通过调整预设实现了快速调色。整个流程全部基于强大的 AI 能力，使创作过程既快速又简洁。值得一提的是，原图背景采用了虚化模糊的处理方式，这也有效地规避了画质模糊的问题。

图5-35

5.3　拼接户外风景照

除了生成式扩展功能，创成式填充还可以用于将两张甚至多张图片进行拼接。如图 5-36 所示，这是一张山坡风景照（5-3 拼接 - 原图 01.jpeg），而图 5-37 则展示了一张城堡照片（5-3 拼接 - 原图 02.jpeg）。通过拼接合成，得到了如图 5-38 所示的效果。接下来，将详细介绍如何使用创成式填充和"移除工具"等来实现这两张图片的拼接。具体的操作步骤如下。

图5-36

图5-37

01　首先，使用"裁切工具"向右扩展风景图片的画布尺寸。接着，将城堡图片放置到风景图片内，并调整其位置至右侧空白区域。然后，使用"套索工具"圈选出城堡区域。在此基础上，再使用"矩形选框工具"，按住 Alt 键的同时框选左侧风景图片的一小部分区域，并向右拖曳鼠标指针以覆盖所有空白区域，注意要减去之前绘制的城堡区域。完成这些步骤后，在上下文任务栏中单击"创成式填充"按钮，再单击"生成"按钮，以进行后续的拼接处理，如图 5-39 所示。

图5-38

图5-39

02 生成的图像如图5-40所示。从图中可以看出，整个画面合成得非常自然，尤其是远处的山和天空背景部分。然而，在近景部分，仍存在一些瑕疵和画质清晰度的问题需要进一步处理。生成的图像对城堡的边缘进行了修改，因此需要恢复城堡的原始外形。为此，首先在"图层"面板中隐藏创成式填充图层。然后，使用"对象选择工具"精确地选中城堡及其下方的山坡区域，如图5-41所示。

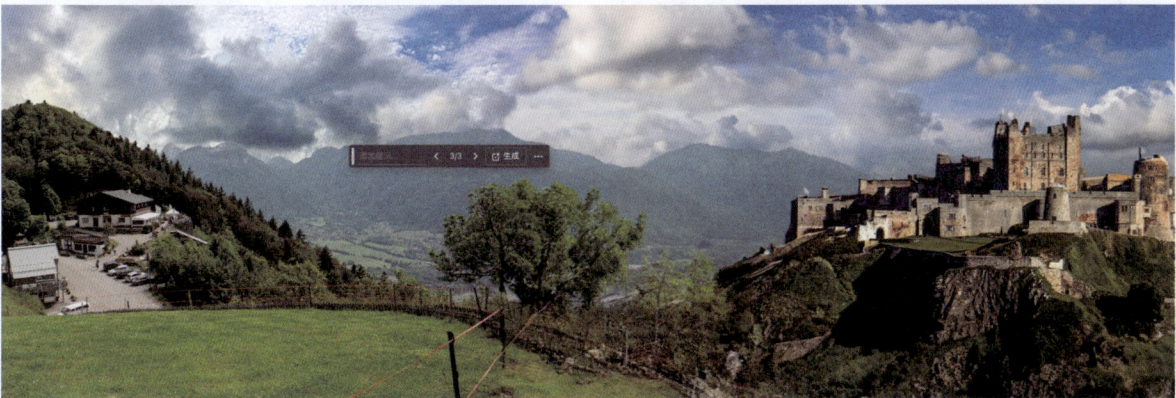

图5-40

03 首先，选中城堡所在的"背景 拷贝"图层。接着，按快捷键Ctrl+J复制城堡图像到新图层，并将新图层重命名为"城堡"。然后，通过按快捷键Ctrl+Shift+】，将"城堡"图层移动到"图层"面板的最上方，调整后的图层结构如图5-42所示。

04 首先，按快捷键Ctrl+Shift+I进行反向选择，以选中除城堡以外的区域。接着，按S键切换到"仿制图章工具"。然后，通过按Alt键在附近区域取样，克隆取样区域的内容，以此来覆盖AI生成的多余城堡部分，如图5-43所示。在进行克隆操作时，建议放大视图，以便更精确地操作。

图5-41

图5-42

图5-43

05 在画面的右侧，使用"套索工具"圈选出多余的
图像。接着，在上下文任务栏中单击"创成式填
充"按钮，然后再单击"生成"按钮，以此借助
AI 技术移除多余的图像，如图 5-44 所示。

图5-44

06 在生成的图像中，仔细挑选，最终选择了最令人
满意的图像，如图 5-45 所示。

图5-45

07 放大视图后，可以清晰地看到城堡下方山坡草地
上存在的一些瑕疵区域。为了修复这些瑕疵，使
用"套索工具"将其圈选出来。接着，在上下文
任务栏中单击"创成式填充"按钮，并再次单击
"生成"按钮，以重新生成该区域的图像，如图
5-46 所示。

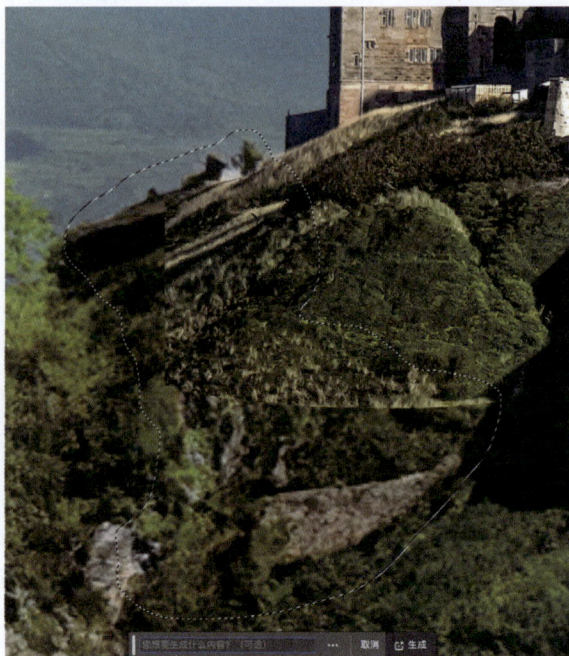

图5-46

08 AI 重新生成的图像使画面的过渡更加自然，并
且有效地移除了许多"杂质"。至于新生成的瑕
疵，会在最后进行统一修复，如图 5-47 所示。

成一个水池，如图 5-49 所示。恢复城堡边缘和
修复山坡的效果对比，如图 5-50 所示。

图5-47

图5-48

09 按住空格键不放，直到鼠标指针变为手形，然后
拖动画面至城堡正下方。接下来，使用"套索工
具"圈选一块平坦的草地。在上下文任务栏中单
击"创成式填充"按钮，并输入提示词：water
pool，之后再单击"生成"按钮，如图 5-48 所
示。这样，即可借助 AI 技术在选定的草地上生

图5-49

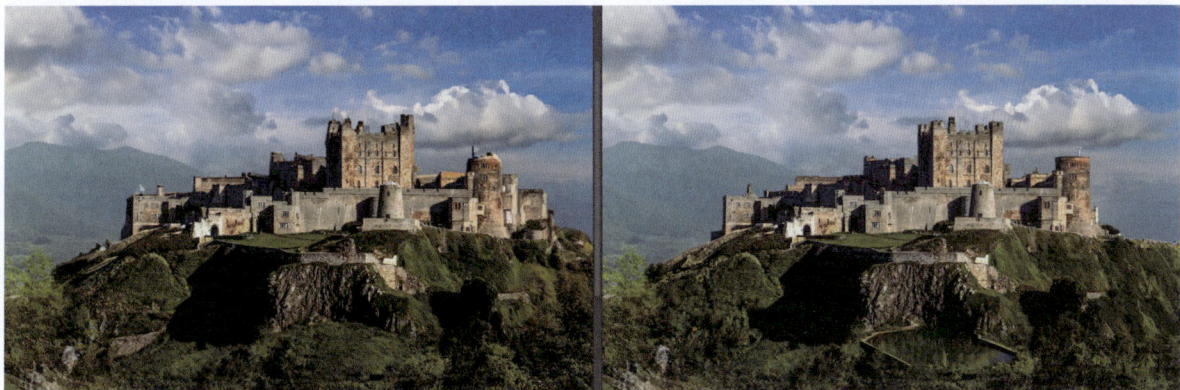

图5-50

10 首先，新建一个图层。接着，按 J 键切换到"移除工具"，使用该工具移除画面中存在的瑕疵区域，如图
5-51 所示。

11 将视图移动到画面的中间底部区域，这里是 AI 拼接合成的部分。可以观察到，画面中存在着明显的不合
理和模糊现象。为了修复这些问题，首先按 M 键，使用"矩形选框工具"框选出模糊的区域。接着，在上

下文任务栏中单击"创成式填充"按钮，并输入提示词：high quality，然后再单击"生成"按钮。这样，即可借助 AI 技术来提高选定区域的质量，如图 5-52 所示。

图5-51

13 首先，使用"套索工具"圈选草地上出现的模糊和杂乱区域。接下来，在上下文任务栏中单击"创成式填充"按钮，随后再单击"生成"按钮，以便借助 AI 技术对选定区域进行修复和优化，如图 5-54 所示。虽然 AI 生成的图像在改善画质方面的作用并不十分显著，但它确实使整个区域看起来更加简洁明了。现在，人们一眼望去便能清晰地辨认出这是一个山坡，如图 5-55 所示。

图5-52

12 在生成的图像中仔细挑选，最终选择了画质最好且与整体画面变化最为匹配的图像，如图 5-53 所示。

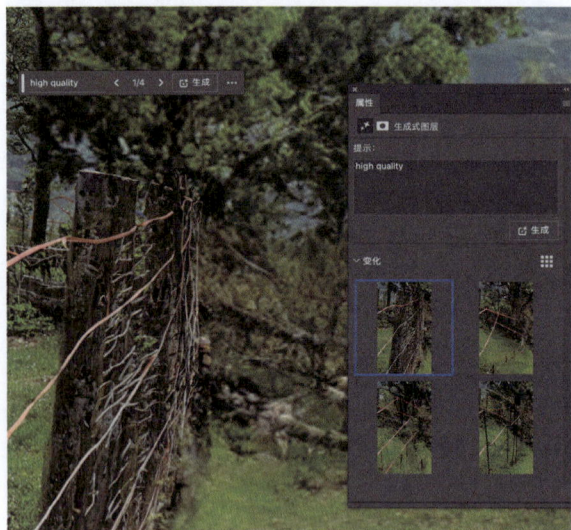

图5-54

图5-53

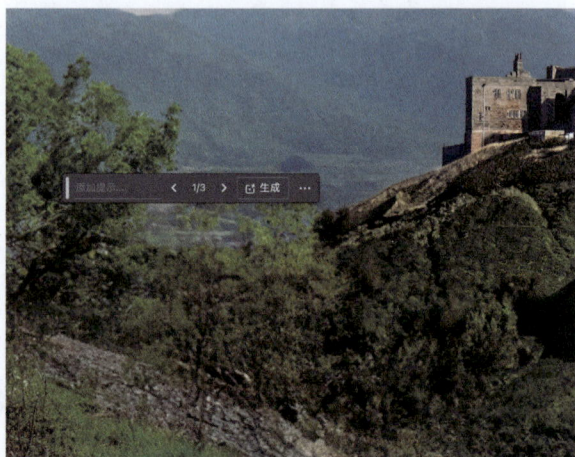

图5-55

14 首先，使用"矩形选框工具"或"套索工具"选中画面中央近景的树木。接着，在上下文任务栏中单击"创成式填充"按钮，然后再单击"生成"按钮，以便借助 AI 技术来改善选中区域的画质和内容，如图 5-56 所示。

图5-56

15 AI 生成了新的树木图像，虽然其画质与原图并不完全一致，但确实在很大程度上提升了图像的清晰度。同时，新生成的树木整体过渡效果更加自然逼真，如图 5-57 所示。

图5-57

16 处理完上方的树木之后，接着对下方的山坡进行改善。首先，使用"套索工具"圈选当前没有绿草的坡地部分。然后，在上下文任务栏中单击"创成式填充"按钮，并再次单击"生成"按钮，以便借助 AI 技术重新生成山坡的绿草部分，如图 5-58 所示。AI 再次生成了新的图像，不仅整合了绿地，还在远处的山坡上生成了正在户外爬山的人群，这一生成效果如图 5-59 所示。

图5-58

图5-59

17 整个画面相比之前已经变得更加整洁自然。然而，爬山人群的画质仍然显得有些模糊。为了改善这一点，使用"套索工具"圈选爬山人群，并在上下文任务栏中单击"创成式填充"按钮。接着，输入提示词：hiking group，然后单击"生成"按钮，如图 5-60 所示。AI 根据提示重新生成了爬山人群，生成后的效果如图 5-61 所示。

图5-60

图5-61

18 使用 AI 技术修复画质及生成图像后的效果与原图的前后对比，如图 5-62 所示。尽管修复后的画质并未完全达到原图的水准，但已经有了明显的提升，并且整体效果显得更加自然。

图5-62

19 首先，按快捷键 Ctrl+Shift+N 来创建一个新的图层。接着，在工具箱中选中"锐化工具"，并在上方的工具属性栏中选择"对所有图层取样"复选框。然后，可以通过按【和】键来调整画笔的大小，同时按数字键 5～8 来调整画笔的不透明度。最后，在画面中的模糊区域进行绘制，以实现局部的锐化处理，如图 5-63 所示。锐化前后的效果对比如图 5-64 所示。需要注意的是，不可过度锐化，否则画面会失真。在画面中适当增加少许锐化，可以使画面的过渡更加自然。最终的拼接效果如图 5-65 所示。

图5-63

图5-64

图5-65

通过本例，单击可以学会如何借助创成式填充技术实现多张图片的拼接合成。拼接过程不仅迅速高效，而且整体效果令人满意，尤其适用于处理远处背景的画面。然而，在生成过程中，有时会遇到画质模糊的问题。

为了改善这一情况，可以尝试逐步进行拼接，或者针对小范围区域再次生成新图像。此外，利用"锐化工具"还能进一步提升局部画面的清晰度。

5.4 拼接克虏伯大炮

本例使用了两张用手机拍摄的胡里山炮台内景照片。由于场景过于宏大，无法一次性拍摄出完整的画面，因此需要借助创成式填充技术来拼接出完整的场景图，最终完成的效果如图 5-66 所示。具体的操作步骤如下。

图5-66

01 这两张照片具有不同的视角和透视角度。首先，使用"裁切工具"来扩大画布，以便将两张照片（5-4 炮台拼接 - 原图 01.jpg 和 5-4 炮台拼接 - 原图 02.jpg）放置在同一个文件内。接着，根据场景本身的位置关系来摆放这两张照片，如图 5-67 所示。

图5-67

02 首先，按 M 键切换到"矩形选框工具"，然后框选出右侧的空白画面以及小部分炮台图像。接下来，在上下文任务栏中单击"创成式填充"按钮，并再次单击"生成"按钮。通过这一步骤，可以借助创成式填充功能对选定区域进行生成式扩展，从而填补空白区域并扩展炮台的图像，如图 5-68 所示。AI 生成的图像如图 5-69 所示。可以看出，右侧圆柱墙体的扩展效果非常出色，无论是砖缝的拼接还是整体的色调，都与原图内容保持了高度的一致性。

图5-68

图5-69

03 继续使用"矩形选框工具"，框选剩余的空白区域及其附近的画面内容。接着，在上下文任务栏中单击"创成式填充"按钮，并再次单击"生成"按钮，以便继续使用创成式填充功能进行生成式扩展，填补剩余的空白区域，如图5-70所示。生成的图像如图5-71所示，成功扩展了透明区域，并顺利完成了两张照片的画面内容拼接。

图5-70

图5-71

04 地面上的轨道因年久失修而出现了许多破损。根据个人判断和画面构思，需要对这些破损进行相应修复。在这里，选择使用创成式填充来修复破

损的轨道。首先，使用"套索工具"圈选新生成的、横在轨道间的"杂质"。接着，在上下文任务栏中单击"创成式填充"按钮，并再次单击"生成"按钮，以便进行修复操作，如图5-72所示。

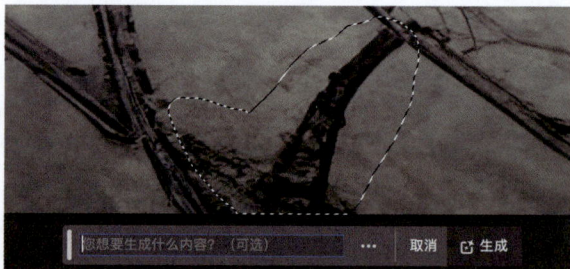

图5-72

05 移除瑕疵后，画面中又出现了新的瑕疵。为了解决这个问题，继续使用"套索工具"圈选这些瑕疵，并在上下文任务栏中单击"创成式填充"按钮，然后再次单击"生成"按钮，以继续进行瑕疵的移除工作，如图5-73所示。AI移除后的效果如图5-74所示。

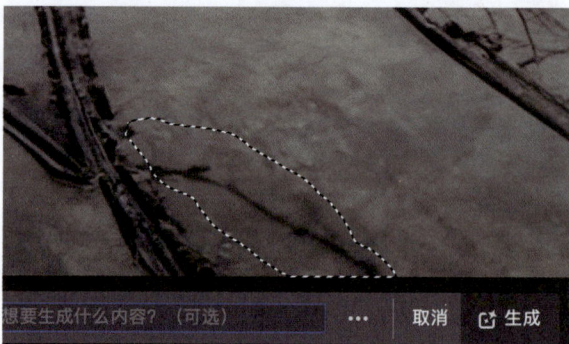

图5-73

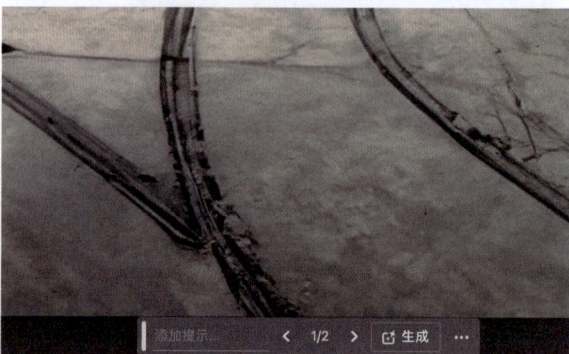

图5-74

06 新生成的图像中存在不完整的轨道，为了修复这一问题，使用"仿制图章工具"进行克隆修复。

首先，按快捷键 Ctrl+Shift+N 创建一个新图层。然后，按 S 键切换到"仿制图章工具"。接着，通过按【和】键来调整画笔的大小。最后，在画面中克隆完整的轨道以修复不完整部分，如图5-75 所示。

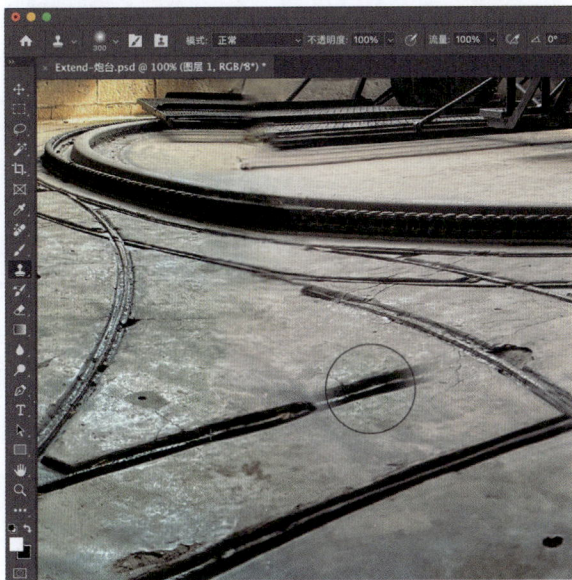

图5-75

07 若"仿制图章工具"克隆出的图像与原内容产生冲突或不协调，可使用"移除工具"进行移除和修复，如图 5-76 所示。

图5-76

08 在画面上方的圆盘处，生成的图像画质较为模糊。为了改善这一问题，可以按 L 键使用"套索工具"圈选出模糊的区域及其周边部分区域。接着，在上下文任务栏中单击"创成式填充"按钮，并再次单击"生成"按钮。如图 5-77 所示，通过这一步骤，可以借助 AI 技术来有效改善画质。

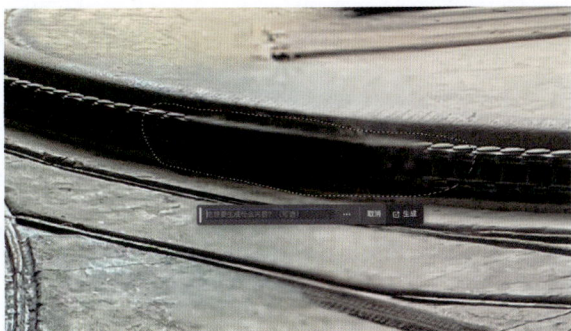

图5-77

09 在 AI 生成的图像中，需要仔细挑选出画质清晰的一幅。如图 5-78 所示，这些清晰的图像可以更好地融入整体画面，提升视觉效果。

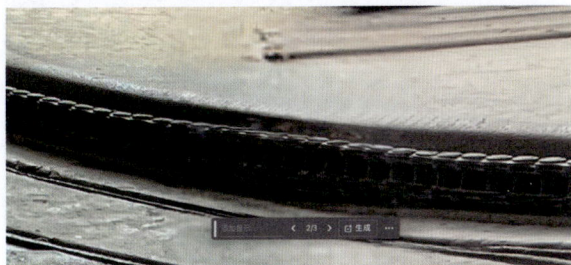

图5-78

10 接下来，将对炮台旁边新生成的砖墙进行修复和改善。当前，砖墙存在两个明显的问题：一是画质较低，导致细节模糊不清；二是砖缝没有对齐，影响了整体的美观度。如图 5-79 所示，这些问题需要逐一进行解决。

图5-79

11 首先，使用"矩形选框工具"框选模糊的砖墙区域。接着，在上下文任务栏中单击"创成式填充"按钮，并随后单击"生成"按钮。通过这样的操作，可以对选中的模糊区域进行改善，如图 5-80 所示。

图5-80

12 经过生成处理，画质得到了一定程度的改善，但砖缝仍未对齐。为了解决这个问题，按 L 键使用"套索工具"创建一个新的选区，这个选区需要包含更多的原图内容，以便为后续的修复提供更多参考信息。如图 5-81 所示，已成功地创建了新选区。接下来，再次进行"创成式填充"操作，利用这一功能生成新的图像，以进一步修复砖墙的效果。经过再次生成处理，砖缝对齐的问题已得到纠正，同时画面的画质也有了明显的改善，如图 5-82 所示。

图5-81

图5-82

13 首先，创建一个新图层，以便进行后续的修复工作。接着，使用"移除工具"来修复砖墙下方的铁架。如图 5-83 所示，修复的过程中，一个关键的技巧是通过按【和】键来调整画笔的大小。通过不断地调整画笔大小，并逐步拉直铁架的边缘，可以达到更好的修复效果。

图5-83

14 在编辑过程中，可以随时使用"仿制图章工具"来复制清晰的画面内容，以替换模糊或损坏的部分。同时，配合"移除工具"可以帮助校正形状，使画面更加整洁。此过程需要耐心和细心，以确保修复效果达到最佳。为了检查修复效果，可以随时调整视图，从不同角度观察修复后的画面，如图 5-84 所示。最终效果如图 5-85 所示。

图5-84

图5-85

　　拼接技术同样适用于重叠区域的融合。如图 5-86 所示，左侧展示了两张滑冰的图片（5-4 滑冰 - 原图 01.jpg 和 5-4 滑冰 - 原图 02.jpg），它们的边缘部分重叠在一起，并且画布在上下两个方向上进行了扩展。而右侧则展示了使用创成式填充技术进行拼接融合后的效果，不仅在重叠区域实现了自然过渡，还在上下两个方向上扩展了画面，最终完成了修复合成的工作。

图5-86

　　生成式扩展和拼接技术在当前的 AI 技术应用领域中已经相对成熟稳定，可以立即应用于实际工作中。然而，在使用这些 AI 技术的同时，我们不应忘记传统的扩展和拼接技术，例如内容识别缩放、自动对齐图层、自动混合图层以及天空替换命令等。根据实际情况选择最合适的工具和命令组合是至关重要的。需要注意的是，生成式 AI 并非万能，大多数情况下，我们仍需综合运用 Photoshop 等软件来完成移除、扩展、拼接和合成等工作。

　　如图 5-87 和图 5-88 所示，这是两张在相同景点拍摄的照片（5-4 景区原图 01.jpg 和 5-4 景区原图 02.jpg）。而图 5-89 则展示了使用 AI 技术移除游客后，再结合"自动对齐图层"功能进行拼接，并对细节进行修复的最终画面效果。

图5-87

图5-88

图5-89

在学习了 Firefly 和 Photoshop AI 之后，我们对全新的 AI 工作流程有了更深入的了解，并掌握了许多最新的 AI 技能。AI 技术对所有行业来说都是一场深刻的革新，我们需要以积极的态度去面对，并做好各方面的准备。基于本书所展现的案例和议题，我们在此再次进行全面总结，提炼出重要的信息，以供大家参考。

1. AI 生成问题

※ 有人说"每次生成必有问题"，这句话虽未必十分准确，但主要是为了提醒大家，在每次生成图像内容后，务必进行仔细检查。

※ 关于画质模糊的问题，需要掌握一些图像锐

化技巧来应对，包括利用某些 AI 平台进行图像锐化。

※ 在处理瑕疵和缺陷问题时，"移除工具"是修复 AI 生成图像的有力工具，但传统工具同样具有良好的效果。尤其是"仿制图章工具"，经常被用来克隆周边的图像材质。重要的是，所有的修复操作都应该在新建的图层上进行。

※ 对于不合理或隐性的问题，光影效果是最常见的挑战。需要反复对比原图与生成后的图像之间的差异，通过仔细分析找出问题的根源，并进行相应的修复。

如图 5-90 所示，这个 20 世纪 70 年代动画风格的家庭图像中，人物的五官在细节上存在一些缺陷。

图5-90

如图 5-91 所示，左侧为原图，我们借助创成式填充技术移除了后方排队的男子；右侧画面展示了移除后的效果，其中 AI 技术成功地移除了男子并自动生成了右侧女孩被遮挡的躯干部分。然而，值得注意的是，在最后面男子的双腿部分并未完全生成，这种细节上的缺陷有时并不容易被发现。因此，在利用 AI 技术进行处理时，仍需保持警惕，仔细检查每一个细节，以确保最终效果的完美呈现。

图5-91

如图 5-92 所示，两张图中高跟鞋的细节存在瑕疵，背景的散景效果不合理。在使用时需要修复。

图5-92

2. 生成图像

可以使用 Firefly，或者在 Photoshop 中通过"生成图像"功能、"生成式工作区"来生成整张图像。目前，生成式工作区还处于测试版（Beta）阶段，不久后便会在正式版中发布。个人推荐在生成式工作区中生成图像，主要原因是其中的 Timeline（时间轴）面板能够记录生成记录，并且可以便捷地组合提示词、参考图等设置。

在 Firefly 或 Photoshop 中，生成图像由以下 3 方面因素决定。

※ 提示词。

※ 参考构图和样式参考。

※ 效果设置。

如图 5-93 所示，运用提示词、效果设置、参考构图，能够引导 AI 生成手绘风格的高跟鞋图像。

图5-93

3. AI 工作流程

Firefly 被嵌入 Photoshop 中，与已有的离线 AI 工具，以及传统的后期处理工具和命令相结合，形成了全新的 AI 工作流程。这一工作流程最显著的特点在于能够快速生成大量图像，特别是特效图像。

通常情况下，先使用 Firefly 或 Photoshop 的"生成图像"功能、"生成式工作区"来生成整张图像，接着运用创成式填充重新生成存在问题的局部区域，最后使用"修复工具"等进行后期精细修整。在这个过程中，会用到"仿制图章工具""对象选择工具"、图层和蒙版、液化滤镜、Camera RAW 滤镜等。

在实际使用过程中，常常需要反复利用创成式填充重新生成，以此修复局部复杂问题。"创成式填充 + 移除工具 + 仿制图章工具 + 对象选择工具 + 图层和蒙版"，这是修复局部区域行之有效的工具组合。

下面，我们一同回顾使用过程中的要点。

※ 生成式积分与成本：当前，每进行一次生成操作就会消耗一个生成式积分，无论是在 Firefly 还是在 Photoshop 中使用生成式 AI 都是如此，所以生成是存在成本的。此外，生成所耗费的时间在工作中也属于成本的一部分。因此，在使用生成式 AI 前，务必做好规划，切不可毫无节制地盲目尝试。

※ 多使用离线 AI 工具：建议将生成图像和创成式填充视作辅助手段，更多地运用离线 AI 工具和命令。

※ 生成式移除和扩展：这是目前稳定可靠的 AI 工具。

※ 使用"移除工具"时的注意事项：注意将模式设置为"生成式 AI 关闭"状态。

※ 不要忽视传统后期手段：比如自动对齐图层、自动混合图层、内容识别填充等。

※ 生成式 AI 的使用限制：生成式 AI 受网络和账户的限制，存在无法使用的风险。在日常工作中，要养成随时保存的好习惯。

最后提醒大家，生成式 AI 并非无所不能。在学习和使用 AI 的过程中，千万不要忘记提升个人的 Photoshop 后期处理能力。自身水平越高，运用生成式 AI 就会越得心应手。